本书由北京市城市规划设计研究院资助出版

立体城市

规划方法与实践

The Dimensional City

Planning Methods and Practice

吴克捷　赵怡婷　等著

中国建筑工业出版社

编委会

序　一

地下空间是城市可持续发展的战略空间。随着工程技术的进步，城市发展逐步进入了竖向分层、功能统筹、设施融合的立体式拓展阶段，合理开发利用地下空间成为拓展城市空间、解决土地资源紧张、缓解交通拥堵的重要途径之一。

随着地上城市空间资源的日益紧张，国内外超大城市逐渐探索了以地下空间为支撑的立体城市发展模式。一是交通立体化。通过地铁、地下城市道路、地下停车设施等地下交通设施建设，缓解地面交通拥堵，提高城市运行效率。二是公共服务立体化。通过建设地下步行街、地下商场、地下文化体育等公共服务设施，实现用地集约利用，改善城市公共服务和公共环境品质，增强城市吸引力和活力。三是基础设施立体化。通过加强地下能源供应系统、地下给水排水系统、地下环卫设施系统等的立体统筹布局，实现基础设施的增容提效，提高城市综合承载能力。四是防灾安全立体化。通过地下人防工程、地下轨道交通与地下道路、地下应急避难场所、地下防洪排蓄设施等防灾安全设施的互联互通以及与地上防灾空间的联动，构建地上地下统筹的立体综合防灾系统，提高城市安全韧性。地上地下统筹立体发展已经成为国内外超大城市可持续发展的重要选择。

立体城市发展还面临诸多挑战。随着城市地下空间开发需求和强度的提高，地下空间的安全风险也相应增大，特别是面对暴雨等极端自然灾害时的脆弱性依然存在，地下老旧空间与设施的安全隐患不容忽视，作为地下空间重要组成的人防工程，其系统性和平战转换能力还需进一步提升。另外，立体城市发展还面临制度、机制等诸多瓶颈，需要我们从管理、技术、经济、环境等方面统筹协调，才能真正实现城市地上地下空间的一体化。

本书结合北京城市地下空间实践经验，从规划视角切入，探索立体城市发展的系统范式，应答社会关注重点和发展诉求，对地下空间规划技术与方法、地下空间与生态安全的关系、地下空间与历史保护的关系、地下空间与工程建设的关系、地下空间与城市更新的关系、地下空间新技术应用前景以及地下空间体制机制建设等方面展开了全面、系统的探讨，提出了诸多建设性设想，是一部深入浅出的高质量学术著作，对推动城市地下空间跨学科研究与实践具有重要价值。

全国工程勘察设计大师

中国人民解放军陆军工程大学教授

序　二

随着我国超大、特大城市进入更新发展阶段，土地资源日益紧张，“大城市病”日益突出、自然和人为灾害、气候与环境问题等已成为影响未来城市可持续发展的重要挑战，向地下延伸的立体城市发展模式是顺应城市发展规律的客观选择。

地下空间作为城市重要的国土空间资源，在城市立体可持续发展中具有多重角色属性，第一是生态性，地下空间既包括空间资源，也包括地下水资源、矿产资源、地热能资源、岩土资源等，是城市生态系统的重要组成部分；第二是功能性，地下空间是各类城市交通设施、市政基础设施、防灾安全设施、公共服务设施与公共活动空间的重要载体，通过构建功能完备的地下功能设施系统，可以有效支撑城市安全高效运行；第三是经济性，地下空间是重要的国土空间资源，通过地上地下空间的统筹协调发展，能释放城市空间潜力，提升城市土地价值与空间利用效率，成为推动城市更新提质发展的重要途径；第四是防御性，地下空间具有抗爆、抗震、防地面火灾、防毒等防灾特性，是城市综合防灾系统的重要组成部分，同时也能够为重要数据、战略资源提供安全可靠的贮备场所；第五是战略性，未来城市地下空间将逐渐向深层化、绿色化、智能化方向发展，特别是深部地下空间战略设施布局以及地下新能源利用等，是支撑国家重大战略布局的前沿阵地。

作为城市未来发展的重要增长极，近年我国在城市地下空间开发利用方面取得了快速发展，但依然面临诸多挑战，包括统筹规划和顶层设计不足，法律法规、体制机制不健全，地质调查滞后等，造成地下空间资源无序开发与资源浪费并存、安全隐患日益突出等情况。考虑到地下空间资源具有不可再生的稀缺性，开展以地下空间为切入点的立体城市规划研究具有较强的必要性。

本书基于大量实践探索，构建了以系统性规划为引领、以多学科交叉研究为支撑、以工程技术及法规制度创新为保障的综合性立体城市研究方法，全面探索了地下空间规划编制与管控、生态地质调查与适宜性评价、历史遗存保护与展示、各类功能设施集约高效布局、存量空间资源更新与经济价值测算、工程技术应用及法律制度保障等核心议题，为城市空间的立体拓展和可持续利用提供了广泛参考和借鉴。

北京市规划和自然资源委员会党组成员、总规划师

北京市城市规划设计研究院院长

前　言　　立体城市的基本认识和研究思路

当前我国城市化进程快速演进，城市化率已近 70%，城市规模增加，城市功能集聚，大城市、特大城市以及超大城市的发展，使城市扩张与空间资源紧张的矛盾凸显，城市规模如何与自然环境协调，在满足人民群众日益增长的美好生活需求的同时，又能提升城市的运转效率，缓解“大城市”病等一系列问题，成为城市规划不可回避的课题。因此，近些年来，立体城市的概念受到了广泛关注，尤其是我国地铁的快速发展，促进了城市地下空间的大规模利用，城市建设在地上和地下同步展开，城市生活变得更为立体多维，在这样的时代背景下，研究立体城市的规划方法极具现实意义。在讨论立体城市这一城市发展理念之初，我们有必要厘清几个关键问题：

什么是立体城市?

立体城市是涵盖地下、地表、地上空间的三维立体城市发展理念。其概念的提出可以追溯到第一次世界大战之后的欧洲，建筑师勒·柯布西耶（1925）提出了巴黎重建的沃辛计划（*Plan Voisin*），意在通过城市的立体发展解决住房问题；《雅典宪章》（1933）则指出“城市规划是一个三维空间科学，应考虑立体空间，并以国家法律的形式保证规划的实现”，立体城市概念初具雏形。随着第二次世界大战后世界各国城市的快速发展，住房和交通问题不断推动城市立体发展进程，地下空间日益受到关注：英国学者 Ellis（1983）在《地下城市》（*Cities Beneath*）中提出城市是一个三维的综合体甚至还有第四个维度，并且提出地下空间是一种无价的资产；日本高崎经济大学户所隆教授（1985）在《城市空间的立体化》中深入探讨了城市空间竖向利用的问题；1991 年东京地下空间国际学术会议发表的《东京宣言》提出：“21 世纪是人类地下空间开发利用的世纪”；钱七虎院士（1998）认为城市向三维空间发展，即实行立体化的再开发，是城市中心区改造的唯一现实的途径。2000 年之后，立体城市发展更加聚焦地下空间，正如 2023 年在新加坡举办的国际地下空间联合研究中心（ACUUS）年会议题“地下空间——下一个前沿”一样，地下空间作为重要的国土空间资源，在集约、节约利用土地，构建高效便捷的立体城市方面具有重要作用，并正在成为未来城市可持续发展的先决条件。

为什么要研究立体城市？

时至今日，立体城市的内涵和外延不断演进，我们在谈及立体城市的时候，往往把它与紧凑城市理论相提并论，尤其是在城市化高速发展的中国，立体城市建设已经成为一个值得研究的重要议题。对于以北京、上海为代表的超大城市和特大城市，城市的发展方式已经从水平扩张，转变为严格控制城市无序蔓延的存量更新发展方式，立体城市建设已经成为构建高效、便捷的紧凑型城市的重要途径。城市自诞生起，其规模和功能就在不断地演进变化，现在的城市容纳了越来越多的人口，城市的功能更趋复杂，对于空间的需求不断增长，但同时生态环境友好、土地资源节约利用和可持续发展又成为当今城市发展的重要方向。城市规划作为引领我国城市发展的重要依据和手段，其目标、内容、体系和形式也正在发生重大的变革。因此，在这样的背景下，我们研究立体城市及其规划方法具有重要意义。

如何看待立体城市？

近两年关于立体城市的研究和讨论很多，但大体上还是从空间塑造和设计的角度。城市是一个复杂的系统，涉及人文、生态、经济、社会等不同的层面，立体城市本身就是多维度的概念，在更广泛的语境之下，如同研究城市发展问题一样，我们不应仅仅局限于空间本身，而是应该以一个综合的视角去理解立体城市的价值和实施路径。城市为人而生，人在城市中的生存和活动是立体城市关注的重点，空间体系的构建围绕的就是人本需求；在生态文明和可持续发展的背景下，城市与自然环境的关系是立体城市发展的基础，以生态的视角而非工程建设的视角审视立体城市，是作出科学决策不可缺少的前提；城市是社会经济发展的重要载体，当今城市的经济活动和社会文明都表现得更加多元，如何看待城市立体化发展与两者的关系，也是我们应关注的重要问题。因此，看待立体城市要从人本、生态、社会、经济等不同角度形成综合的视角，简单地讨论空间设计和工程技术是有局限性的。

以地下空间作为切入点研究立体城市。

城市的立体性体现在地表、地上和地下三个层面，针对城市的规划研究我们多以地表展开，通过对地表二维规划，把土地的权属和不同功能性质进行划分，确定城市的平面布局和结构；针对建筑和构筑物的建设，在充分考虑地形地势的基础上，则进入三维规划层面，对地上空间进行管控和引导，比如建筑的高度、街道界面、屋顶形式、景观风貌以致空中连廊等我们几乎可视的一切内容，因此针对地表和地上空间的研究可谓由来已久，成果也相对丰富。随着城市的发展，地下空间成为一个值得关注的领域，地下空间是城市存在和建设的基础，是城市安全的基本保障，地下生态系统是城市生态体系的重要组成部分，城市的生命线系统多安排于地下，城市的历史遗迹多埋藏于地下，地铁的快速发展又把数以万计的人引入地下，现在的大城市地下空间已经成为一个复杂的巨系统，地下空间在城市安全韧性、历史文化传承、空间品质提升、功能紧凑高效等方面具有重要作用，城市发展也真正进入了一个涵盖地下、地表和地上的多维立体阶段，立体城市的研究价值凸显。因此，我们不妨以地下空间作为立体城市的切入点，由下及上，来探讨地下、地表和地上三者的关系，深入理解立体城市，找到构建立体城市的系统性思维方式。

建构立体城市的规划方法体系。

随着国家机构改革及国土空间规划体系的建立，我国的土地利用规划和城乡规划实现融合，规划视角逐渐由土地资源向空间资源拓展，这无疑为立体城市建设提供了更加便利的条件。另一方面，生态文明建设和可持续发展已经成为城市发展的主旋律，高品质发展为城市建设提出了新的要求，正如前文所述，这就需要我们从生态、安全、人文、经济、工程等不同的角度，从地上、地表和地下三个不同的维度构建立体城市规划方法体系。科学的立体城市规划体系必然是跨学科的方法和理论体系，尤其针对地下空间。经过数十年的实践和总结，规划理念已经发生了新的转变，从工程思维向生态可持续思维再向城市治理思维逐步转化和进阶。立体城市规划不仅涉及城市空间的不同维度，涉及城市建设行为的不同类别，也涉及社会经济发展和人本需求的方方面面。因此，本书讨论的立体城市规划方法体系首先是针对现有的国土空间规划体系，从体系构建和基本路径的角度进行了综合论述；在此之后，我们并未沿用过去工程建设为先的传统思路，而是以生态和可持续发展为基，以城市地质条件和科学评估作为立体城市建设的首要考量因素；再从城市历史保护、轨道交通一体化、城市更新和社会需求等不同角度展开讨论，结合实践和案例比较开展重点问题的深入解析；最后再回归到工程技术和法律制度保障。其间涉及地质学、建筑学、城乡规划、市政工程、交通工程、施工技术、遥感测绘、法学、政策研究以及社会学等众多学科，立体城市规划方法体系可谓是一项综合性强、多学科相互融合的复杂体系。

目 录

1 规划体系与方法

2 生态安全与可持续

The Dimensional City

Planning System and Methods

1 规划体系与方法

科学系统规划是立体城市发展的保障。本章从体系构建和方法路径角度对立体城市规划体系、主要内容及关键要素进行全面论述，并以北京、上海为代表的超大城市为例，重点关注立体城市发展与生态地质环境的关系、地下与地上城市空间发展的关系、地下各类功能设施之间的关系，从生态安全保障、空间立体布局、功能体系建构等不同层面探讨立体城市规划管控的内容与重点，从全域、主城区、重点地区等不同空间维度探讨立体城市规划编制方法与规划传导体系，以期为国土空间规划体系下，城市空间的立体可持续发展提供行之有效的规划思路与方法。

生态文明时代超大城市地下空间科学规划方法探索

——以北京城市地下空间规划建设为例

石晓冬　赵怡婷　吴克捷

Research on the Planning Methods of Underground Space in Megacities in the Era of Ecological Civilization:

A Case Study of Beijing Underground Space Development

摘　要：为科学适度地利用地下空间资源，促进城市空间从平面发展到竖向分层发展转变，保障超大城市生态地质环境安全，促进城市空间资源可持续利用，本文从加强生态底线约束、促进地下空间资源高效利用的角度出发，结合北京城市发展特征，探索地下空间资源利用与地下生态地质环境保护的协调关系，考虑生态保护、城市地下空间建设现状、地质条件、历史保护、用地权属、建设发展等因素，划定地下空间三维生态红线，并进行地下空间资源潜力评估；探索地下各类功能设施系统的布局关系，根据不同地区发展需求提出“地下空间＋公共服务”“地下空间＋市政综合体”“地下空间＋立体环隧”“地下空间＋轨道交通”“地下空间＋交通综合体”“地下空间＋基础设施环廊”等方式，明确地下空间功能耦合发展模式。

关键词：超大城市；地下空间资源；三维生态红线；功能设施耦合

引言

随着党的十九大报告提出“建设生态文明是中华民族永续发展的千年大计，应坚持最严格的资源保护制度”“生态可持续”“高质量发展”逐渐成为城市发展的关键词。超大城市作为人口规模较大、城市功能聚集度较高的地区，生态环境面临的压力更大、空间资源紧张度更高，而科学适度利用地下空间资源，促进城市空间从平面发展到竖向分层发展转变，是保障超大城市生态地质环境安全、促进城市空间资源可持续利用的重要途径。

文献 [1] ~ [3] 探讨了影响地下空间发展的主要生态因素及其限制要求，为协调地下空间开发利用与生态环境保护的关系提供指引。文献 [4] 结合武汉城市地下空间发展特征，围绕“统筹地上、地面、地下空间开发，注重城市战略性空间留白”，提出地下空间总体规划的主要内容和参考。文献 [5] 结合上海长宁区地下空间规划探索，提出中观尺度的地下空间规划布局模式与空间结构、专项系统整合以及规划控制指标体系等核心规划策略，为中观层面地下空间规划技术方法提供参考。

本文结合北京城市发展特征，聚焦国土空间规划体系下的全域全要素资源管控视角，以生态地质调查为先导，探索超大城市地下空间科学规划与可持续发展路径。重点对地下空间三维红线的划定、地下空间资源潜力评估、地下功能系统耦合布局等进行系统探讨，以期为完善超大城市地下空间的科学规划方法提供思路。

1 划定三维生态红线，推动地下空间生态底线基本制度

随着城市发展规模的增大，城市建设对生态环境的影响日益明显，如地铁等大型地下线性工程的快速建设，容易对地下水流场产生拦阻作用并引发工程地质问题；地下工程建设深度过大，容易穿透地下主要含水层，造成对地下水源的污染[2]。因此，地下空间开发利用应转变传统工程建设主导思维，从生态可持续角度，明确生态安全底线，划定垂直生态红线，综合考虑各项城市建设影响因素，通过科学的评估和规划方法，合理引导地下空间资源的生态友好、可持续利用。

1.1 考虑因素

1.1.1 生态保护因素

城市地下空间开发利用与地层结构环境具有紧密相关性，顺应地层结构特征、保障地层结构安全是地下空间开发利用的必要前提。结合最新地质调查结果可知，北京市平原区的地层结构呈现明显的分层特征[1]（图 1），其中地下 10m 以上空间受地表环境影响较大，大型公共绿地、水域[2]等城市重要的生态保护地区不宜进行地下空间开发利用，以有效保护地表生态地区安全；地下 30m 左右区域普遍分布地下第一隔水层，地下 30m 以下范围内以地下承压水含水层[3]为主，是城市地下水的重要储存地区，水文地质环境敏感度较高，不宜进行大规模地下开发建设；地下 50m 以下空间普遍为地下基岩层，地质环境稳定，但工程建设难度较大，不可逆性强。

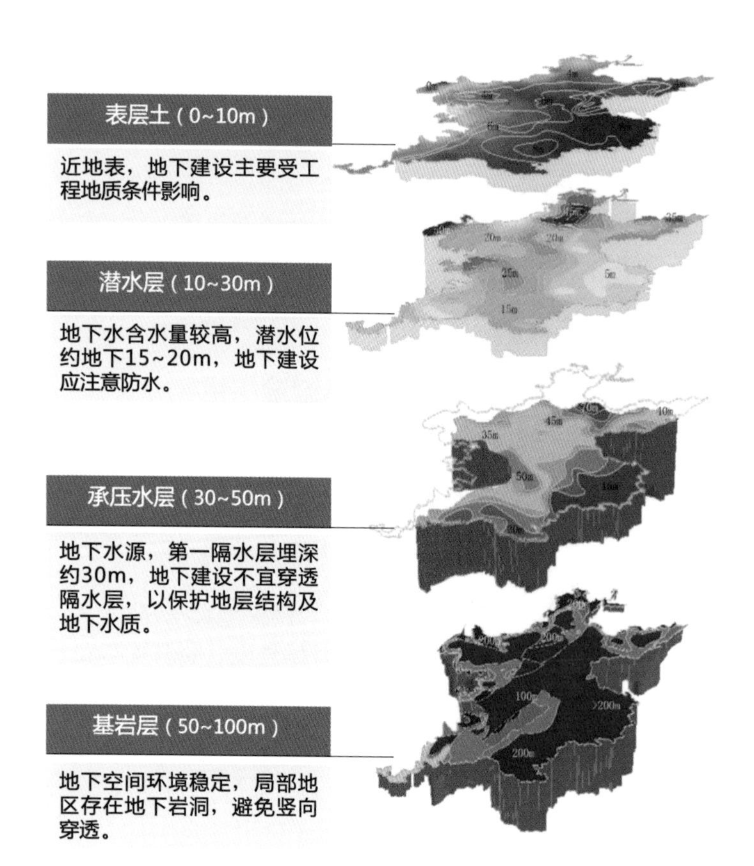

图 1 地下空间竖向分层示意图

1.1.2 城市地下空间建设现状因素

城市地下空间建（构）筑物及其基础建设现状是影响地下空间开发利用的主要因素之一。建（构）筑物基础底面下一定深度和旁侧一定宽度范围内为地基持力层（图2），其竖向范围根据建（构）筑物高度及基础埋深不等，一般为 5~20m，为了保证建（构）筑物安全，该范围内不宜进行地下空间开发利用。目前，北京市地下空间开发利用深度一般在地下 30m 以上（正在规划建设的北京城市副中心站建设深度约为地下 28m）。综合考虑基础持力层，地下 30~50 m 是城市地下空间重要的持力层范围，应审慎开发利用（图 2）。

1.1.3 地质条件因素

城市地下空间开发利用应避开地质沉降区、地震断裂带、地下水敏感地区以及工程地质不稳定等地质灾害因素，避免不利地质条件带来的灾害风险。

（1）地震活动断裂带：活动断裂带两侧 200m 范围内属于活动断裂影响带（图3），该区域内应避免地下空间开发利用，大型地下线性工程尽量避免穿越影响带。

（2）地面不均匀沉降：地下空间建设，特别是大型线性工程应避免垂直穿越不均匀沉降梯度较大的地区，以避免工程安全隐患。

（3）砂土液化：砂土液化风险地区不宜进行较大强度的地下空间开发利用，以避

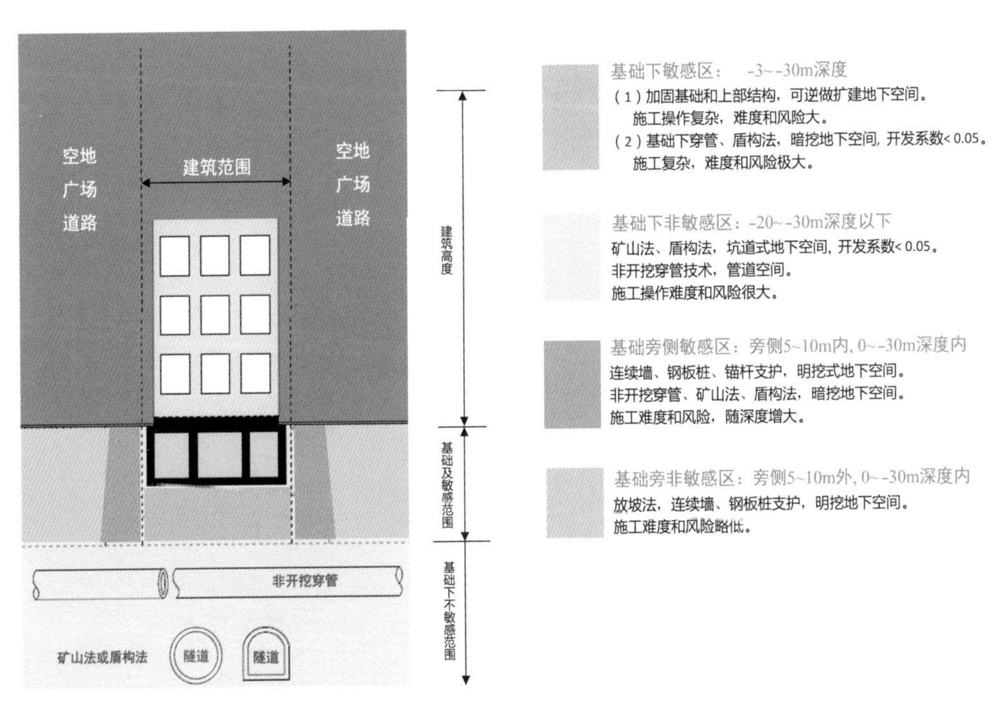

图 2　地下建构筑物持力层示意图

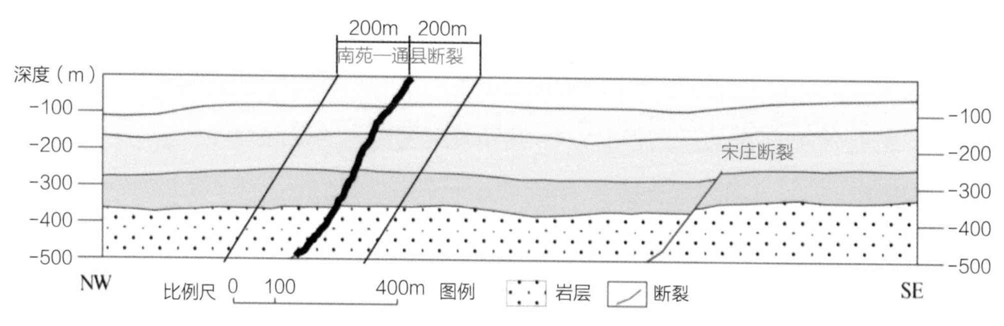

图 3 地震活动断裂带影响范围示意图

免砂土失去抗剪能力，造成地表建筑物开裂等地质灾害。

（4）隐伏岩溶塌陷：埋深较浅的溶洞周边地区在进行地下空间开发利用时，容易导致溶洞的覆盖层坍塌等地质灾害。

1.1.4 历史保护因素

历史保护地区受建（构）筑物结构特征及历史保护要求等影响，其地下空间开发利用受到一定的限制，主要包括文物保护区、传统风貌区、文物埋藏区等。

（1）文物保护区。文物保护单位的保护范围及一类建控地带内原则上禁止与历史保护无关的地下空间开发利用。

（2）传统风貌区。历史文化街区、风貌协调区、平房区等传统风貌地区为有效保护传统建筑安全、保持建筑风貌特征，应控制地下空间的开发利用强度和深度。

（3）文物埋藏区。地下文物埋藏区的地下空间开发利用应征求文物保护部门意见，并结合施工同步开展文物勘探工作，其中大于 10000m^2 的建设工程应提前开展文物勘探。

1.1.5 用地权属因素

城市功能聚集，用地产权也较为多元。以北京为例，既有市、区属用地、私产用地，也有军产、央产用地。地下空间开发利用宜优先结合市、区属用地，对军产、央产用地必要时应进行避让。

1.1.6 建设发展因素

地下空间开发利用与城市建设发展因素具有紧密联系，城市发展因素集中的地区往往也是地下空间开发利用需求较强的地区。影响地下空间开发利用的城市建设发展因素主要包括土地开发强度、轨道建设密集、人流密度、三大设施建设（公共服务设施、交通市政设施、防灾安全设施）等城市发展因素以及重点功能区建设、城市更新改造、土地经济等政策性因素。

（1）人流密度。人流及公共活动越密集的地区往往也是地下空间使用需求越大的地区。其中就业人口密度与地铁通勤人流分布对地下空间需求影响较为明显。

（2）建设强度。地下空间作为地上空间的重要补充，多集中于土地开发强度较高的地区，因此建筑高度及容积率越高的地区往往也是地下空间开发需求较大的地区。

（3）设施建设。城市地下空间的发展多以地铁的建设为先导，地铁周边 300~500m 的地区是地下空间开发利用的重点区域，通过促进轨道站点与周边地下空间的一体化建设，能有效提升城市空间社会经济效益。与此同时，公共服务、交通市政、防灾安全等三大设施建设宜加强对地下空间的利用，促进城市公共类用地的高效集约发展。

（4）政策因素。更新改造区和重点功能区是地下空间发展的政策类重点地区，宜促进地上地下空间的统筹布局与利用，将有效促进城市空间资源效益的提升。与此同时，土地经济也是影响地下空间开发利用的政策性因素，较高土地价值的地区一方面具有较高的用地资源需求度及开发动力，另一方面也往往具有较为有利的城市建设政策条件支持。

1.2 地下空间三维生态红线划定

为有效保障地下空间地质环境的稳定，兼顾现状地下空间建设的工程安全要求，地下空间开发利用应重点关注地下承压水顶板岩层（第一隔水层）埋深线以及现状地下空间的持力层竖向深度。结合北京市实际情况，建议以地下 30m 作为地下空间竖向管控的基准红线（结合地质详勘可作适当调整），地下空间开发建设深度不宜超过地下 30m（图 4）；地下 30~50m 空间作为城市生态保护及工程安全的敏感地带，应以地质生态环境保护为主，除必要的基础设施建设外不进行成规模的地下开发建设；地下 50m 以下的岩石层空间应优先保障大型基础设施及战略设施建设条件，在开发条件尚不成熟时，以资源预留为主[6]。

1.3 地下空间资源潜力评估

在明确地下生态安全底线的基础上，结合各项城市发展因素及限制性因素，建立

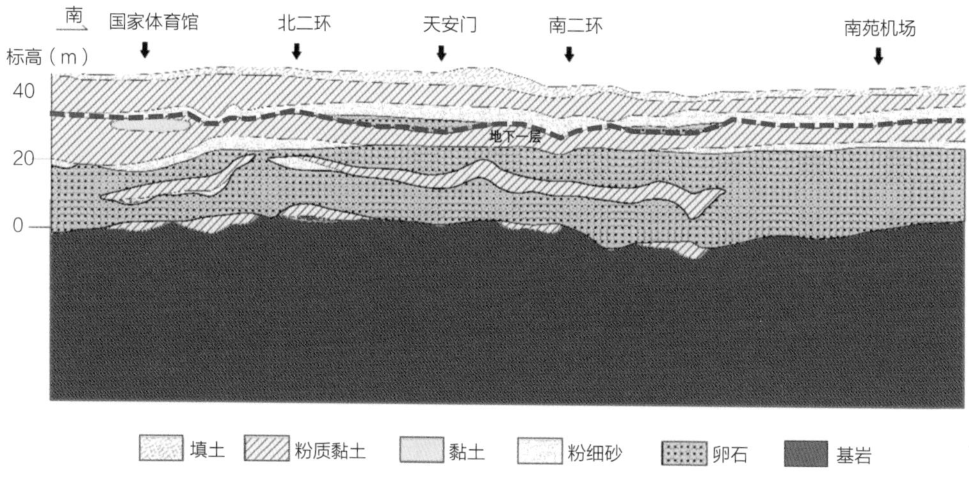

图 4　地下空间竖向适宜建设范围示意图

量化评价模型如图 5 所示，从地上地下空间统筹视角，客观判断地下空间资源潜力的空间分布。

量化评价因素包括发展因素和限制性因素两大类，每项评价因素根据其对地下空间的影响程度分为高、中、低 3 级，并进行赋值，分值越高代表地下空间利用潜力越高（表 1）。评价对象为研究范围内的各规划地块，并扣去水源保护区、地震断裂带、水域、文物保护单位、一级建控地带、重要涉密安保用地等不宜建设地下空间的区域。在分项评价的基础上（图 6），采用权重分析法对各项影响要素得分进行加权求和，确定各地块的地下空间利用潜力综合得分。地块的综合分值越高，则该地块的地下空间开发潜力越大[7]。项目用地开发潜力评价公式为：

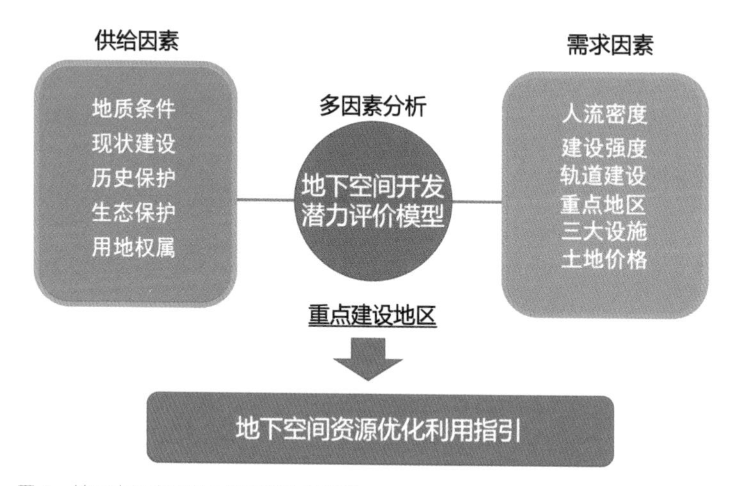

图 5　地下空间资源潜力综合评价示意图

$$P=\sum_{i=1}^{n} w_i \cdot v_i$$

式中　P 为综合潜力评价分值；w_i 为评价因素权重，v_i 为评价因素量化分值。

地下空间资源综合评价权重表　　**表1**

	分析因素	评价等级	得分		
供给因素指标	地质条件	适宜、较适宜、不适宜	1	0.5	0.2
	土地权属	市区属、私产、央军产	1	0.5	0.2
	现状建设	非敏感区、敏感区、占用区	1	0.5	0.2
	历史保护	其他地区、风貌协调区、历史保护区	1	0.5	0.2
	生态保护	非绿地水系用地、绿地水系用地	1	—	0.2
需求因素指标	人流密度	高、中、低	1	0.5	0.2
	土地价格	高、中、低	1	0.5	0.2
	建设强度	高、中、低	1	0.5	0.2
	三大设施	三大设施类、产业类、其他	1	0.5	0.2
	轨道交通	300m 内、500m 内、500m 外	1	0.5	0.2
	重点地区	重点功能区及更新改造用地、其他用地	1	—	0.2

综合来看，重点功能区（市级）、商业商务功能集中地区、大型文体活动地区、轨道站点周边 300~500m 地区以及对外交通枢纽周边地区等公共活动密集、建设强度高的地区是地下空间资源潜力较高的地区，应在合理规避生态、历史保护、地质灾害等各项限制建设要素的前提下，结合地上城市建设活动开展一体化规划建设，促进城市空间资源的立体集约利用和水平互连互通；其他一般性地区，优先保障生态地质安全和三大设施建设需求，并在统筹考虑地上功能和建筑规模的前提下，宜合理规范地下建设强度和深度（图 7）。

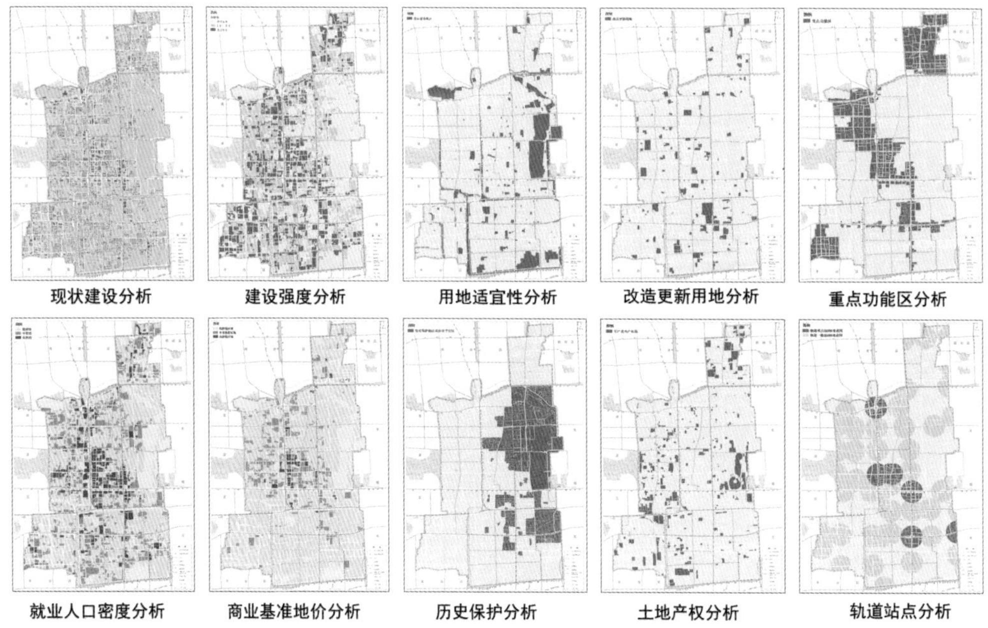

图 6　地下空间影响因素分项评价示意图

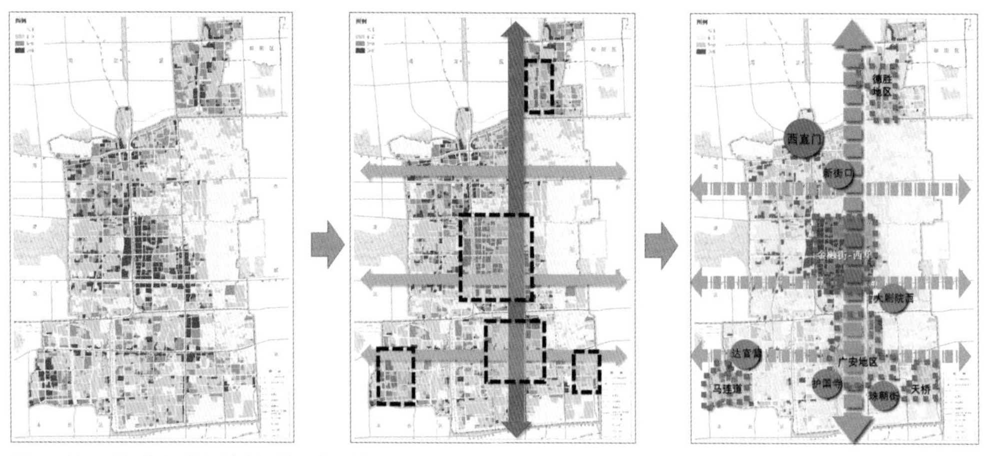

图 7　地下空间资源潜力综合评价及布局图

2　地下功能设施系统耦合

随着城市空间资源的日益紧张、城市功能设施的日益密集和多元，如何促进各类功能设施的统筹布局，提高城市地下空间利用效率和城市综合承载力，是超大城市地下空间发展的重要内容[8]。

从城市地下空间功能和发展类型上，主要包括以商务办公功能为主的中央商务地区、以商业服务为主的商业中心地区、以高新技术产业为主的科研产业园区、以交通集散为主的交通枢纽地区，以及城市新城集中建设区。不同类型地区的地下功能设施类型及空间耦合关系各有不同，须结合地区发展需求及功能设施特征因地制宜规划布局。

2.1 地下空间 + 公共服务

“地下空间 + 公共服务”主导模式主要位于城市商务办公区以及商业中心地区，主要表现为“公共服务设施 + 商业服务设施 + 地下轨道站点 + 公共空间 + 停车设施”的耦合关系。较为典型的发展模式是结合地铁站点及主要楼宇地下空间建设地下街或地下步行联络系统，形成连续的地下公共步行环境，并与地上城市空间便捷联系，如图 8 所示。

2.2 地下空间 + 市政综合体

“地下空间 + 市政综合体”模式主要位于城市建设空间紧张、对景观环境要求较高的地区，主要表现为“地下市政场站 + 停车设施 + 地面公共活动空间 / 公共绿地”的耦合关系，如图 9 所示。其中变电站、污水处理厂、垃圾处理站、燃气调压站等中小型市政场站较适宜地下化，并可与轨道站点、社区服务中心等结合设置，地面可兼顾城市公共服务及景观绿地功能，提高城市空间效益和环境品质。

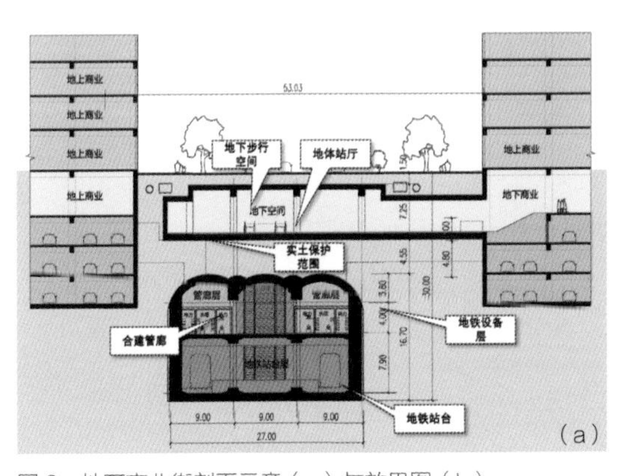

图 8　地下商业街剖面示意（a）与效果图（b）

图 9　北京菜市口变电站综合体实景图

2.3　地下空间 + 立体环隧

“地下空间 + 立体环隧”模式主要位于城市重点功能区及科研产业园区等对地下基础设施支撑条件要求较高的地区，主要表现为市政道路下的“地下环形道路 + 综合管廊 + 直埋管线 + 地下步行通道 + 地下停车设施”的耦合关系，竖向分布关系自地表向下主要表现为直埋管线—地下步行通道—综合管廊—地下道路及停车设施，如图 10 所示。该模式能有效促进道路地下各类基础设施的整合，提高区域基础设施承载力及空间利用效率。

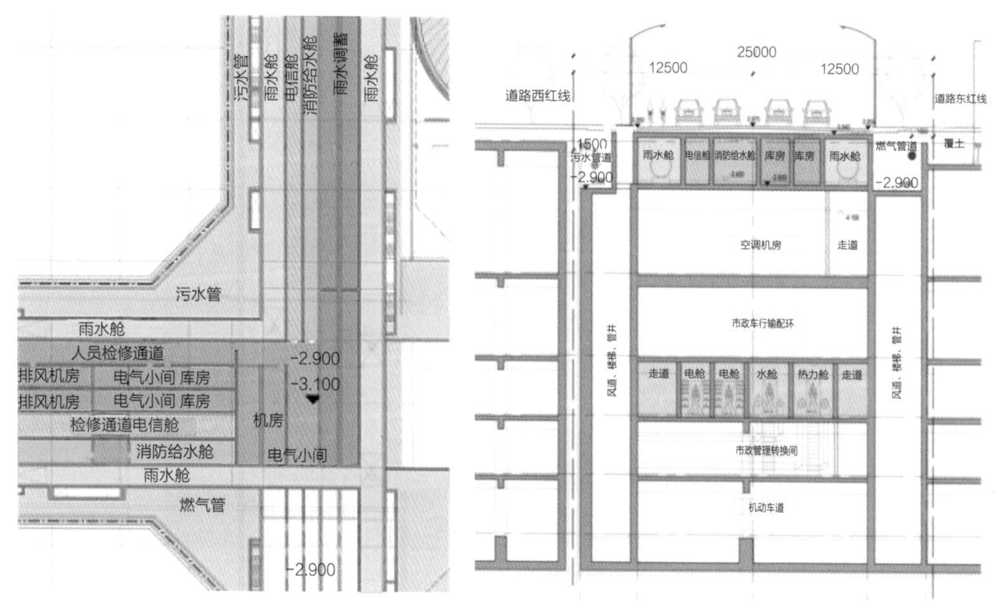

图 10　道路地下基础设施统筹布局示意图

2.4 地下空间 + 轨道交通

“地下空间 + 轨道交通”模式主要位于轨道站点周边 300~500m 内城市公共功能较为集中的地区，主要表现为“轨道站点 + 地下过街通道 + 停车设施 + 配套商业设施”的耦合关系。通过轨道站点与周边地块地下空间的一体化开发和互连互通，实现城市空间的综合化、立体化利用 [9]，如图 11 所示。需要注意的是，轨道站点与周边地下空间的一体化建设应在方案阶段协调好地下通道、道路以及相关市政管线等的空间关系，做好预留及改移工作。

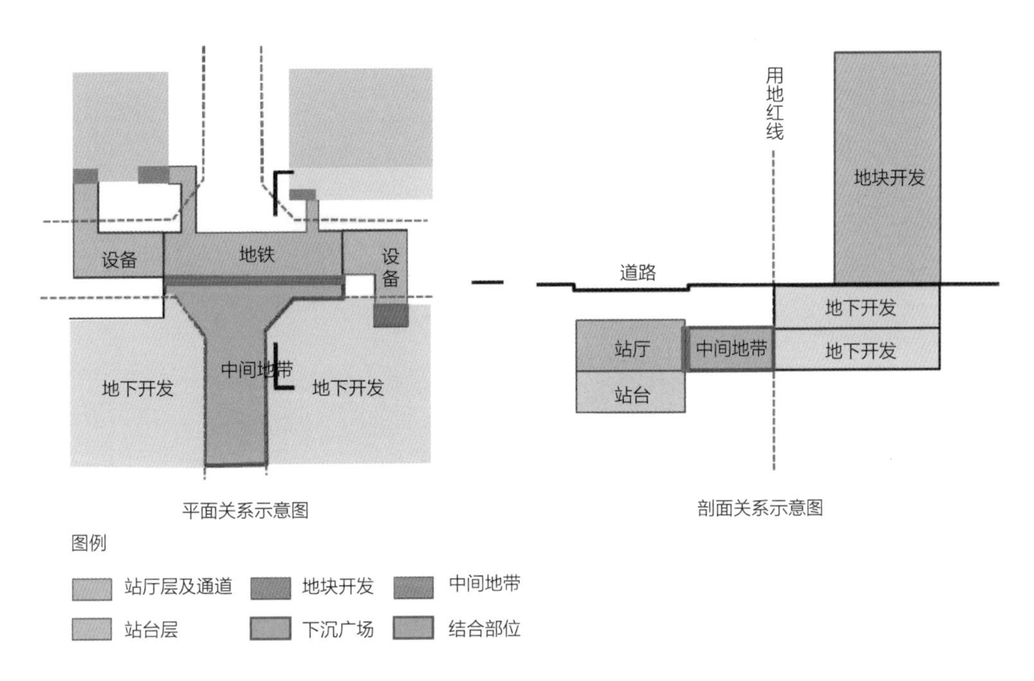

图 11 轨道站点与周边地下空间一体化示意图

2.5 地下空间 + 交通综合体

“地下空间 + 交通综合体”模式主要位于城市对外交通枢纽及其周边地区，如大型空港区、火车站、城际车站地区，主要表现为地上地下一体化综合开发，形成以交通功能为主导，多功能统筹布局的交通综合体，如图 12 所示。交通枢纽地区的地下空间通过各类功能空间的竖向分层布局与横向互连互通，构建便捷联系的地下立体空间网络，实现枢纽及其周边城市空间的最大社会经济效益。

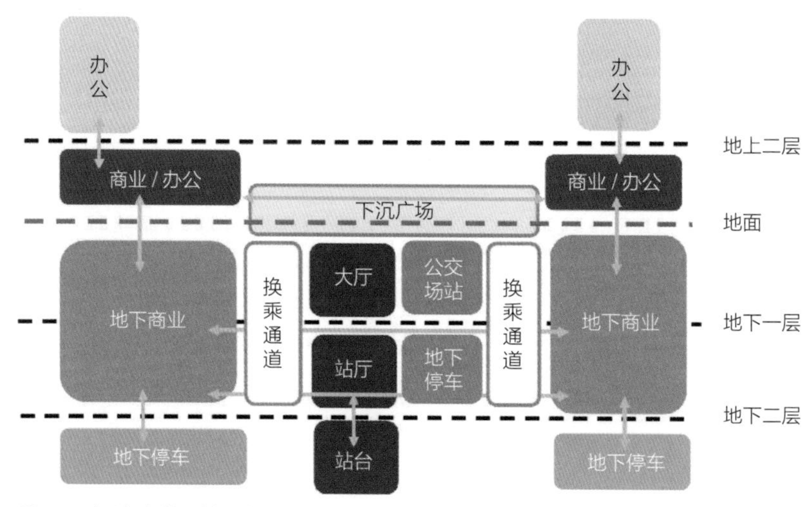

图 12　交通枢纽地区地下空间布局示意图

2.6　地下空间 + 基础设施环廊

“地下空间 + 基础设施环廊”模式主要适用于新城地区，结合轨道交通建设高效集成的地下基础设施“集合体”，统筹建设轨道交通、干线综合管廊、智慧地下物流、新型垃圾转运等环形干线系统，贴建、共建隐性市政设施、多级雨水控制与利用设施、应急避难设施和地下储能调峰设施等各类市政设施，提高城市综合承载力。

2.7　地下功能设施统筹

地下空间是一个功能巨系统，地下各类功能设施的统筹涉及规划设计、部门管理、技术标准、政策法规、数据信息与仿真模拟等方方面面。

（1）从规划层面来看，有效协调地下各功能设施之间的空间布局是关注的重点。规划应首先根据功能设施特征及空间需求，明确各类功能设施的竖向适宜范围及优先避让原则，促进地下空间资源的有序利用。

（2）竖向布局方面，应根据地上、地下功能的相互关联程度，遵循人在上、物在下，人的长时间活动在上、人的短时间活动在下的原则统筹布局（表 2）。其中，浅层地下空间（地下 0~10 m）与地上空间联系较为紧密，应以地下公共活动、公共交通等人员活动相对频繁的空间为主；次浅层地下空间（地下 10~30 m）宜布置少人或无人的物用空间，如地下人防工程、地下市政场站、地下仓储物流、地下交通隧道等；地下次深层空间（地下 30~50 m）应优先保障地下水及持力层的安全，以生态保护及空间预留为主；随着地下盾构技术及地下工程建造技术的发展，地下 50 m 以下的深层地下空间利用是未来地下空间发展的新领域，宜优先保障地下大型储水设施、地下数据中心、重要人防工程等大型战略性工程的建设空间预留，并拓展对地下可再生能源的有序利用。

（3）地下各类设施之间产生矛盾时，应以方便人行、提高土地使用效率、环境效益和社会综合效益最优为原则决定优先权。地下人行空间与地下车行空间产生矛盾时人行空间优先，地下小型设施避让大型设施，新建地下设施避让现状地下设施，修建相对容易、技术要求较低的地下设施避让修建相对困难、技术要求较高的地下设施，地下临时设施避让地下永久设施。

（4）随着轨道交通的快速建设，轨道交通与各类功能设施的一体化建设是地下空间功能设施统筹的重要契机。应结合轨道线路及站点规划建设，推进轨道沿线地区的规划设计研究，促进公共服务设施、基础设施、防灾安全设施等功能设施向轨道站点周边地区的适度集中和互连互通，促进地上地下城市空间的立体集约利用，提升城市公共空间环境品质。

地下功能设施竖向分层表 **表 2**

序号	设施系统	具体设施	适宜开发深度（m）
1	地下步行道		≤ 10
2	地下商业、公共服务设施		≤ 10
3	支线市政管线		≤ 10
4	综合管廊	支线	≤ 10
		干线	≤ 20
5	垃圾收集转运系统		≤ 20
6	浅层雨水收集系统		≤ 20
7	地下市政设施	变电站	≤ 20
		燃气调压站	≤ 20
		地下污水处理厂	≤ 20

续表

序号	设施系统	具体设施	适宜开发深度（m）
8	地铁系统	区间隧道	≤ 30
		车站	≤ 30
9	地下道路	与地面衔接道路	≤ 10
		过境到发道路	≤ 30
10	应急避难系统		≤ 30
11	地下物流		≤ 30
12	地下储能调峰系统		—
13	深层立体隧道系统		—

3 结论与建议

地下空间作为城市重要空间资源，是缓解超大城市空间资源紧张，协调城市空间发展与生态环境保护的重要途径。结合北京城市地下空间发展特点，地下空间的科学规划利用需重点关注以下几个方面的统筹与协调。

（1）生态地质环境与城市建设的统筹。随着城市建设规模与强度的增加，地下空间开发利用对地下生态地质的影响日益突出，科学划定地下空间生态管控底线，合理规避地质灾害风险，是保障地下生态环境安全与工程建设安全的重要前提。对于北京而言，在综合考虑各项地质灾害影响要素的前提下，地下水的保护尤为重要，城市地下空间开发利用应避免穿透承压水隔水层，合理控制对地下 30~50 m 承压水空间的开发利用，保障城市地下空间的安全、可持续发展。

（2）地下地上空间的统筹。城市空间是一个三维的整体，城市地下空间必须与地上空间功能相协调，通过综合考虑各项城市开发建设影响要素，建立可量化的综合评估方法，客观判断地下空间资源潜力，指导地下空间的合理优化布局。

（3）地下功能设施的统筹。地下空间根据其功能特点，主要包括以地下综合体为代表的各类地下公共服务设施，以地铁为代表的地下交通基础设施，以综合管廊为代表的各类地下市政设施和以人防工程为代表的各类地下安全设施。结合地区发展需求和功能定位，有针对性地开展特定类型功能设施之间的统筹布局、促进各类功能设施的竖向分层布局、明确优先避让关系，是提高城市空间利用效率与提高城市基础设施综合承载力的重要途径。

本文是对超大城市地下空间规划方法的一次探索性研究，着重从加强生态底线约束、促进地下空间资源高效利用两个方面提出建设性的规划技术方法，研究内容尚有待规划实践的检验，并在具体实践中不断完善，加强体系建设，以期为超大城市地下空间规划编制提供有益参考。

参考文献

[1] 蔡向民，何静，白凌燕，等．北京市地下空间资源开发利用规划的地质问题 [J]. 地下空间与工程学报，2010, 6(6): 1105–1111.

[2] 蔡向民，郭高轩，张磊，等．北京城湖泊的成因 [J]. 中国地质，2013,40(4): 1092–1098.

[3] 蔡向民，栾英波，郭高轩，等．北京平原第四系的三维地质结构 [J]. 中国地质，2009, 36(5):1021–1029.

[4] LI Huanqing, LI Xiaozhao, PARRIAUX Aurele, et al. An integrated planning concept for the emerging underground urbanism: Deep City Method Part 2 case study for resource supply and project valuation[J]. Tunnelling and Underground Space Technology, 2013, 38: 569–580.

[5] LI Huanqing, PARRIAUX Aurele, PHILIPPE Thalmann, et al. The way to plan a sustainable "deep city". The economic model and strategic framework[C]// ACCUS. The 13th World Conference of the Associated research Centres for the Urban Underground Space, 2012.

[6] 石晓冬．北京城市地下空间开发利用的历程与未来 [J]. 地下空间与工程学报，2006,2（S1）:1088–1092.

[7] ZHAO Yiting, WU Kejie. Quantitative evaluation of the potential of underground space resources in urban central areas based on multiple factors: a case study of xicheng district, Beijing[J]. Procedia Engineering, 2016, 165: 610–621.

[8] 吴克捷，赵怡婷．空间多维利用，构建紧凑之城：北京城市地下空间综合利用 [J]. 北京规划建设，2018（1）:84–87.

[9] 王志刚．城市轨道交通可持续发展探索——让轨道交通嵌入城市 [C]// 中国城市科学研究会数字城市专业委员会 .2015 年中国城市科学研究会数字城市专业委员会轨道交通学组年会论文集：智慧城市与轨道交通．北京：中国城市出版社，2015: 144–149.

作者简介

石晓冬，北京市城市规划设计研究院党委书记、院长，教授级高级工程师。

赵怡婷，北京市城市规划设计研究院，高级工程师。

吴克捷，北京市城市规划设计研究院公共空间与公共艺术设计所所长，教授级高级工程师。

国土空间规划体系下地下空间规划编制思路与重点

吴克捷　赵怡婷

Underground Space Planning in the National Spatial Planning System: Thinking and Focus

摘　要：《中共中央 国务院关于建立国土空间规划体系并监督实施的若干意见》（以下简称“指导意见”）中明确提出，国土空间规划是国家空间发展的指南、可持续发展的空间蓝图，是各类开发保护建设活动的基本依据。强化国土空间规划对各专项规划的指导约束作用，是党中央、国务院做出的重大部署。在生态文明建设的时代背景下，“生态优先，节约优先，高质量发展”是国土空间规划的主旋律。地下空间作为重要的国土空间资源，在集约、节约利用土地，构建高效便捷的紧凑型城市方面具有重要作用。那么围绕国土空间规划体系的建立，如何突破原有城乡开发建设的既有思路，重新理解和定义地下空间规划，从全域国土空间管控的视角，探讨国土空间规划体系下地下空间规划编制的思路与重点就显得尤为重要。

2020 年 4 月，北京市发布了《中共北京市委 北京市人民政府关于建立国土空间规划体系并监督实施的实施意见》（以下简称“北京实施意见”），是省（市）级层面对我国国土空间规划体系的一次落实和解读。本文以《北京城市总体规划（2016 年—2035 年）》为引领，结合北京市地下空间规划建设经验，对接国土空间总体规划、详细规划和专项规划分级分类规划体系，提出地下空间规划编制的方法与重点，紧扣地下空间规划的特点，实现地下空间规划与国土空间规划体系的融合与衔接，以期为新时代地下空间规划编制与地下空间资源的科学合理利用提供新的思路。

关键词：国土空间规划体系；地下空间规划；规划衔接

1　理解地下空间的内涵——地下空间是城市重要的战略资源

1.1　地下空间是国土空间的重要组成部分

地下空间不仅仅是城市重要的空间资源，是各类建设活动的基础，同时也是地下岩土资源、地下水源、地下可再生能源等的重要载体，还是自然生态系统的重要组成部分。科学评估地下空间资源条件，协调地下空间各类资源之间的关系，是城市可持续发展的重要前提。

1.2　地下空间是城市综合承载力的重要保障

地下空间是城市各类基础设施的重要载体，通过对地下轨道交通系统、地下道路系统、地下防灾安全系统、地下物流系统、地下市政设施系统的综合、分层布局，构建立体高效的城市基础支撑系统，是城市综合承载力的强有力保障。

1.3　地下空间是城市公共空间品质提升的重点

地下空间是城市公共空间的重要组成部分，通过促进地下轨道站点、公共服务设施、公共空间、基础设施的一体化布局，形成地上地下一体、地下互联互通、舒适便捷的地下公共空间系统。与此同时，通过将过境交通、大型市政场站的适度地下化，释放更多的地面和浅层地下空间，能有效改善城市步行条件，提升城市综合环境品质。

1.4　地下空间是城市防灾韧性的前沿阵地

地下空间由于其密闭性好、环境稳定性强等特点，可为城市应急避难系统提供有力支撑，通过地上地下防灾空间的统筹布局，建立地下主动防灾体系，提升城市应急防灾能力。另外，随着地下工程建设技术的发展，深层地下空间为大型战略储备设施、数据中心、指挥中心、雨洪调蓄设施等新型战略防灾设施的建设提供条件，是新时代城市战略安全的重要前沿阵地。

2 转变地下空间发展理念——地下空间是城市可持续发展的重要保障

2.1 从工程建设优先到生态保护优先，强化底线约束

党的十九大报告提出了建设生态文明是中华民族永续发展的千年大计，应坚持最严格的资源保护制度。“指导意见”对国土空间规划编制也提出了：“提高科学性，坚持生态优先、绿色发展，尊重自然规律，因地制宜开展规划编制工作；坚持节约优先、保护优先、自然恢复为主的方针，在资源环境承载能力和国土空间开发适宜性评价的基础上，科学有序统筹布局生态、农业、城镇等功能空间”。地下空间作为城市重要的资源载体，应立足资源禀赋和环境承载能力，贯彻生态保护优先的理念，明确地下空间资源发展底线，以生态安全评估为前提，合理有序利用地下空间资源。

2.2 从平面扩张到立体集约，科学预留未来发展空间

科学适度利用地下空间资源，促进城市空间从平面发展到竖向分层发展转变，统筹各竖向层次的地下空间资源利用，优先保障基础设施和公共服务设施的建设空间，在综合评估地下水、土、气、岩等地质要素的前提下，结合功能设置需求，弹性预留发展空间，促进深层地下空间的战略预留。

2.3 从条块分割到功能统筹，绘制“一张蓝图”

地下空间是复杂的巨系统，涉及地质、生态、交通、市政、防灾、历史保护等不同专业领域，若要达成集约合理利用地下空间的目的，地下各类功能设施和空间建设应转变原有的条块分割建设思路，以各专业部门的数据共享为基础，实现各类功能设施与空间的“一张图”整合，通过系统规划与统筹布局，提高地下空间资源利用效率，提升城市综合治理水平。

2.4 从工程项目推动到规划引领，完善顶层设计

科学规划是保障地下空间资源科学合理发展的前提，应加强规划的引领作用，健

全规划实施传导机制，明确综合管理主体，不断完善制度设计，健全规划编制审批体系、实施监督体系、法规政策体系和技术标准体系等。

3 对接国土空间规划体系，实现多规合一，建立地下空间分级规划与管控体系

根据“指导意见”，国土空间规划分为总体规划、详细规划、相关专项规划3类，又分为国家、省、市、县、乡镇5级。结合北京实际情况，根据“北京实施意见”，北京市国土空间规划在三类不变的基础上，分市、区、乡镇3级。地下空间规划作为专项规划，在其批准后纳入国土空间规划“一张图”。与其他类别的专项规划不同，地下空间规划并非是按照某一类型专业设立的，而是按照“地下”这个空间概念来界定的，因此，其本身就是一项综合性很强的规划，几乎涉及国土空间规划的各个专业。

从类别上，地下空间规划的编制，与总体规划和详细规划两类规划均需对应，也就是在编制这两类规划时，均应编制相应的地下空间专项规划。在层级上，以北京为例，总体类地下空间专项规划可在全市和区级编制，详细类地下空间规划可在区级和特定地区编制。按照“指导意见”，不同层级、不同地区的专项规划可结合实际选择编制的类型和精度。针对详细类地下空间规划，根据其编制对象的实际情况，可单独编制也可设立专章融入相应层级的详细规划。

以北京为例，初步构建了“全市—分区—特定地区”的地下空间分级规划体系，多空间维度完善地下空间规划管控内容，强化生态优先、底线约束、专项统筹、刚性管控等国土空间规划思想，促进地下空间规划与国土空间规划体系的有效衔接（图1）。

3.1 市级地下空间总体规划

基于全域、全要素规划管控思维，以城市地质调查为先导，系统整合地下空间各类基础数据信息，分别从农林保护、绿地水系保护、地质风险防护、水文地质条件、工程地质条件、基础设施建设管控6个方面，开展地下空间建设适宜性评价，明确地下空间三维生态安全格局，划定地下空间竖向生态红线，构建覆盖全域和各竖向层次的地下空间生态适宜性建设分区。在此基础上，从地上地下空间统筹、各类功能设施统筹的视角，结合城市发展建设因素，综合分析地下空间总体发展格局与规模指标，

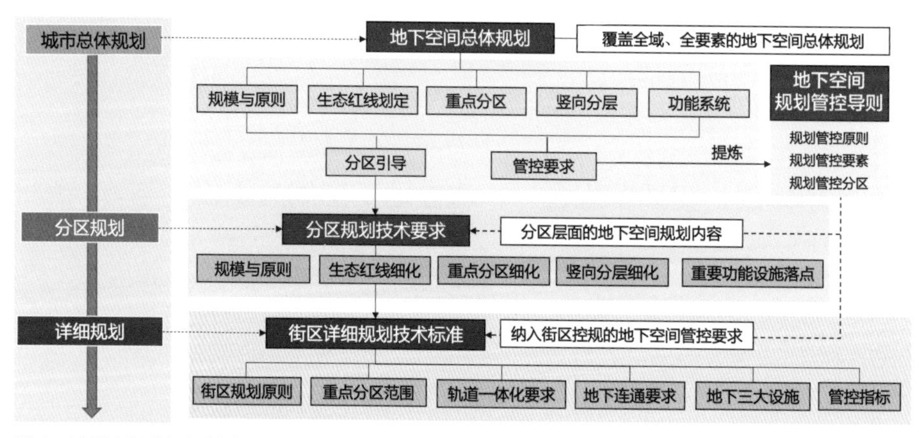

图 1　地下空间分级规划体系

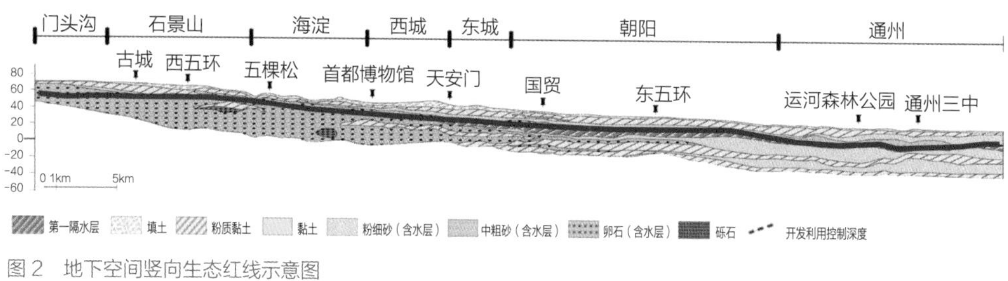

图 2　地下空间竖向生态红线示意图

明确地下空间重点分区与竖向分层引导要求，明确地下空间各类功能设施系统的空间布局与相互关系，从全市层面指导地下空间资源的科学利用，引导各级地下空间规划的编制。

北京市地下空间总体规划形成了“六区一基线”的地下空间生态适宜性建设分区，明确地下空间总体规模和各区发展规模，明确地下空间发展结构、五类重点地区、四个竖向层次、五大功能系统，并针对传统平房区、重点功能区、轨道交通周边地区、大型交通枢纽地区等重点区域明确地下空间发展策略，形成全市层面的地下空间专项规划引导（图 2）。

3.2　分区地下空间总体规划

在城市地下空间总体规划编制完成后，可结合城市行政区划，编制分区层面的地下空间总体规划，结合分区特点，深化、细化全市层面地下空间总体规划内容，特别是在现状梳理和数据采集等方面应更加翔实。分区层面的地下空间总体规划，应结合分区规划要求，系统梳理地下空间的各类影响因素，科学判定地下空间资源潜力，明

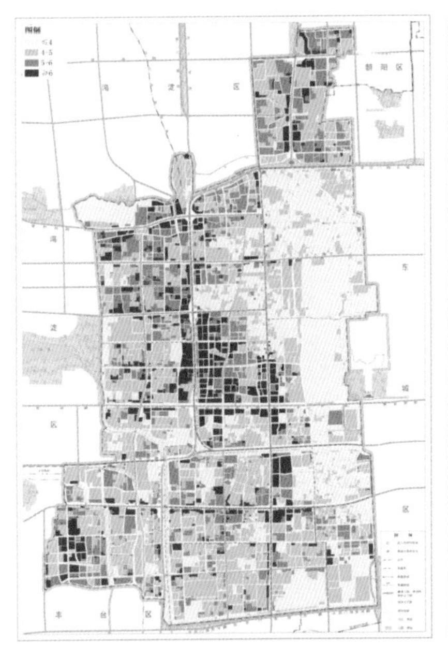

	要素权重		评价等级	得分		
				高	中	低
供应指标 50%	水文地质条件（1.6）		一级、二级、三级	1	0.5	0.2
	产权条件（1）		市区属、私产、央军产	1	0.5	0.2
	建成条件（2.5）		非敏感区、敏感区、占用区	1	0.5	0.2
	历史保护（2.4）		其他地区、风貌协调区、历史保护区	1	0.5	0.2
	可改造用地（2.5）		已批未建地区、棚改、其他地区	1	0.5	0.2
需求指标 50%	人口密度（1）	居住人口（0.4）	高、中、低	1	0.5	0.2
		就业人口（0.6）	高、中、低	1	0.5	0.2
	用地性质（1.5）		经营性公共设施用地、非经营性公共设施用地、其他用地	1	0.5	0.2
	建设强度（2）		高、中、低	1	0.5	0.2
	地铁建设（2.3）	通勤量（1.3）	高、中、低	1	0.5	0.2
		空间距离（1）	距离地表300m内、500m内、500m外	1	0.5	0.2
	重点功能区（2.5）		重点功能区、非重点功能区	1	—	0.2

图3　分区层面地下空间资源潜力综合评价示意图

确地下空间规模和总体发展结构，明确地下空间重点建设地区和限制建设地区范围，有效指导地下空间的科学合理发展。与此同时，分区层面地下空间总体规划应明确地下各类功能设施的发展规模和空间布局，协调各类功能设施的布局关系，促进地下空间资源的竖向分层利用。鉴于各分区的城市发展特点不尽相同，规划还应针对分区面临的地下空间实际问题，提出有效解决途径和应对策略。

北京市西城区地下空间总体规划，针对西城区发展定位高、空间资源紧缺、历史文化资源丰富等特点，从工程地质、水文地质、经济发展、社会需求、历史文化保护、生态资源条件等 12 个方面，以全区 4500 条地下空间房普数据为基础，提炼地下空间存量特征，明确地下空间重点地区，形成了空间分区发展策略。规划结合轨道站点周边地区、城市重点功能区、城市更新改造地区、历史保护地区、交通枢纽地区等不同地区特点，从地下空间建设模式、功能类型、空间布局等方面提出差异化的规划控制与引导要求，为进一步编制重点地区地下空间控制性详细规划提供具体依据（图 3）。

3.3　分区地下空间详细规划

为更好地引导地下空间资源的科学合理利用，在编制分区层面地下空间总体规划的基础上，针对一些重要行政区域，可进一步编制分区地下空间控制性详细规划，规划深度达到街区层面，深化落实分区地下空间总体规划要求，细化地下空间生态安全、规模管控、空间结构、功能布局等方面的规划管控要求，形成街区层面的地下空间规划管控引导。

北京城市副中心地下空间控制性详细规划（街区层面）以全域 12 个组团与 36 个街区为规划对象，以更加精确的地质调查数据为基础，划定地下空间三维开发边界，深化地下空间重点、鼓励、限制建设地区的管控边界；统筹地下交通、市政、公共服务、防灾安全等主要功能设施的规划布局及管控边界，绘制地下功能设施一张图；明确各街区的地下空间规划规模、建设深度、重点建设地区指引等，形成地下空间规划管控指标体系及分街区的地下空间规划图则，为地下空间规划实施管理提供指引（图 4）。

图 4　地下空间控制性详细规划图则示意图

3.4 特定地区地下空间详细规划

城市重点功能区、城市更新改造地区、历史保护地区、交通枢纽周边地区等城市区域往往有条件实现地上地下空间的同步建设，是城市地下空间建设的重点地区。可在编制分区层面地下空间总体规划的基础上，结合城市发展计划，编制特定地区地下空间详细规划。鉴于地下空间相对复杂的特性，特定地区地下空间详细规划应比相应的地上空间控制性详细规划更为深入，有必要吸纳修建性详细规划和城市设计的部分工作，详细规定地下公共空间的总体布局与竖向深度管控要求，明确各类地下公益性功能设施的布局与规模，并对地下经营性功能设施提出规划引导。

北京商务中心区（CBD）是国际一流的现代化商务区，由于该地区地价昂贵、开发强度高、用地紧张，因此对地下空间资源的合理利用显得尤为重要，有必要对商务中心区地下空间的发展和利用进行统一协调和规划。在此背景下，结合编制完成的《CBD 综合规划》，开展了《CBD 地下空间规划》的编制，深化和细化 CBD 地区的地下公共空间系统布局，明确各地块项目与整体系统的关系，结合轨道站点建设，明确地下公共空间系统的各项要求（连通要求、位置、竖向、方式、宽度、高度等各种技术指标），指导各项目的具体设计和实施，为商务中心区未来的地下空间发展做出合理而有预见性的规定。

轨道交通沿线地区往往是地下空间集中高效建设的重点地区，涉及地下轨道交通、市政管廊、公用设施场站、公共服务设施及商业设施等建设内容，如何有效统筹各类功能设施的布局关系，发挥规划合力，是该类地区地下空间规划建设的重点。可结合分区地下空间总体规划，编制轨道交通沿线地区的地下空间详细规划，基于系统发展思维，整合地下交通系统、地下市政系统、地下防灾安全系统、地下公共空间系统的规划布局，促进各类地下功能设施的系统耦合，明确各类功能设施的平面布局与竖向关系，形成统筹各类地下功能设施布局的“一张图”，提高城市综合承载力。

北京城市副中心结合轨道交通网络建设提出构建立体综合的“设施服务环”，结合副中心地区主要新建地下轨道线路及站点，整合轨道交通、综合管廊、市政场站、物流设施、基础服务设施、防灾安全设施、环境卫生设施、雨洪调蓄设施“八大系统”，形成地下功能设施环廊，地面结合公园绿地系统，串联各类重点地区及家园服务中心，形成综合立体的城市功能支撑系统，为北京城市副中心高标准、高要求的城市建设奠定坚实的基础（图 5）。

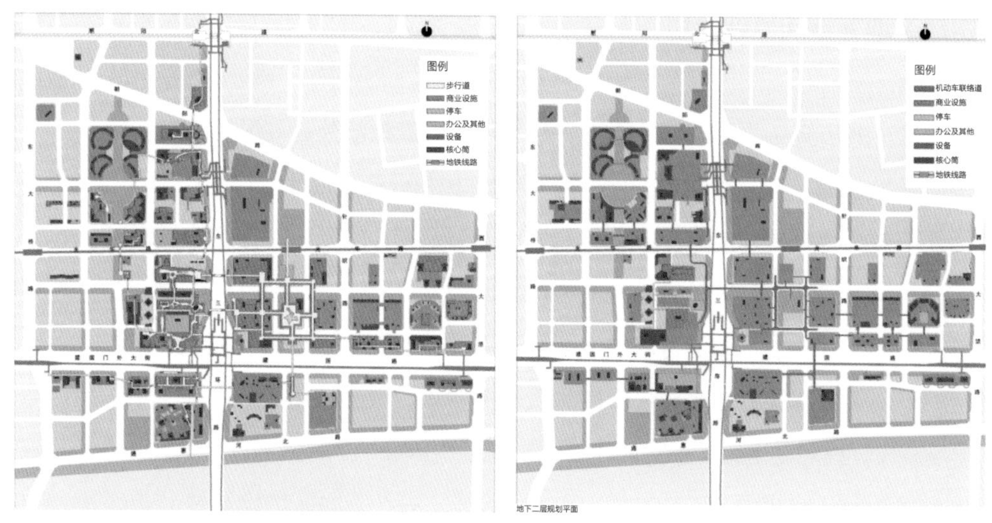

图 5　特定地区地下空间详细规划示意图

4　健全地下空间规划实施保障

4.1　建立地下空间综合管理机制

地下空间是一个综合的巨系统，涉及的管理部门众多。鉴于地下空间在功能上的综合性、空间上的多样性、开发实施的关联性以及工程建设的不可逆性，有必要将地下空间作为一个专项管理内容，从立法层面明确地下空间综合管理部门和管理机制，设立地下空间开发利用综合协调机构，统筹地下空间规划编制和管理工作，研究决策地下空间开发利用中的重大事项，推进地下空间相关立法和政策制定工作，促进相关部门的综合协调和信息共享。

4.2　推进地下空间技术标准整合

鉴于地下空间开发利用涉及专业众多，地下空间相关专业标准普遍缺乏协调的问题，应尽快开展地下空间各类专业标准的整合工作，从基础标准、规划设计、专项建设、工程技术、环境安全 5 个层面，构建地下空间技术标准体系，为地下空间的规划、建设和管理提供技术依据。

4.3 健全完善地下空间立法体系

传统的城市规划法规政策主要侧重二维层面，随着土地资源利用需求的增长，一些公用设施（如地铁）有可能会进入“建设地块”之内，地下空间的分层确权问题日益突出。目前国家层面的地下空间相关政策法规尚缺乏对于地下空间权属范围的界定，地下空间分层确权缺乏足够的法律支撑，无法适应当前地下空间综合、立体开发的实际要求。建议加快开展城市地下空间综合立法工作，明确地下空间建设用地使用权范围，针对地下空间三维规划管理、权属登记、出让管理、建设管理等关键性问题展开针对性研究，不断补充和完善地下空间立法内容，切实有效地引导和规范地下空间的实际建设。

4.4 建立国土空间三维信息平台

随着国土空间规划“一张图”要求的提出，地下空间相关数据信息的整合是其中的重要内容。鉴于目前城市地下空间普遍存在数据不清、数据不全、数据不共享等问题，应加快开展地下空间地质调查及信息普查工作，整合地下空间生态地质调查、地下房屋信息普查、地下工程建设信息、地下竣工验收信息等各类地下空间信息数据，建立地下空间三维信息平台，为国土空间三维管理提供支持。与此同时，应促进政府部门之间的数据共享以及政府与社会之间的信息交互，推动地下空间信息的动态更新与维护。

作者简介

吴克捷，北京市城市规划设计研究院公共空间与公共艺术设计所所长，教授级高级工程师。

赵怡婷，北京市城市规划设计研究院，高级工程师。

京沪两大城市地下空间开发利用比较

吴克捷　赵怡婷

Comparison of Underground Space Development and Utilization between Beijing and Shanghai

摘　要：伴随城市的急速扩张，城市无序蔓延、交通拥堵、空间资源紧张等“大城市病”日趋严重。在这样的背景下，地下空间作为城市重要的空间资源，在集约利用土地、构建高效便捷的紧凑型城市方面具有重要作用。本次研究系统梳理了北京、上海城市地下空间发展脉络，从两大城市的地下空间目标理念、发展历程、建设现状、主要问题、未来重点发展方向等方面进行了比较研究，寻找差异性与共同点，以期为超大城市地下空间资源的科学利用与管理提供思路借鉴。

关键词：超大城市；地下空间；比较研究

进入 21 世纪，我国城市化进程高速发展，以北京、上海为代表的超大城市已经跨入世界级城市行列，但伴随城市的急速扩张，城市无序蔓延、交通拥堵、空间资源紧张等 “大城市病”日趋严重。在这样的背景下，有效开发利用城市地下空间，促进城市空间的集约高效发展，成为特大城市可持续发展的重要途径之一。本文以北京、上海城市地下空间发展为例，结合两大城市近年开展的地下空间规划、建设和政策制定等工作，深入挖掘我国超大城市地下空间的发展规律、当前挑战以及未来发展趋势，以期为超大城市空间更加高效、立体、可持续发展提供经验借鉴。

1 地下空间目标与理念

地下空间利用是城市可持续发展的重要途径。在“生态可持续，严控增量，用足存量，高质量发展”的新时代城市发展主旋律下，地下空间作为城市发展的宝贵空间资源，其科学合理的开发利用在提升城市空间效率、优化城市空间品质、完善城市功能服务等方面具有重要作用，是国土空间规划体系的重要组成部分。在先后完成的最新一次的北京和上海城市总体规划中，针对城市地下空间均给予充分的重视，并提出了明确目标。

《北京城市总体规划（2016 年—2035 年）》提出要建设“多维、安全、高效、便捷、可持续发展”的立体式宜居城市，通过地下空间的综合开发、分层利用、功能统筹，不断强化地下空间在城市交通、市政、防灾安全以及公共服务等系统化建设中的作用。

《上海市城市总体规划（2017—2035 年）》提出到 2035 年基本建成卓越的全球城市，坚持“底线约束、内涵发展、弹性适应”，探索高密度超大城市可持续发展的新模式，牢牢守住人口规模、建设用地、生态环境、城市安全 4 条底线[1]，合理开发利用城市地下空间资源，提高土地利用效率。

2 地下空间发展历程

回顾北京、上海两座城市 70 年的地下空间发展历程，具有一定的相似性，大体可分为 3 个阶段。20 世纪 90 年代以前，北京、上海的城市地下空间发展均以地下人防工程和市政管线建设为主，地下空间发展速度较为缓慢，以浅埋深、小规模、分散式建设居多。其中，北京市于 1965—1969 年进行了地铁 1 号线建设，1969—1978 年进行了大栅栏人防地道网的建设，1980 年代修建完成地铁 2 号线。上海市的地铁建设迟于北京，于 1990 年开工建设了地铁 1 号线。

1990—2000 年，北京、上海针对城市交通枢纽、商业中心、新型产业地区等重点地区的地下空间规划和建设稳步发展，期间北京西站南广场、王府井等地区开展了地下空间的规划设计，中关村西区、上海人民广场等城市重点区域开展了地下地上空间同步建设。

2000 年以后，随着上海世博会、北京奥运会等大型国际盛会的申办成功，两市地下空间均步入快速发展时期，地下空间建设规模不断扩大，功能综合化程度不断加强，地下空间逐渐由单体、分散式建设转变为系统、网络化发展，涌现了以北京商务中心区、奥林匹克中心区、上海世博园、虹桥商务区等为代表的城市重点功能区地下空间整体规划建设案例。近些年，在城市建设用地减量严控的背景下，随着城市轨道交通和重点区域（北京城市副中心站、北京大兴国际机场等）的建设，城市地下空间进入“质”与“量”齐升的新阶段。

3 地下空间现状建设情况

3.1 城市地下空间不断向着更加综合、高质量方向发展

截至 2019 年，北京、上海城市地下空间总体开发规模均达到 1 亿 m^2 左右，且保持较快的增长速度。其中北京市地下空间正逐步呈现由中心城区向外围多点新城拓展的趋势，结合城市轨道交通及重点功能区的快速建设，已形成了以北京商务中心区、王府井商业区、中关村西区、奥林匹克中心区、通州运河商务区等为代表的地下空间系统化建设示范区；与此同时，结合南中轴地区、新首钢高端产业综合服务区、北京城市副中心、北京大兴国际机场、北京城市副中心交通枢纽等重点地区建设，正有序推进地下、地上空间的统筹开发建设（图 1）。

上海市依托发达的轨道交通系统，构建起以轨道交通换乘枢纽、公共活动中心等区域为重点的地下空间总体布局，在人民广场、五角场、陆家嘴、虹桥商务区等区域形成四通八达的地下步行连通网络，将周边的地下商业、地下停车、下沉广场等公共服务设施整合为一体（图 2）。

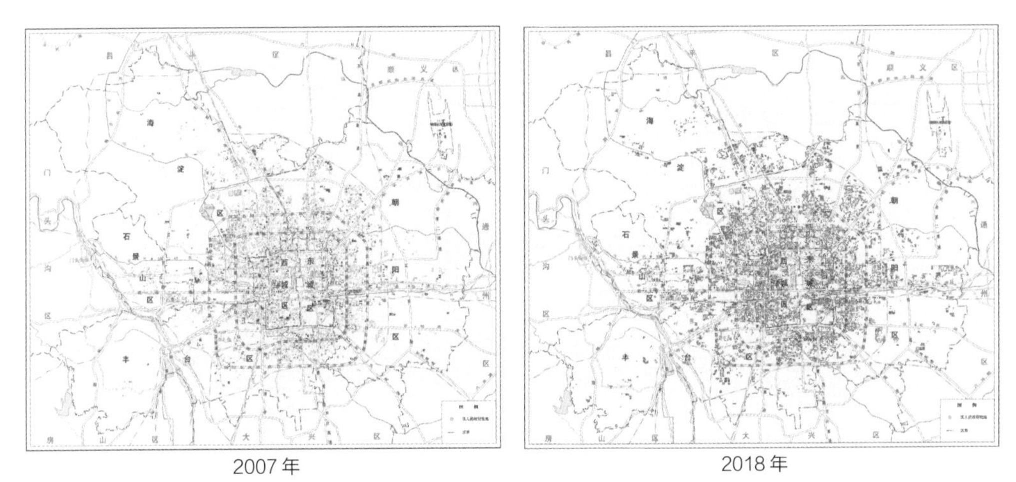

图 1　北京市中心城区地下空间分布示意图
图片来源：《北京市地下空间规划（2017 年—2035 年）》

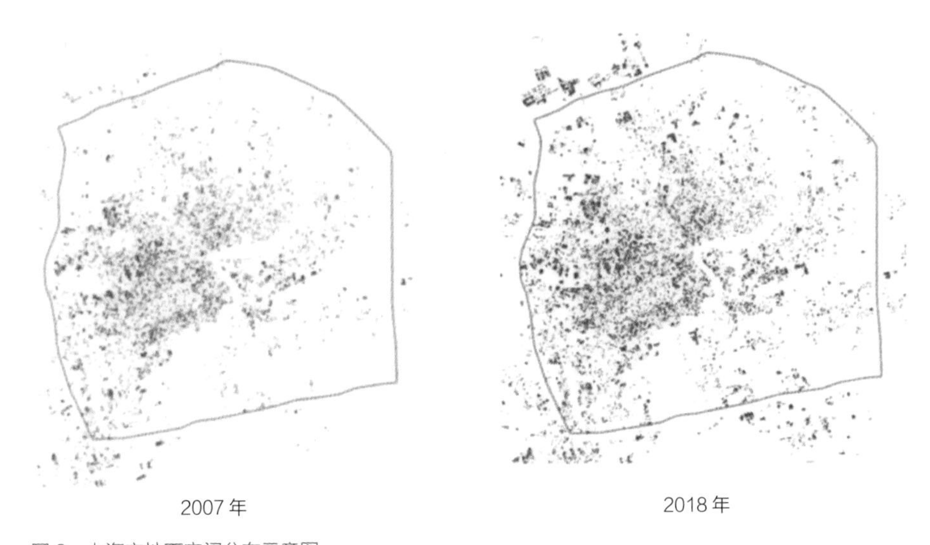

图 2　上海市地下空间分布示意图
（图片来源：刘艺、朱良成，《上海市城市地下空间发展现状与展望》）

3.2　地下轨道交通是城市地下空间发展的重要助推器

轨道交通的建设是带动城市地下空间发展的重要动因之一，北京、上海两座城市每天有上千万人次通过轨道交通进入地下空间。截至 2019 年底，北京全市轨道交通运营线路共 22 条，运营总里程超过 600km，其中地下线路约 400km（图 3）；上海全市轨道交通运营线路共 17 条（含磁浮线和浦江线），运营总里程超过 700km（图 4）。

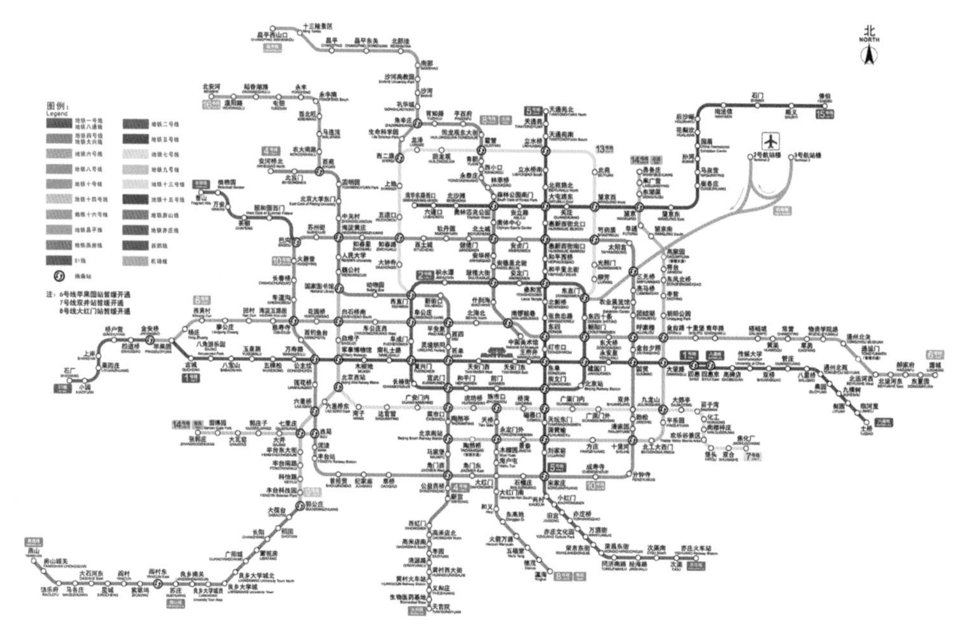

图 3　北京轨道交通网络运营图（2019 年）
（图片来源：网络）

图 4　上海轨道交通网络运营图（2019 年）
（图片来源：网络）

3.3 地下道路是缓解城市地面交通压力的重要方式之一

至 2019 年底，上海地下道路隧道共约 100km，其中已建成越江隧道 15 条、长江隧道 1 条、地下道路和地下立交约 50 多条，有效提升城市路网的通畅性。北京市现状地下道路总里程约 20km，以局部地区地下环隧为主，其中北京中关村西区地下交通环廊位于中关村西区地下一层，是我国建成的第一条地下交通环廊，全长约 1.9km。未来北京市将结合北京城市副中心的建设推进东六环路、广渠路等城市骨干道路的隧道工程建设，以有效改善地上道路条件和交通出行环境，另外在中心城区及历史风貌保护地区，将因地制宜建设局部下穿道路，提升城市公共空间品质。

3.4 地下市政设施建设是提升城市承载力、改善地面环境品质的重要途径

北京市及上海市均开展了综合管廊的系统建设，其中北京市将结合重点城市区域及轨道交通同步推进综合管廊建设，近期建设总里程将超过 100km。上海市则主要针对松江南部新城、临港新城等城市重点区域建设综合管廊。与此同时，北京、上海两市均积极推进市政场站设施的地下化建设，其中北京市现状地下市政场站设施以地下变电站为主，并建成亚洲规模最大的全地下再生水厂——槐房再生水厂（图 5）；上海市积极推进变电站、污水处理厂、垃圾转运站等市政场站设施的地下化，其中上海 500kV 静安地下变电站工程相当于 8 个标准足球场大小，建设规模列全国同类工程之首（图 6）。

图 5　市政场站地下化与地面景观设计

图 6　上海 500kV 静安地下变电站（a），其地上为静安雕塑公园和自然博物馆（b）

3.5　地下空间信息及工程技术创新是地下空间科学有序发展的重要保障

目前，上海市已经推进了三维城市地质调查工作，构建了集地下空间信息、地下管线信息和城市地质基础信息于一体的地下空间三维数据信息平台。北京市结合地质调查数据、房屋普查数据、管线普查数据、轨道交通运营数据，正致力于搭建地下空间三维数据信息系统，目前北京市西城区已形成了地下空间三维信息数据库，有效服务城市地下空间规划建设和管理工作。

另外，近年来具有长距离、大深度、高精度、大规模、环境约束紧等特点的重点地下工程项目不断增多，也推动了北京、上海两市地下工程技术的创新发展。目前，上海市针对其软土地质条件正在形成以深基坑、盾构隧道为代表的地下空间工程技术成果（图 7）；北京市结合地下城际车站、大型基础设施服务环、地下轨道换乘枢纽等长距离、大深度、全地下的重点工程建设，探索多类型功能设施的共构建设（图 8）。

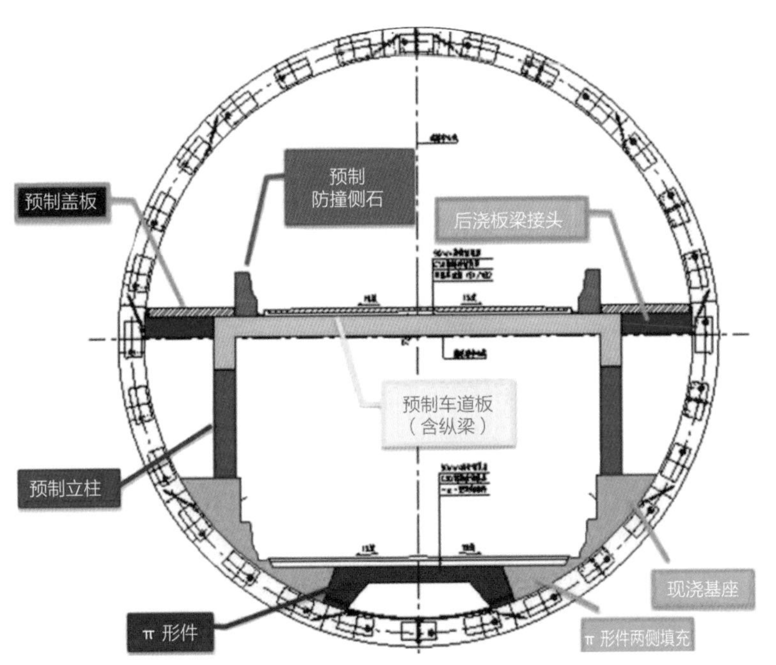

图 7　上海诸光路隧道技术示意图
（图片来源：网络）

图 8　北京城市副中心基础设施服务环
（图片来源：《北京城市副中心地下空间规划设计导则》）

4 地下空间面临的主要挑战

4.1 地下空间规划的管控效力及实施效果不足

目前北京和上海城市地下空间的规划体系尚不完善，总体层面的地下空间专项规划对于城市地下空间的整体发展具有重要指导作用[2]，但规划内容原则性偏强，尚缺乏针对地下空间竖向分层的可操作性管控内容，难以指导实际工程建设。与此同时，一些重点地区开展的地下空间规划设计尚未有效转化为法定性内容纳入控制性详细规划，难以对实际规划建设实现有效约束。

4.2 地下空间的生态安全与防灾韧性有待加强

随着地下空间开发强度的不断增大，地下空间建设对城市生态地质环境的影响与日俱增。目前城市地下空间开发利用对地质环境的影响主要涉及对土壤和地下水的影响。其中对地下水流的影响、对地下承压水层顶板的破坏应引起重视，一些大型地下工程，特别是地铁等线性工程会对地下水的流动产生阻拦作用，造成工程两侧的水位差，影响地层结构的稳定[3]。与此同时，地下软土工程稳定性、地下水位埋深、地下水流场流向等生态地质因素也存在动态变化特性，须采取必要的动态监测措施以保障灾害风险的及时发现和应对。

4.3 城市建成区的地下空间资源有待优化

城市建成区的地下空间以存量为主，尤其是地下 10m 以内的地下空间资源趋于饱和，且老旧设施较多，利用率和效果较差。一方面，新建设施与已有设施之间的矛盾较多，地下连通道、地下基础设施、轨道站点、地下公共停车场等公益性设施的建设成本和风险不断增加；另一方面，在一些历史地区由于受风貌保护等要求制约，地上空间有限，历史文化保护与民生改善空间诉求矛盾突出，在历史保护与工程安全的前提下，如何有效管控与引导地下空间的开发利用、保障公共利益是一项重要课题。

4.4 城市地下各类基础设施间的统筹协调不足

随着城市建设规模的增大，城市基础设施需求不断提高，城市主次干路地下空间分布有轨道交通、地下道路、地下连通道、地下市政管线、地下市政场站等各类功能设施，不同基础设施之间存在管理部门、建设时序、行业标准、设计流程等方面的衔接问题，制约了各类基础设施的统筹布局，阻碍了城市综合承载能力的提升。与此同时，由于空间的不足，部分基础设施存在挤占人行及绿化空间的现象，导致城市公共环境品质的下降。

4.5 地下空间综合管理和信息化建设滞后

北京、上海的地下空间开发利用总体上仍以多头管理为主，尤其在地下空间发展战略制定与实施、重大基础设施论证协调、地下空间连通协调、轨道站点地区综合开发等方面，尚缺乏相关管理部门间的统筹协调和长效管理机制；与此同时，与地上信息管理相比，地下空间信息建设仍存在收集难度大、历史欠账多、三维化要求高等问题，地下空间信息建设相对滞后。随着轨道交通带动下的城市地下空间快速发展，信息系统的不足对地下空间的科学规划决策与管理均形成了较大的制约。

5 地下空间重点发展方向

5.1 不断加强地下空间规划管控效能

科学合理的规划引导是保障地下空间高效可持续发展的基本前提。目前北京、上海均从总体规划层面明确了地下空间发展的核心内容与重点区域。其中，北京市于 2018 年编制完成了《北京城市地下空间规划（2018 年—2035 年）》，规划转变工程主导思维，聚焦地下空间资源的生态可持续利用与科学预留，对历史保护地区的地下空间管控、结合轨道交通的地下空间协同发展、地下基础设施统筹建设、深层地下空间开发利用、地下空间规划管控系统等展开了探索性研究。与此同时，北京市于 2017 年颁布了《北京市地下空间规划设计技术指南》，明确了总体规划、详细规划、方案设计等不同层次的地下空间规划技术要点，弥补了北京市地下空间规划技术标准的空白（图 9）。

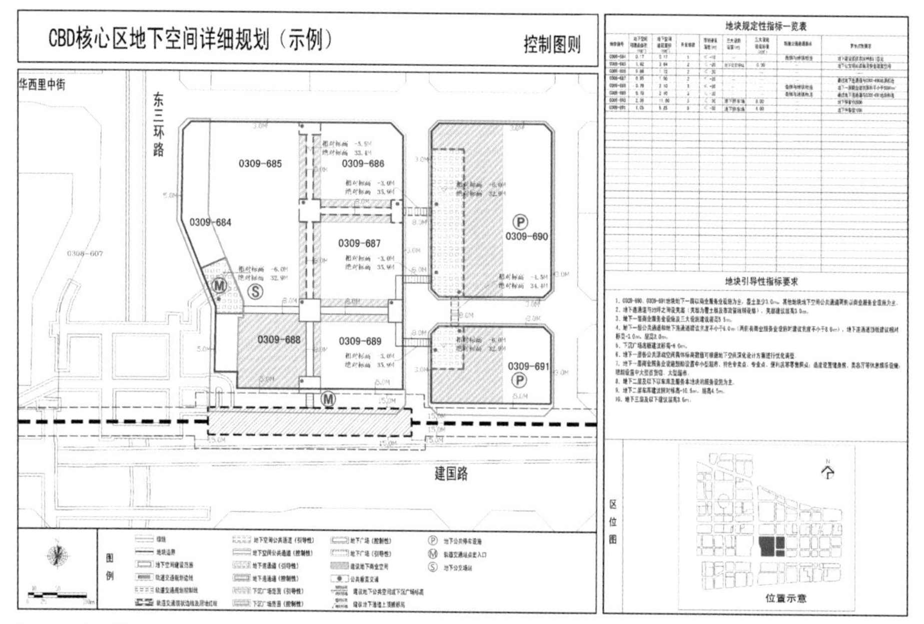

图 9　北京地下空间控规图则示意图
（图片来源：《北京市地下空间规划设计技术指南》）

上海市结合《上海市地下空间专项规划》，明确了上海市未来地下空间发展重点将由中心城区扩展至主城片区、新城和新市镇中心区，并更加关注建成地区地下空间的更新改造与精细化建设、地铁车站周边地下空间连通性和覆盖范围的提升以及重点区域地下步行网络的完善等。与此同时，上海市在控制性详细规划技术标准中明确了地下空间附加图则的相关技术要求，并在虹桥商务区等重点城市区域开展了地下空间控制性详细规划编制，形成了对大型、复杂地下空间规划建设的有力支撑（图 10）。

5.2　加强地下空间的生态与防灾安全保障

随着地下空间建设对城市生态地质环境影响的与日俱增，地下空间开发利用应转变传统工程建设主导思维，从生态保护和资源可持续利用角度，明确生态安全底线，合理划定垂直生态红线，保障地下空间资源的可持续利用。目前北京、上海均开展了全市层面的地下空间调查工作，对地下空间现状建设、基础埋深、工程地质条件、水文地质条件等进行梳理，初步形成了限制地下空间开发利用深度，加强对地下第一承压水层顶板等具有重要生态价值地层区段的保护共识（图 11）。

在地下空间主动防灾方面，北京、上海均将进一步发挥地下人防工程的主导作用，构建平灾结合、平战结合的地下综合防灾体系。北京市结合首都“四个中心”的城市定位，

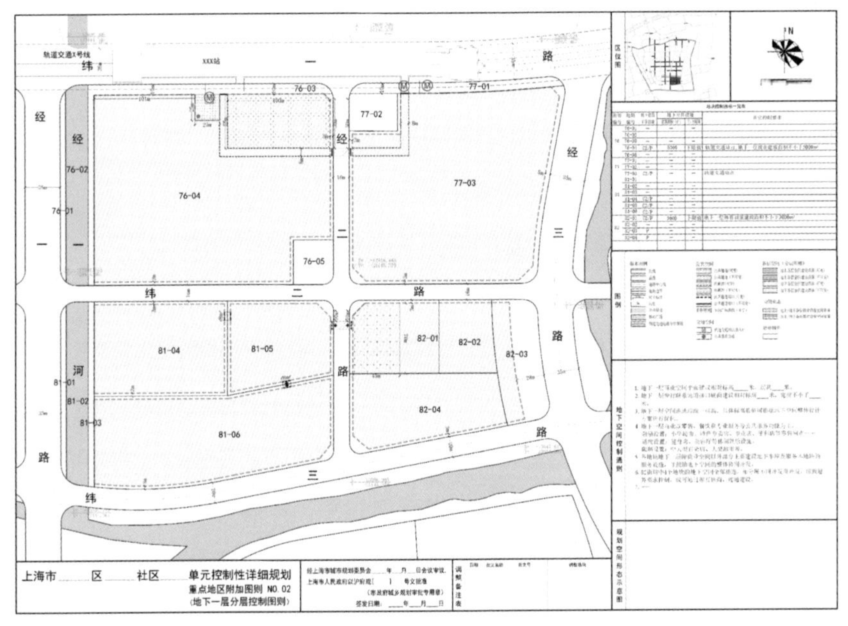

图 10 上海地下空间控规图则示意图
（图片来源：《上海市控制性详细规划技术准则》）

适时开展了《北京人民防空建设规划（2018 年—2035 年）》的编制工作，加强人民防空设施与城市基础设施结合建设与军民兼用，探索利用深层地下空间建设大型战略储备设施、数据中心、指挥中心、雨洪调蓄设施等新型防灾设施，提高城市发展韧性与灾害应急能力。

5.3 促进城市建成区地下空间资源的优化利用

在城市资源环境紧约束下，城市更新是盘活存量用地、实现内涵增长的重要方式。北京、上海均面临城市建成区地下空间资源的优化利用需求，主要包括历史保护地区地下空间的小规模、渐进式建设，整体更新改造地区地下、地上空间的整体建设，结合轨道交通建设的局部更新改造，结合换乘枢纽地区、城市商业商务中心地区的地下空间网络化建设等。另

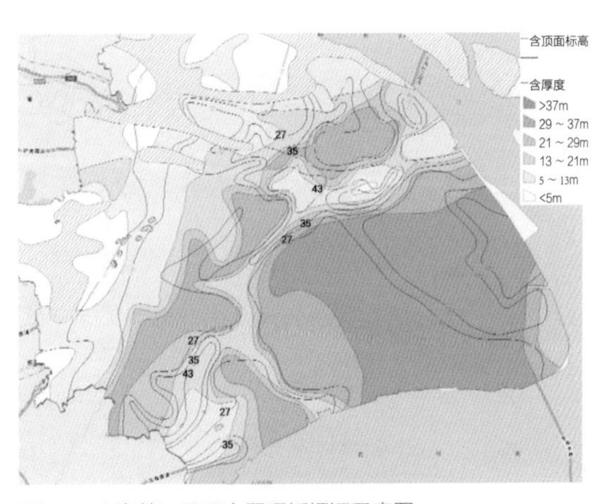

图 11 上海第一承压水层顶板埋深示意图
（图片来源：上海地质资料信息共享平台）

外，针对部分建成地区城市停车资源不足、刚性缺口较大的问题，还将探索结合城市公共绿地、广场、城市道路等公共用地有序增设地下立体停车库、地下连通道及其他地下功能空间，缓解公共停车设施的不足。

5.4 推进轨道站域地下空间一体化建设

未来北京、上海两市均将进一步推进轨道交通的快速建设。至 2035 年，北京市轨道交通总里程将超过 1800km（不含市郊铁路）。上海市也将构建多层次轨道交通网络，总里程将超过 3000km。轨道交通建设不仅能有效改善城市交通条件，还将作为联系城市地上地下空间、串联不同城市功能地区的强有力纽带，有效带动沿线土地资源的高效利用。未来北京、上海一方面将针对轨道沿线区域开展土地资源梳理与土地政策研究；同时将重点针对轨道站域开展轨道站点周边一体化建设与体制机制研究，整合站点周边公共用地资源，优化车站与周边地区的接驳条件，补充完善城市基础设施及公共服务设施，实现城市空间的高效集约利用[4]（图 12、图 13）。

5.5 促进市政基础设施的地下化建设

在满足安全、技术可靠、经济可行的条件下，推进市政设施的地下化，将有效释放城市空间资源，改善地面环境品质。目前北京、上海均在总体规划层面提出因地制

图 12　北京北新桥轨道站点一体化示意图
（图片来源：机场线西延北新桥站一体化综合利用规划研究）

宜的市政场站地下化措施，其中《北京市地下空间规划（2018 年—2035 年）》提出变电站、雨污水泵站、污水处理厂、有线电视基站、垃圾收集站、雨水调蓄池、燃气调压站等市政设施可布置于地下，在满足相关安全防护要求的前提下，地表部分可兼顾绿地公园等公共活动场所。《上海市城市总体规划（2017—2035 年）》则提出至 2035 年，主城区与新城新建市政设施（含变电站、排水泵站、垃圾中转站等）地下化比例达到 100%，并逐步推进现有市政基础设施的地下化建设和已建地下空间的优化改造。目前，北京、上海两市均尚须进一步明确和细化市政设施地下化的投资、建设管理及使用管理等相关政策机制。

图 13　上海西站综合交通枢纽一体化示意图
（图片来源：网络）

5.6　有序开展深层地下空间利用探索

随着城市中浅层地下空间资源的日趋饱和，深层地下空间开发利用成为城市发展面临的现实议题，目前已有部分基础设施的建设深度达到地下 30m 以下。从国际发展经验来看，深层地下空间开发利用将是保障城市安全、提高城市韧性、为城市未来发展创造更多战略空间资源的重要前沿阵地。目前，北京、上海均开展了深层地下空间开发利用研究，主要涉及地下骨干市政基础设施、地下快速交通设施、地下战略储备设施、地下人防工程等。未来还将深化深层地下空间资源储量、地质适宜性、建造技术、政策制度等方面的研究工作，科学保障和预留地下重要设施的建设空间。

5.7　推进地下空间法制建设与精细化管理

城市法制建设与精细化管理水平是衡量城市治理效能的重要标志，随着北京、上海地下空间的快速发展，地下空间已成为城市重要的公共空间场所或设施，迫切需要与之配套的法制基础与精细化管理措施。目前，上海市在地下空间综合管理体制、地下空间规划建设管理、地下空间权属管理等方面[5]均开展了较为系统的工作，逐渐建立起“综合法规 + 专项法规 + 配套法规 + 技术标准”的法制体系。与之相比，北京市虽已颁布了人民防空、市政管线、轨道交通等各类专项法规，但地下空间的综合性立法相对滞后。精细化管理方面，空置地下空间再利用、地下空间环境品质提升、地下空间安全与防灾、地下空间信息管理平台等是需要重点开展的政策机制探索领域；另外针对轨道交通、地下道路、地下通道等地下公益性设施建设，也需要不断探索市场化运作机制，为必要的地下空间综合性开发项目、连通项目建设创造有利的政策条件，促进地下空间活力与环境品质的提升。

6 结语

2019 年 10 月，“全球城市地下空间开发利用峰会暨 2019 第七届中国（上海）地下空间开发大会”发布和签署了《上海宣言》，提出了未来地下空间开发利用的六大发展方向，即：利用地下空间节省土地资源，提高土地利用效率；缓解城市交通压力，改善城市慢行交通；提高地块连通性，增强（商业等）城市活力和改善城市环境；提高城市韧性，增强城市综合抗灾能力；保护城市生态环境，实现绿色发展；减少环境污染，节约能源。未来我国以北京、上海为代表的超大城市将继续坚持对地下空间资源的科学规划与可持续利用，不断完善与其相匹配的城市地下空间规划建设和管理制度，促进城市地下空间向着更加生态绿色、系统高效、安全可靠、可持续的方向发展。

参考文献

[1] 刘艺，朱良成．上海市城市地下空间发展现状与展望 [J]．隧道建设（中英文），2020,40（7）：941–952.

[2] 吴克捷，赵怡婷．北京城市地下空间开发利用立法研究 [C]//中国城市规划学会．2015 中国城市规划年会论文集·规划实施与管理．北京：中国建筑工业出版社，2015：917–926.

[3] 吴克捷，赵怡婷．空间多维利用，构建紧凑之城——北京城市地下空间综合利用 [J]．北京规划建设，2018,（1）：84.

[4] 石晓冬．北京城市地下空间开发利用的历程与未来 [J]．地下空间与工程学报，2006,2（7）：1088.

[5] 庄少勤．关于《上海市地下空间规划建设管理条例（草案）》的说明 [R]．上海市第十四届人民代表大会常务委员会第七次会议，2013–09–17.

作者简介

吴克捷，北京市城市规划设计研究院公共空间与公共艺术设计所所长，教授级高级工程师。

赵怡婷，北京市城市规划设计研究院，高级工程师。

空间多维利用，构建紧凑之城
——北京城市地下空间综合利用

吴克捷　赵怡婷

Multi-dimensional Utilization of Space, Building a Compact City
—Comprehensive Utilization of Underground Space in Beijing

摘　要：本文结合《北京城市总体规划（2016 年—2035 年）》以及北京市地下空间实际情况，提出北京地下空间开发利用的重要方向，从地下空间生态环境、竖向分层利用、地上地下结合发展、城市功能提升、城市防灾安全以及体制机制建设等多方面展望未来北京地下空间开发利用的发展。

关键词：北京市；地下空间；开发利用

地下空间作为北京城市的重要空间资源，在集约利用土地、缓解“大城市病”、增强城市防灾减灾能力等方面具有重要作用。《北京城市总体规划（2016 年—2035 年）》（以下简称“总规”）提出了协调地上地下空间的关系，促进地下空间资源综合开发利用，并强调坚持先地下后地上、地上与地下相协调、平战结合与平灾结合并重的原则；要求统筹以地铁为代表的地下交通基础设施，统筹以综合管廊为代表的各类地下市政设施，统筹以人防工程为代表的各类地下安全设施，统筹以地下综合体为代表的各类地下公共服务设施；明确了构建多维、安全、高效、便捷、可持续发展的立体式宜居城市的目标。在城市建设用地“减量发展”的总体思路下，科学合理地利用城市地下空间，对于促进北京城市发展具有非常重要的意义。针对北京这样的超大城市，如何做到地下空间的科学利用，需重点关注以下几个方面的统筹与协调。

1 关注生态保护与地下工程建设的统筹

北京地区处在太行山脉与燕山山脉的交接部位，是山区与华北平原的结合地带，水文地质条件呈现地区差异性，并受地面沉降、砂土液化、地震活动断裂带、熔岩塌陷等多种地质灾害影响，地下空间开发利用条件相对复杂。在活动断裂带两侧地区、地面沉降区等地质灾害敏感地区以及地下水源保护区等重要生态涵养区不宜开发地下空间（图 1）。

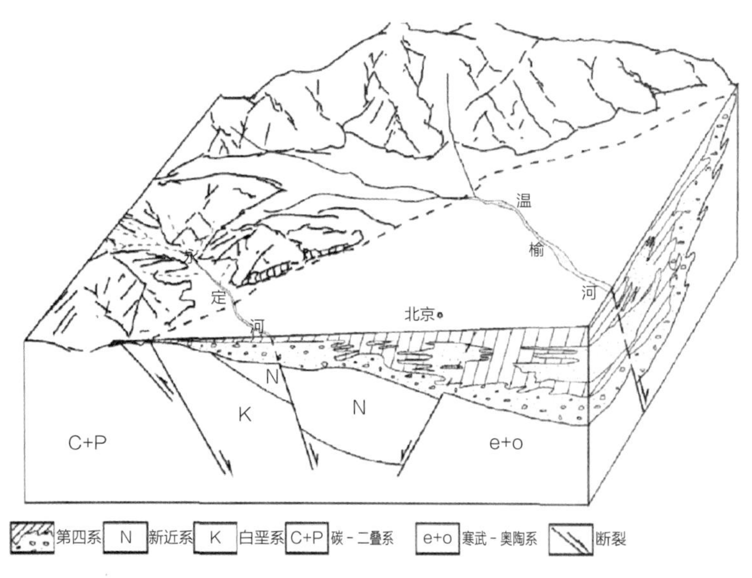

图 1 北京市平原地质构造与地貌示意图
（图片来源：蔡向民等，《北京城湖泊的成因》）

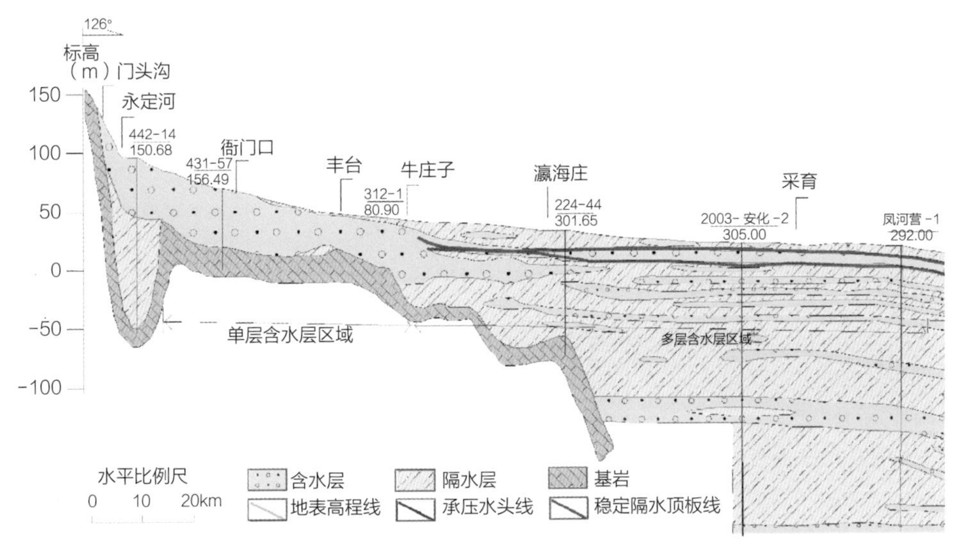

图 2　北京市地质剖面示意图

城市地下空间开发利用应转变工程建设主导思维，以城市地下空间生态环境保护为前提条件，综合考虑水文地质、工程地质、防灾安全等多个影响因素，科学确定地下空间开发利用的生态底线与生态敏感地区，保障地下空间开发利用的生态可持续性。

对于北京而言，在综合考虑地质灾害类影响要素的前提下，地下水的保护尤为重要，城市地下空间开发利用应重点关注承压水的保护，针对地下承压水位较高地区，应合理控制地下空间开发深度，避免地下工程建设穿透承压水隔水层，造成地下水资源污染（图 2）。

此外，地下空间开发利用还应与海绵城市建设相结合，河流冲积扇地区的砂砾石层是城市重要的储水区（“海绵体”），具有重要的生态涵养功能，合理控制地下空间开发面积与实土面积的比例，对于保障地下水规模具有重要意义。

地铁、综合管廊等大型地下线性工程应加强对地面不均匀沉降、熔岩塌陷、砂土液化等地质风险的监测与防治，并尽量减少对地下水流向的阻隔，或采用相应缓解措施。

2　关注地上空间与地下空间资源的统筹

城市空间是一个三维的整体，城市地下空间必须与地上空间功能相协调，通过重点建设、竖向分层，实现城市空间资源的优化配置。

城市中心区、商业中心区、城市重点功能区等公共活动密集、建设强度高的地区，是地上地下空间一体化建设的重点地区，宜通过地下空间的互联互通建设舒适便捷的地下公共活动空间，补充完善公共服务设施缺口，改善地面环境品质（图 3）。

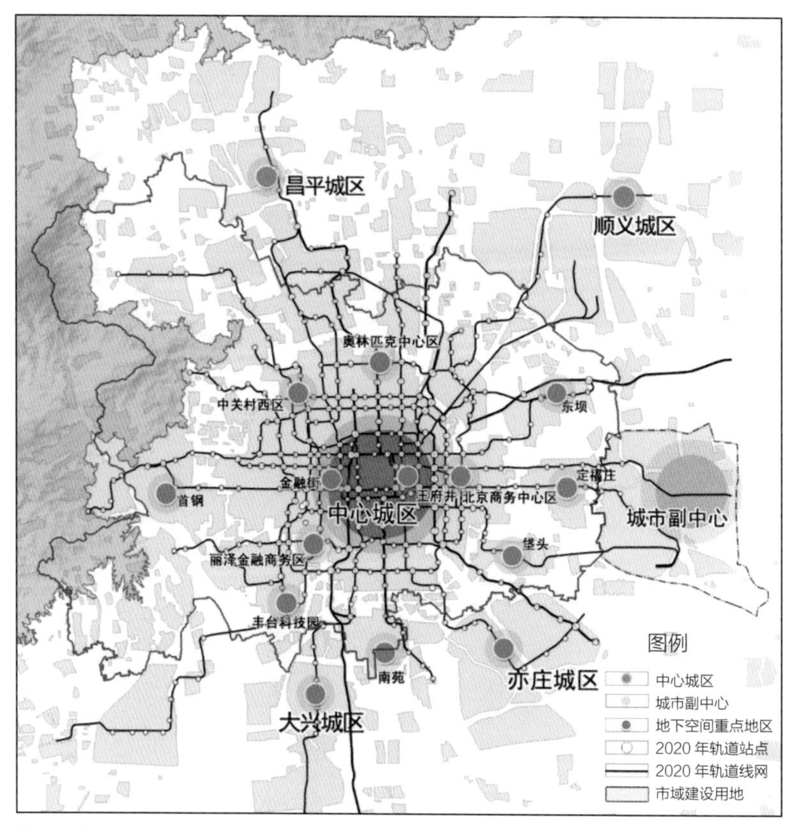

图 3 北京市地下空间利用重点地区分布示意图

随着轨道交通的快速建设，轨道交通沿线地区是推进土地资源集约高效利用的重要地区，应结合轨道站点分级及地上用地功能布局，明确轨道站点与周边地下空间的连通要求，构建集轨道换乘、地下过街、公共服务、防灾安全于一体的地下公共空间网络。

涉及大型公共服务设施、市政交通设施、防灾安全设施等三大设施建设的地区，应综合考虑用地布局、技术可行性、环境影响等因素，有序推进设施地下化建设，在提高地区设施服务水平的同时，提升地面的环境品质，消除临避效应。

竖向布局方面，应根据地上地下功能的相互关联程度，遵循由浅及深，人在上、物在下，人的长时间活动在上、人的短时间活动在下的原则统筹布局。其中，浅层、次浅层地下空间（地下 0 ~ 30m）与地上空间联系较为紧密，应以地下公共活动、公共交通等人员活动相对频繁的空间为主；次深层及深层地下空间（地下 30m 以下）宜布置少人或无人的物用空间，如地下人防工程、地下市政场站、地下仓储物流、地下交通隧道等，并注重地下空间资源的保护及空间预留；随着地下盾构技术及地下工程建造技术的发展，地下 50m 以下的大深度空间利用是未来地下空间发展的新领域，宜

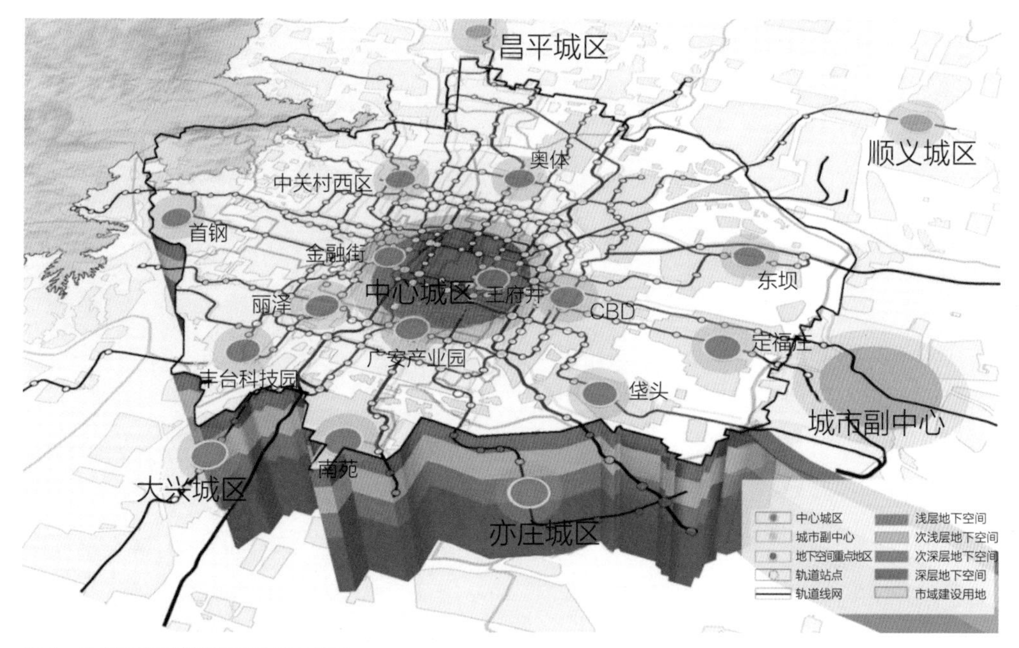

图 4　北京市地下空间竖向分层示意图

优先保障地下大型储水设施、地下数据中心、重要人防工程等大型战略性工程的建设，并不断拓展对地下深层岩层、地下可再生能源的有序利用（图 4）。

3　关注地下空间对城市功能体系的补充

随着北京城市建设用地减量与城市功能提升矛盾的日益突出，地下空间综合利用是在不增加地上空间建设量的情况下，补足城市功能短板，完善三大设施建设的重要途径。地下空间根据其功能特点，主要包括以地下综合体为代表的各类地下公共服务设施、以地铁为代表的地下交通基础设施、以综合管廊为代表的各类地下市政设施和以人防工程为代表的各类地下安全设施（图 5）。

地下空间功能系统作为城市功能系统的重要补充，应综合考虑各类功能设施的地下空间适宜性与地区发展特点，采取差异化的布局模式。根据各类功能设施的地下空间适宜性，地下交通类设施、地下市政设施、地下防灾减灾设施等基础设施可优先进行地下化建设；地下商业服务业设施、地下公共管理与公共服务设施、地下仓储设施等功能设施较适宜进行地下化建设；住宅、污染环境和劳动密集型的工业厂房、敬老院、托幼园所、学校教室、青少年宫、儿童活动中心、老年活动中心等人员相对密集、环境要求较高的功能设施不宜进行地下化建设（表 1）。

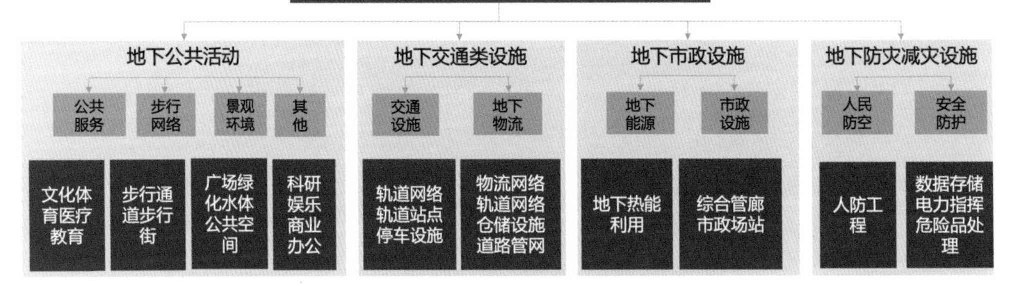

图5 地下空间功能系统示意图

功能设施的地下空间适宜性　　表1

地下空间适宜性分类	具体内容
适宜地下建设的设施	地下交通类设施、地下市政设施、地下防灾减灾设施等基础设施
较适宜地下建设的设施	地下商业服务业设施、地下公共管理与公共服务设施、地下仓储设施等
不适宜地下建设的设施	住宅、污染环境和劳动密集型的工业厂房、敬老院、托幼园所、学校教室、青少年宫、儿童活动中心、老年活动中心等人员相对密集、环境要求较高的功能设施

历史地区是历史文化保护与城市发展矛盾较为突出的地区。在历史地区，文物保护单位和一类建设控制地带等地区不宜开发地下空间，但同时也应客观地认识到，地下空间合理开发利用可以弥补公共服务、基础设施的不足，在不影响地区历史文脉的基础上，提升地区公共服务水平，缓解地面建设压力。在老城区，可结合局部地块改造，同步建设地下便民服务设施、文体设施、社区宣教等公益性地下空间（图6）；结合道路改造建设地下综合管廊、市政场站等市政基础设施；限制开发地下大型商业设施、大规模地下停车设施。历史文化街区与风貌协调区内的地下空间开发利用应遵循小规模、渐进的原则，以历史价值评估为基础，在保护有价值历史信息的同时，合理利用地下空间，满足居民生活需求。

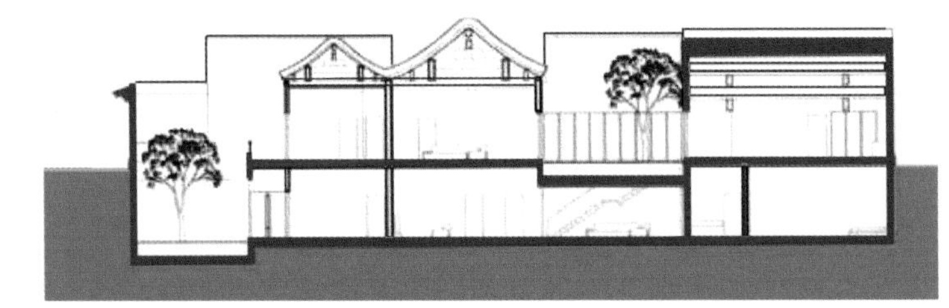

图6 利用院落地下一层空间补充生活配套功能

在城市集中更新地区与城市新区，有条件通过先地下、后地上的建设模式，推进地下交通、市政、公共服务、防灾安全等各项功能设施的统筹建设，实现多维、高效的立体化城市空间布局；其中，图书馆、博物馆、体育场馆等大型公共服务设施、商

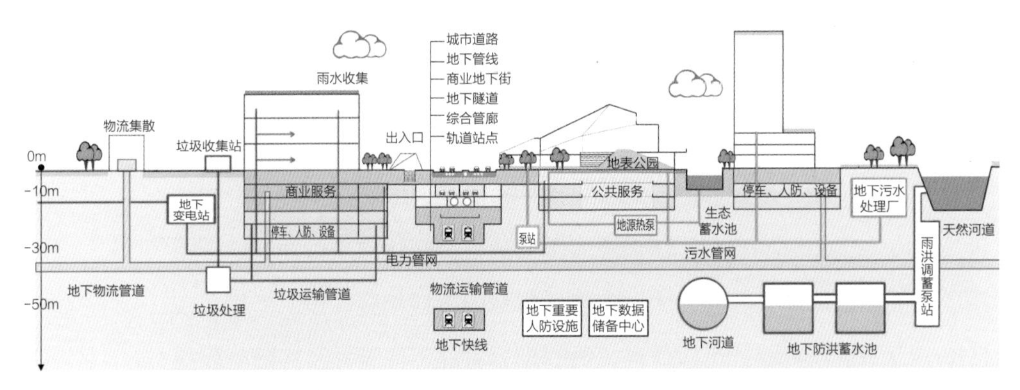

图 7　地下空间一体化竖向布局示意图

业设施、行政办公设施及部分科研教育设施适宜进行地下空间建设，并与地上空间建立便捷联系；变电站、换热站、污水处理厂、再生水厂、垃圾处理等市政设施在满足相关技术及环境安全要求的情况下，可通过地下化，避免邻避效应；过境交通、停车场、公共交通场站等交通设施应有序推进地下化，缓解地面建设压力，减小环境污染；大型人防设施、重要数据存储中心、储水设施、物流设施等宜结合地下空间的防灾特性，在深层地下空间布局，保障设施的安全运行（图 7）。

4　关注战时防空与平时防灾的兼顾结合

安全防护是地下空间的基本功能，地下空间开发利用应突出和加强北京作为首都的战略地位，保障国家安全和公共安全。首先，应依托人防工程构建地下空间主动防灾体系。地下空间建设应基于人防的指挥、人员掩蔽、物资储备、专业救险等相对完善的防空体系，构建地下空间主动防灾系统，统筹人防工程、地下空间兼顾人民防空、普通地下空间三者关系，形成相互连通的地下防护体系，有效调配空间资源；其次，结合地铁建设完善地下防灾系统。地下空间建设应加强交通干线以及其他大型地下公共设施的人防要求，保障对重要经济目标的有效防护；与此同时，应充分利用地下空间抗爆、抗震、防地面火灾、防毒等防灾特性，加强地下空间防灾设施与城市防灾避难体系的联系。可结合城市绿地和广场系统，利用与绿地广场相联系的地下空间作为防灾避难的补充空间；另外，受地下空间自身封闭性较强特点的影响，地下空间应做好应急疏散设计，保障各类功能设施的安全间距与合理布局，加强地下空间的使用安全监督与管理。

5　关注规划制定与实施保障的结合

地下空间规划实施是地下空间规划落实的关键，应从规划编制、规划管理及政策法规等层面同步推进相关工作。规划编制层面，应进一步推动近期建设规划、分区规划及重点地区地下空间详细规划的编制，结合轨道交通建设编制轨道沿线地区地下空间规划，逐级落实和细化总体规划要求，为地下空间实际建设提供具体技术指导；规划管理层面，应充分考虑规划内容的可操作性，针对规划管理工作流程及实际问题提供规划技术解答，实现规划制定与规划管理的有效转化；与此同时，应逐步建立对地下空间部门管理、确权登记、建设管理、数据信息管理、防灾安全管理等政策法规领域的系统认识与问题研究，有序推进地下空间的综合立法与专项立法，保障地下空间开发利用的合理有序开展。

作为重要的城市空间资源，北京城市地下空间已从传统工程建设领域拓展至涵盖生态环境、工程建设、权属管理、防灾安全、法规政策等方面的巨系统，而地下空间规划工作也将从传统工程规划设计延伸至对城市生态环境、城市功能空间系统、城市防灾安全、政策法规制定等多维度的系统思考和统筹安排。结合新一轮北京城市总体规划对地下空间综合利用提出的新思路和新要求，如何更好地发挥地下空间规划的统筹作用，落实“五个关注”，促进城市空间向着更加多维、安全、高效、便捷、可持续的方向发展，将是未来北京地下空间发展的重要议题。

参考文献

[1] 蔡向民，何静，白凌燕，等 . 北京市地下空间资源开发利用规划的地质问题 [J]. 地下空间与工程学报 ,2010（6）:1105–1111.

[2] 蔡向民，郭高轩，张磊，等 . 北京城湖泊的成因 [J]. 中国地质，2013,40（4）：1092–1098.

[3] 石晓冬 . 北京城市地下空间开发利用的历程与未来 [J]. 地下空间与工程学报，2006（S1）:1088–1092.

[4] 顾新，等 . 城市地下空间利用规划编制与管理 [M]. 南京：东南大学出版社，2014.

[5]《城市地下空间规划规范》联合编研组 . 中国城市地下空间规划编制导则（征求意见稿）[EB/OL].（2007–05–18）[2023–12–05].http: // www.renrendoc.com/paper/161135466.html.

作者简介

吴克捷，北京市城市规划设计研究院公共空间与公共艺术设计所所长，教授级高级工程师。

赵怡婷，北京市城市规划设计研究院，高级工程师。

国土空间规划体系下的地下空间规划管控方法探索

赵怡婷　吴克捷

Research on the Underground Space Planning and Control Method under the Territory Spatial Planning System

摘　要：地下空间作为重要的国土空间资源，建立国土空间规划体系下的地下空间专项规划体系，完善地下空间规划管控方法，是保障地下空间资源可持续利用的重要前提。为解决地下空间规划管控力度不足、管控要求缺位等问题，北京城市副中心以国土空间规划精准传导为依据、以多层级地下空间规划编制为基础，探索构建了分区层面全域、全覆盖的地下空间规划管控体系；并从生态安全管控、功能设施统筹管控、重点分区管控、用地开发管控等方面，开展精细化、定量化研究，探索性明确了地下空间三维管控红线、功能设施统筹管控指标、重点分区管控要求、不同功能用地的地下建筑规模占比的具体内容和指标，丰富了地下空间规划管控方法，为科学规划好每一寸地下空间资源，促进地下空间资源的科学合理利用提供技术支撑。

关键词：地下空间；规划体系；管控方法

引言

国土空间规划是国家空间发展的指南、可持续发展的空间蓝图，是各类开发保护建设活动的基本依据。地下空间作为重要的国土空间资源，在集约、节约利用土地，构建高效便捷的紧凑型城市方面具有重要作用[1]。目前，无论国家层面还是地方层面，都尚未建立在国土空间规划体系及精准传导下的地下空间规划管控体系，难以从全域、全要素层面科学管控和引导地下空间资源的开发利用。

针对地下空间规划管控的缺位，沈雷洪[2]、赵毅等[3]针对控制性详细规划层面地下空间规划内容进行了研究，提出了地下空间规划管控体系、内容和主要指标，为地下空间规划的规范管理与有效控制提供支撑。张荐硕等[4]基于海绵城市理论，针对海绵城市理念下的雨水入渗和地下空间中的建筑（结构）防渗的矛盾，提出了地下空间管控内容的补充完善方向。彭芳乐等[5]以上海虹桥商务区为例，对城市商务区地下空间的开发和管控进行了探索，构架了地下空间开发控制要素和指标体系框架。黄嘉玮等[6]结合轨道工程实践，对轨道沿线地区的公共地下空间附属设施、地下空间之间的连接、地下空间实施时序等提出了规划控制要求。相彭程等[7]以西咸新区为例，建立控制性详细规划层面的地下空间开发利用分区、分级、分类规划管控体系，保障规划管控的精准性。杨天姣等[8]以北京市丰台科技园三期地下空间规划为例，从城市设计层面详细探讨了精细化的地下空间规划设计要点，深入研究地下公共空间的刚性控制要求，为地块规划条件提供支撑。综上所述，当前关于地下空间规划管控的研究，在空间范畴上主要侧重城市重点功能区、轨道沿线地区、城市商务区等中观区域；在研究类型上，主要针对控制性详细规划及城市设计的编制；在管控方法上，既有用地和功能设施管控，也有基于生态安全和轨道建设的专项管控。但总体来看，地下空间规划管控尚缺乏全域、多层级、系统性的管控体系和方法研究。本次研究结合北京城市副中心规划建设，探索了涵盖“总体规划—控制性详细规划—综合实施方案”不同规划层次，覆盖“全区—街区—地块”不同空间维度，涉及“生态安全—功能设施—重点地区—地块精细化管控”等不同管控视角的地下空间规划管控方法，为完善国土空间规划体系下全域、全要素地下空间规划管控体系提供借鉴。

1　完善地下空间规划管控体系

北京城市副中心地下空间规划是北京市“全市—分区—特定地区”地下空间规划编制体系在分区层面的首次探索。自 2016 年以来，北京城市副中心坚持地上地下同步规划，建立了“分区—街区—地块”层层递进、上下传导的地下空间规划管控体系（图 1）；在规划类型上涵盖总体规划和详细规划两大类，并结合实际需求进一步纳入规划综合实施方案内容，为中微观层面地下空间资源的科学合理管控奠定基础。

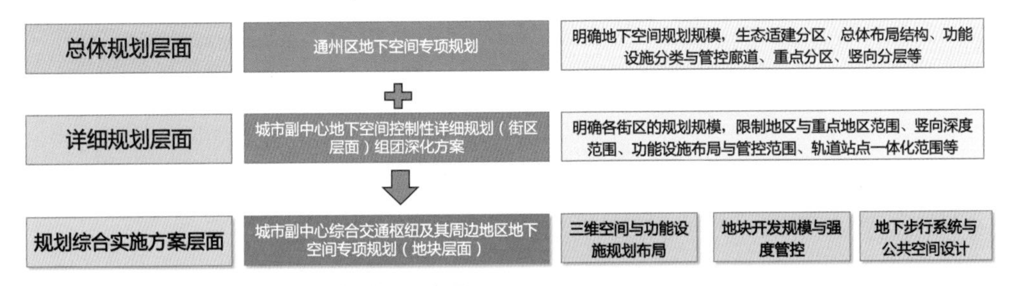

图 1　北京城市副中心地下空间规划管控体系示意图

1.1　编制全域层面地下空间总体规划

通州区地下空间总体规划是北京城市副中心所在通州行政辖区的地下空间总体规划，是对全域层面地下空间发展目标、原则和规模的总体把控。规划空间方面，通州区地下空间总体规划覆盖全域各类建设用地与非建设用地；规划内容方面，通州区地下空间总体规划基于对全域地下空间生态地质条件、灾害风险情况、自然资源禀赋的综合判断，着重明确全域地下空间生态安全格局与可利用资源总量，统筹各类功能设施布局要求，形成竖向分层的地下空间总体空间布局（图 2），为全域层面的地下空间资源利用提供总体指导纲领。

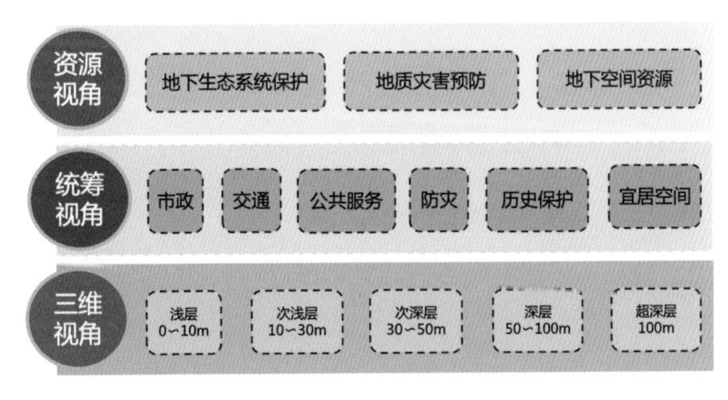

图 2　北京城市副中心地下空间总体规划的内容体系示意图

1.2 街区层面地下空间控制性详细规划

北京城市副中心控制性详细规划是对北京城市副中心范围内地下空间发开发利用的具体部署，也是对通州区地下空间总体规划要求的深化落实。在规划空间方面，北京城市副中心地下空间控制性详细规划主要针对地下空间利用需求较强的城市集中建设地区，规划研究精度可到达街区层面；规划内容方面，北京城市副中心地下空间控制性详细规划采取地上地下同步编制，进一步细化和明确地下空间规划规模、竖向管控深度以及生态限建区范围、重点地区范围、各类功能设施的管控范围以及轨道一体化范围等规划管控边界，绘制 36 个街区的地下空间规划管控“一张图”，形成街区层面地下空间精细化规划管控依据。

1.3 重点地区地下空间规划综合实施方案

城市重点功能区、更新改造地区、交通枢纽周边地区等城市区域往往有条件实现地上地下空间的同步建设，是城市地下空间建设的重点地区。北京城市副中心结合综合交通枢纽等重点项目建设需求，对项目所在街区范围内编制地下空间规划综合实施方案，其规划深度达到地块层面。鉴于地下空间相对复杂的特性，地下空间规划综合实施方案将吸纳修建性详细规划和城市设计的部分工作，详细规定各类用地的地下空间规模和建设深度（图 3），明确地下空间的三维空间布局和各类功能设施的空间关系，对地下步行系统、公共空间和公益性设施布局提出规定性建议（图 4），对地下经营性功能设施布局提出引导性建议，对关键节点进行精细化断面设计，为地下公共空间的科学预留和有序建设提供规划指引。

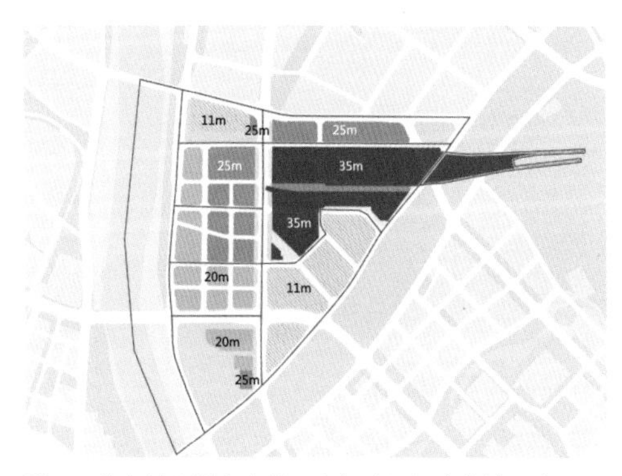

图 3　北京城市副中心地下空间建设深度管控示意图

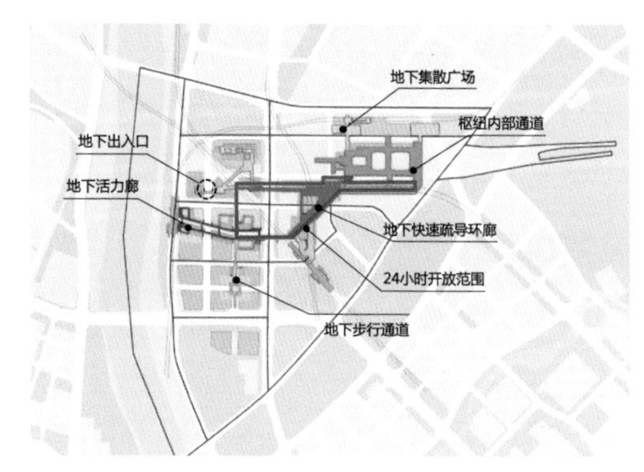

图 4　北京城市副中心地下步行系统规划示意图

2 健全地下空间规划管控方法

与国土空间规划所强调的全域、全类型用途管制要求相比，传统地下空间规划管控存在空间覆盖面不全、管控内容条块分割、管控力度偏原则性等问题，难以有效指导地下空间的实际规划建设。针对传统地下空间规划管控的局限性，北京城市副中心地下空间规划管控从全域生态底线管控、功能设施统筹管控、重点地区分类管控、用地开发强度管控 4 个方面完善地下空间规划管控方法，以期发挥地下空间规划对地下空间资源利用的刚性管控作用。

2.1 生态先行，划定全域地下生态底线管控

开展地下空间生态地质调查，科学判断地下空间生态地质条件，明确地下空间的生态影响要素和生态安全底线，是城市地下空间可持续发展的重要前提[9]。鉴于北京城市副中心所在地区工程地质环境复杂、地下水环境敏感度高等生态地质环境特征[10]，北京城市副中心提出“以水定城”的地下空间有限开发理念，以保护地下承压水层及地下水资源安全为重点，选取位于地下 20m 左右的第一承压水隔水层埋深作为地下空间开发类建设的竖向管控范围，竖向管控对象主要包括普通地下室、地下公共活动空间和地下经营类空间等，以有效保护地下水资源，减小地下空间开发利用对地下水文地质的干扰；位于地下 50 ~ 70m 的第二隔水层对于地下水文地质结构的稳定性具有较为关键的保障作用，因此城市公共类建设活动一般不宜超过地下 50m 范围，地下 20 ~ 50m 范围内优先用于地下交通设施、地下市政设施、防灾安全设施等人员活动较少的公共类设施的建设和预留；地下 70m 以下是一般城市开发建设活动尚未达到的区间，该范围内近期以战略预留为主，远期可布局战略基础设施或防灾安全设施（图 5）。

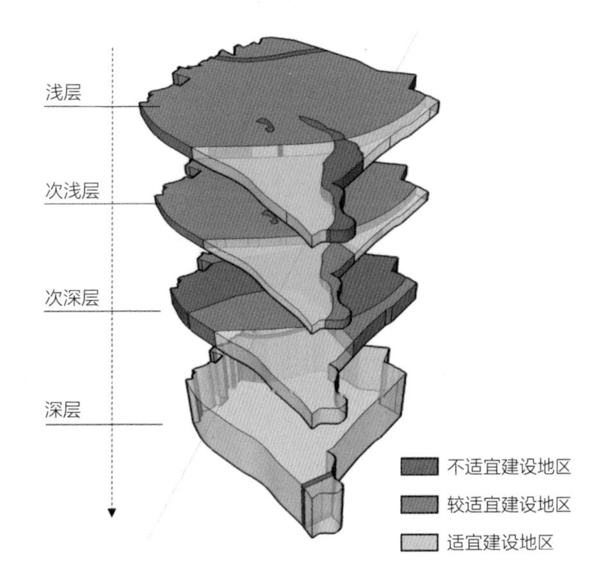

图 5 北京城市副中心地下空间生态适宜性分区示意图

2.2 公共优先，预留地下重要功能设施建设空间

地下空间是一个复杂的巨系统，涵盖地下交通、市政、公共服务、公共安全等各类城市公共设施以及多样化的开发类设施。鉴于地下空间资源的有限性和不可逆性，北京城市副中心地下空间规划坚持公共优先原则，系统梳理了北京城市副中心范围内地下轨道交通、道路交通、物流、市政场站、市政管线、综合管廊、防灾安全设施、公共服务设施等各类功能设施的规划建设情况，对已建成设施提出安全运行管控要求，对规划线性工程预留建设空间，对规划场站设施提出地下化引导要求，形成北京城市副中心地下功能设施统筹管控“一张图表”（表 1），为各类功能设施的有序建设和空间预留提供保障。在功能设施布局方面，规划着重发挥轨道交通的引领作用[11]，以轨道交通环形干线为主干，沿线贴建、共建综合管廊、雨水调蓄设施、应急避难设施和储能调峰设施、地下市政设施等各类基础设施，串联地上公共服务设施，形成地上地下空间一体、功能高度复合的基础设施服务环[12]，为城市副中心的高效运行提供保障。

地下重要功能设施廊道及场站设施管控表 表 1

管控要素		管控内容
轨道交通	区间段	已建线路：线路中心线外 50m，规划线路：线路中心线外 30m
	车站	标准站：主体外扩 20m，附属外扩 40m，换乘站：有效站台外扩 50m，车站大端外扩 80m，小端外扩 40m
地下市政设施		地下公用市政设施主要包括：污水处理厂、再生水处理厂、雨水泵站、雨水调蓄池、变电站、地下公交场站等设施。 地下化原则：在设施环两侧各 500m 的地上地下一体化管控范围内，规划市政设施均采取地下化建设形式
地下道路		已建成按实际工程控制线管控，未建成按规划线位控制工程线
地下停车		对接停车专项规划，明确停车缺口，确定地下停车规模与布局
综合管廊		管廊结构外廓线两侧 3m 为安全线，15m 为控制线。 工程控制线内为安全保护区，范围为保护区外边线距本体结构外边线 3m 以内。 影响范围线内为管廊安全控制区，范围为控制区外边线距本体结构外边线 15m 以内
地下公共服务设施		鼓励文化、体育、办公、医疗、社区服务设施的地下空间利用，地下地上建筑面积比宜为 30%~50%

2.3 突出效率，科学判定地下空间重点建设区域

地下空间开发利用与城市开发建设活动具有密不可分的关系，通常城市公共功

能较为集中、城市建设强度较高、轨道交通条件便利及具有整体开发建设条件的地区往往是地下空间开发利用需求较高的地区，这些地区有条件通过地上地下空间的统筹立体发展，实现功能复合和土地综合效益的最大化[5]。为科学判断北京城市副中心地下空间的重点建设区域，北京城市副中心地下空间控制性规划采取量化评估的方式，划定地下空间的重点地区，保障重点地区地下空间规划覆盖与实施，实现高质量发展。地下空间重点地区的划定需要综合考虑各类限制要素及发展要素，其中限制要素主要包括生态敏感要素、历史保护要素、现状建设要素、政策管控要素等，发展促进要素包括轨道交通、重点功能区、人口密度、用地功能及强度等。该规划建立了基于多因素的地下空间开发适宜性量化评估体系，分别从生态地质条件、历史保护、用地功能、建设强度、人口密度、轨道站点、重点功能区、重点管控区8个方面，对副中心范围内近4900个地块进行了量化打分，其中分数越高代表开发潜力越大。与此同时，规划结合副中心高质量发展诉求，适当提高了轨道站域、产业功能、重点功能区等重点发展要素的权重值，形成了对北京城市副中心全域范围内各类地块的开发潜力量化评价[13，15]，并以此为基础形成了“重点利用地区—鼓励利用地区—一般利用地区”的全覆盖地下空间重点分区体系，明确了地下空间重点地区范围。规划进一步依据不同重点地区制定针对性的发展策略，明确市政公用设施地下化、停车设施地下化、轨道站点一体化、地下连通、地下空间总体规模占比等量化管控要求[14]（表2），为副中心地下空间的重点分区、立体分层、高质量集约发展提供具体可操作的规划指引。

地下空间重点分区管控表 **表2**

<table>
<tr><th>管控内容</th><th>重点利用地区</th><th>鼓励利用地区</th><th>一般利用地区</th></tr>
<tr><td>地下公用设施</td><td>110/220kV 变电站地下，供水厂、再生水厂地下化，转运站地下化</td><td colspan="2">110/220kV 变电站地下，供水厂、再生水厂地下化，转运站地下化</td></tr>
<tr><td>地下停车设施</td><td>新建地区地下停车率不低于90%</td><td>新建地区地下停车率不低于70%</td><td>新建地区地下停车率不低于50%</td></tr>
<tr><td>轨道交通一体化</td><td>枢纽站、换乘站与周边地块 / 建筑地下空间连通比例不低于90%</td><td colspan="2">枢纽站、换乘站与周边地块 / 建筑地下空间联通比例不低于50%</td></tr>
<tr><td>地下联通</td><td>统筹公共道路、绿地、广场等公共用地地下空间建设，鼓励相邻开发地块地下空间的互联互通</td><td colspan="2">以地块内地下空间开发为主，优化提升主要路口地区的地下过街系统建设</td></tr>
<tr><td>地下空间总量规模占比</td><td>1:（0.4 ~ 0.6）</td><td colspan="2">1:（0.2 ~ 0.4）</td></tr>
</table>

2.4 有限利用，合理规范地下空间开发利用规模

随着地下空间开发利用需求的不断增长，合理限制地下空间开发建设强度，不仅可以有效保障地下基础设施的合理荷载，防止高强度开发带来的安全隐患，同时也为未来地下空间可持续发展留足空间。对于开发类地块，地下空间开发利用强度主要体现为地下空间建筑规模与地上建筑规模的比例关系，地下地上建筑规模比越大，则地下空间开发强度越高。为进一步规范开发用地的地下空间建设强度，北京城市副中心地下空间规划调取了全市近 15000 条建设工程数据，总结提炼不同用地功能与地上建设强度情况下的地下地上建筑规模比规律。研究发现，居住类、公共服务类、公共管理类、产业类、工业类用地由于地下建设需求及地上建设强度等情况的不同，其地下地上建筑规模比呈现较为明显的差异性。其中居住类用地地下空间由于地下停车需求较高，其地下地上建筑规模比可达 0.7 左右；公共服务类、产业类用地的地下地上建筑规模比一般在 0.4 ~ 0.7；工业类、公共管理类用地的地下地上建筑规模比则相对较低，一般在 0.3 ~ 0.4。另外，地下地上建筑规模比与地上建设层数呈负相关（图 6），以居住用地为例，1 ~ 6 层的多层居住建筑的地下地上建筑规模比一般不超过 0.8，7 ~ 12 层中高层居住建筑一般不超过 0.7，13 层以上的高层居住建筑则一般不超过 0.6。以此为基础，研究形成了居住类、办公类、公共服务类、产业类、工业类五大类用地在不同地上建设层数情况下的地下地上建筑规模比参考矩阵表（表 3），为地下空间建设规模的总体管控以及地下空间建设强度的科学引导提供技术依据。另外，研究针对北京城市副中心重点功能区、轨道站点周边地区等地下空间重点地区，在参考值基础上给予 0.1 ~ 0.3 不等的规模增长系数，以保障地下空间重点地区的实际建设需求和空间利用效率。

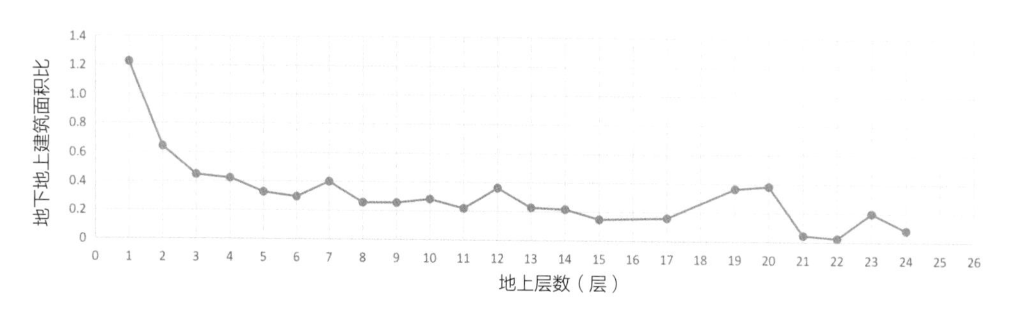

图 6　行政办公地块地下地上建筑规模比与地上层数关系示意图

各类用地的地下地上建筑规模比参考表　表3

大类	细类	地下地上建筑面积比参考系数				轨道换乘站周边300m增长系数	轨道换乘站周边300～500m、轨道普通站周边300m增长系数
		1-6层	7-18层	19-30层	30层以上		
居住类	商品房	0.8	0.7	0.6	0.4	—	—
	保障房	0.7	0.6	0.5	0.3	—	—
公共服务类	文化	0.6	0.4	0.3	0.2	+0.3	+0.1
	体育	0.6	0.4	0.3	0.2	+0.3	+0.1
	教育	0.4	0.3	0.2	0.1	—	—
	医疗	0.5	0.4	0.3	0.2	+0.3	+0.1
	福利	0.4	0.3	0.2	0.1	—	—
公共管理类	办公	0.5	0.4	0.3	0.2	+0.3	+0.1
产业类	商业	0.6	0.5	0.3	0.2	+0.3	+0.1
	综合	0.6	0.5	0.3	0.2	+0.3	+0.1
	商务	0.4	0.3	0.2	0.1	+0.3	+0.1
工业类	工业仓储	0.4	0.3	0.2	0.1	—	—
	工业研发	0.4	0.3	0.2	0.1	—	—

3　结论与讨论

不同于传统“蓝图式”的地下空间规划编制方法，北京城市副中心地下空间规划实践通过精准传导国土空间规划体系和全域、全类型用途管制要求，探索构建了以地下空间总体规划为战略引领、以地下空间控制性详细规划为专项协调平台、以规划综合实施为精细化管控落脚点的地下空间规划管控体系；从“分区—街区—地块”层层递进，探索完善全域生态底线管控、功能设施统筹管控、重点地区分类管控、用地开发强度管控等中微观层面的地下空间量化管控内容，为发挥规划在地下空间资源开发利用中的战略引导和刚性管控作用提供支撑。目前，北京城市副中心地下空间规划工作正在向着中微观层面进一步深入，结合大型交通枢纽、重点功能区、大型基础设施与公共服务设施建设的地下空间规划探索尚在推进过程中，如何加强地下空间规划管控的三维化、精细化、综合化，从立体层面衔接好规划管控与落地实施，仍是地下空间规划面临的重要挑战。

参考文献

[1] 吴克捷，赵怡婷，石晓冬 . 国土空间规划体系下地下空间规划编制研究 [J]. 隧道建设，2020，40（12）：1683–1690.

[2] 沈雷洪 . 城市地下空间控规体系与编制探讨 [J]. 规划研究，2016（7）：19–25.

[3] 赵毅，控制性详细规划层面地下空间规划内容研究 [J]. 城市研究，2015（3）：110–115.

[4] 张荐硕，海绵城市理论下的地下空间控规内容研究 [J]. 建筑设计，2018（12）：43–45.

[5] 彭芳乐，李家川，赵景伟 . 关于城市商务区地下空间开发与控制的思考 [J]. 地下空间与工程学报，2015（6）：1367–1395.

[6] 黄嘉玮 . 城市轨道交通沿线地下空间规划控制初探 [J]. 上海城市规划，2011（2）：68–73.

[7] 相彭程，孟原旭，臧喆 . 基于规划、管控、实施三重导向的地下空间开发利用规划实践与探索 [J]. 城市发展研究，2019（S）：32–41.

[8] 杨天姣，吕海虹，苏云龙，等 . 北京中关村丰台科技园地下空间精细化设计 [J]. 解放军理工大学学报，2014（3）：246–251.

[9] 赵怡婷，吴克捷 . 基于生态地质视角的地下空间规划管控思考 [J]. 北京规划建设，2020（1）：84–87.

[10] 蔡向民，何静，白凌燕，等 . 北京市地下空间资源开发利用规划的地质问题 [J]. 地下空间与工程学报，2010,6（6）：1105–1111.

[11] 胡斌，向鑫，吕元，等 . 城市核心区地下空间规划研究的实践认知：北京通州新城核心区地下空间规划研究回顾 [J]. 地下空间与工程学报，2011，7（4）：642–648.

[12] 王文敏 . 超大城市地上、地下空间互补性统筹策略探析 [C]// 中国城市规划学会 . 活力城乡 美好人居 2019 中国城市规划年会论文集：14 规划实施与管理 . 北京：中国建筑工业出版社，2019：777–786.

[13] 吴克捷，赵怡婷 . 空间多维利用，构建紧凑之城——北京城市地下空间综合利用 [J]. 北京规划建设 . 2018（1）：84–87.

[14] 赵怡婷 . 城市中心地区地下空间开发潜力量化评价研究 [J]. 中华建设，2019（9）：39–41.

[15] ZHAO Yiting, WU Kejie. Quantitative evaluation of the potential of underground space resources in urban central areas based on multiple factors: a case study of Xicheng district, Beijing[J]. Procedia Engineering, 2016, 165:610–621.

作者简介

赵怡婷，北京市城市规划设计研究院，高级工程师。

吴克捷，北京市城市规划设计研究院公共空间与公共艺术设计所所长，教授级高级工程师。

城市中心地区地下空间开发适宜性评价方法研究
——以北京市西城区为例

赵怡婷

Research on the Suitability Evaluation Method for Underground Space Development in Urban Center Areas:
A Case Study of Xicheng District, Beijing

摘　要：城市中心地区的地下空间开发利用条件相比城市其他地区常常更为复杂和多样。本研究以北京市西城区为例，梳理提炼了城市中心地区地下空间开发利用的主要影响要素，并分别从供给、需求两个方面探索地下空间资源潜力的量化评价方法。研究基于详实的地下空间普测数据和勘测数据，结合多元化的数据获取和分析方法，较为全面地研究和分析了西城区地下空间资源的各项影响因素，建立了分级指标和量化评价模型，形成基于地块单元的地下空间资源开发利用潜力量化评价，对于城市中心地区地下空间的规划编制以及地下空间资源的科学合理利用具有一定参考价值。

关键词：定量分析；多因子；地块单元；量化评价

地下空间资源潜力评价，是编制城市地下空间规划的一项基础性工作，对于理清规划区地下空间资源的类型、特点与分布，量化地下空间资源开发利用的适宜程度和受制约程度，科学合理地指导地下空间的实际建设具有重要意义。

本文选择北京市西城区作为研究对象。北京市西城区位于首都核心区，是全市空间建设集约化程度最高的地区，也是城市空间矛盾最集中的地区。西城区的地下空间开发利用面临着在保护古都历史文化资源和风貌的前提下进行城市更新和改造的发展任务，其地下空间的开发利用条件相比其他地区更为复杂和多样。

截至 2022 年底，西城区地下室总建筑面积已超过 1000 万 m^2。在西城区地下空间建设需求高、建设速度快的背景下，及时有效地对西城区地下空间资源进行系统梳理和潜力评价，将是促进地下空间合理高效利用的重要途径。

1 研究方法与数据

1.1 研究方法

西城区地下空间资源潜力的影响要素众多，主要包括制约因素和促进因素两方面（表 1）。针对制约因素，研究采取排除法，即在一定的平面和深度范围内，排除因不良水文地质条件、地下埋藏物、已开发利用的地下空间、地面建筑物基础及其敏感区域、城市规划和生态环境限制因素等诸多制约而不宜开发的部分之后，获得可供开发的地下空间资源分布。

促进因素方面，研究综合考虑人口密度、土地价格、建设强度、轨道交通等地下空间开发利用的潜在需求要素，通过多因素叠加分析获得地下空间开发利用需求较大的区域分布。另外，用地政策、历史文化保护、重点功能区建设等政策因素也会对地下空间资源的开发利用起到制约或促进效应。

鉴于西城区现状地下空间开发利用以地下 10m 以上的浅层地下空间为主，个别深入地下 30m 以上的次浅层空间，功能以车库为主。因此本文在统筹考虑浅层与次浅层地下空间资源利用的前提下，仅对浅层地下空间资源潜力进行量化评价。

1.2 研究数据

为较为全面地体现各项因素对地下空间开发利用的实际影响，本文在掌握最新的

地下空间资源潜力影响要素及数据来源　表 1

<table>
<tr><th></th><th colspan="2">主要因素</th><th>考虑方面</th><th>数据类型</th></tr>
<tr><td rowspan="5">制约因素</td><td colspan="2">水文地质</td><td>水文地质条件不宜建设地区</td><td>北京市域水文地质资料；
西城区及其外围缓冲区建设项目岩土勘察报告数据</td></tr>
<tr><td colspan="2">土地产权</td><td>军产、央产、部分私产</td><td>国土局用地产权信息</td></tr>
<tr><td colspan="2">现状建设</td><td>地下已建区，基础占用区、敏感区等</td><td>房屋普查数据；
建筑基础影响专题研究</td></tr>
<tr><td rowspan="2">制约政策</td><td>历史保护</td><td>文物保护单位、一级建设控制地带等地下空间利用受限的历史保护对象</td><td>文物局历史文化资源保护数据</td></tr>
<tr><td>用地适宜性</td><td>绿地、水域等不宜建设地下空间的用地</td><td>中心城控制性详细规划数据</td></tr>
<tr><td rowspan="4">促进因素</td><td rowspan="2">人口密度</td><td>居住人口</td><td>居住人口密度高</td><td>第六次全国人口普查数据</td></tr>
<tr><td>就业人口</td><td>就业人口密度高</td><td>第六次全国人口普查数据</td></tr>
<tr><td colspan="2">土地价格</td><td>土地交易价格较高</td><td>北京国土资源网土地成交数据</td></tr>
<tr><td colspan="2">建设强度</td><td>建设高度、容积率较高</td><td>中心城控制性详细规划数据</td></tr>
<tr><td rowspan="3">促进因素</td><td rowspan="2">轨道站点</td><td>通勤量</td><td>站点通勤量大</td><td>轨道运营部门统计数据</td></tr>
<tr><td>空间距离</td><td>距离地铁站点较近</td><td>2020 年轨道网络规划</td></tr>
<tr><td colspan="2">政策用地</td><td>重点功能区、已批未建地区、棚改地区</td><td>北京市西城区国民经济和社会发展第十二个五年规划；
北京市 2015 年棚户区改造和环境整治任务
规划委建设管理数据</td></tr>
</table>

宏观水文地质条件和地下空间普查数据的基础上，通过多样化渠道，对中微观层面的地质条件、城市规划、专项建设、社会经济需求等信息进行补充完善，以提高空间量化分析的精度和准确性。

（1）从城建档案馆调查收集西城区及其外围缓冲区 126 个建设项目的岩土勘察报告，有效钻孔覆盖空间密度超过 1 个 /km^2，作为分析详细地质条件的基础数据。

（2）整理汇总西城区城市建设相关数据，包括用地性质、建筑高度与容积率、地面空间要素分布等规划信息。

（3）收集研究西城区近远期相关规划信息，包括轨道线网规划、综合交通规划、国民经济与社会发展规划等。

（4）通过联系相关部门及企业，获得专项信息数据，如核心区各类历史文化资源空间分布数据、地下埋藏区分布数据、地铁站高峰日及高峰时段进出客流数据等。

（5）通过实地调查和网络渠道，补充完善社会经济需求相关数据，如西城区近十年的土地交易价格、居住区及就业地区公共服务设施需求、各街道办及管委会的地下空间基本评价与需求等。

2 影响要素分析

2.1 制约要素分析

2.1.1 水文地质要素

地质条件对地下空间规划和建设有着重要影响，如因地面沉降而引发的地铁隧道形变、地基沉降，因地下水水位变化而引发地下洞室渗水等。因此地下空间建设应尽量避开地质沉降区、地震断裂带、地下水超采区以及地下土质不稳定区域等。与此同时，地下空间建设和城市规模的不断扩大也会引发一系列地质问题，如地铁等线性工程对地下水流动的拦阻作用，地下空间建设对地下水质的影响等，因此地下空间建设应尽量避开地下水源保护区、调蓄区，地下第一隔水层等地质条件相对敏感的区域，并采取相应的工程防范措施。

2.1.2 现状建设要素

现状地上建（构）筑物及其基础对地下空间资源的开发利用也有重要的制约作用。为了保证结构安全和使用安全，建（构）筑物基础周围一定范围内，尤其是其下部一定厚度内的地下空间资源不宜任意开发。其中，高层大型公共建筑及传统风貌建筑相对集中区域的现状建设要素对地下空间开发利用的制约最为显著（图1）。

2.1.3 历史保护要素

西城区各级文物及普查登记院落数居全市首位，文物保护范围及建控地带、历史文化街区、协调区三类受保护用地的总面积约占西城区总面积的28%。受保护用地的地下空间开发利用应遵守文物保护和历史文化名城名镇名村保护的相关要求，在充分论证的基础上审慎进行，不得影响文物本体及原有风貌（图2）。

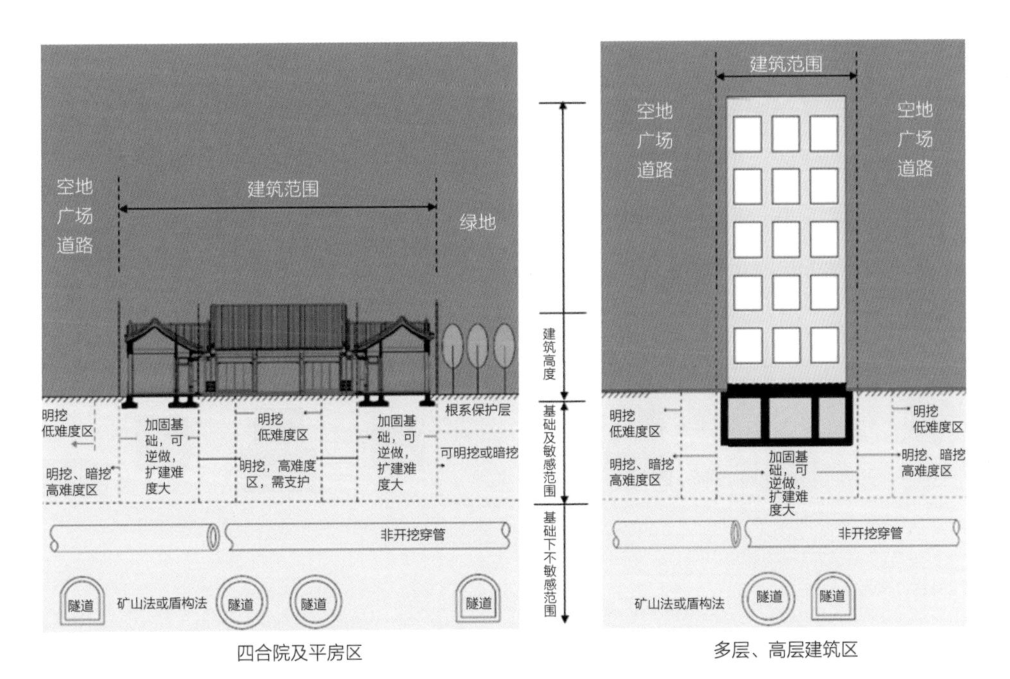

图 1 建筑基础影响范围示意图

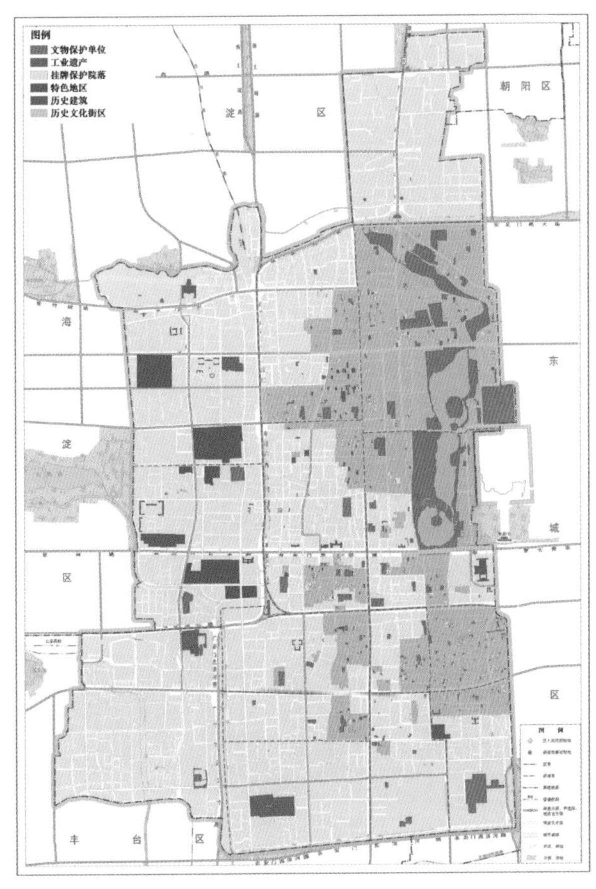

图 2 2011 年西城区各类保护用地分布图

2.1.4 用地适宜性要素

绿地、水域是城市的重要生态空间，应对其地下空间开发利用的功能、规模、深度等提出严格的规划和控制要求，并禁止与生态保护功能不符合的地下空间建设或超规模建设；特殊用地、对外交通场站用地、仓储物流用地等，总体上属于特殊或内部使用，研究暂不考虑此类用地的地下空间。

2.1.5 用地产权

西城区作为国家政务职能的主要承载地区，其用地产权组成较为多样，既有市属、区属用地，私产用地，也有较大比例的军产央产用地。西城区地下空间尤其是人防建设时，应考虑军产央产因素，必要时进行避让。

2.2 促进因素分析

2.2.1 人口密度

人口密度高、就业集中、通勤人流汇集的地区是城市公共服务较为集中的区域，往往也是地下空间建设的主要地区。本文根据西城区第六次人口普查数据，得到了西城区常住人口密度分布及就业人口密度分布；另外，根据地铁运营部门提供的数据，研究对西城区内现有19个站点的日均人流及高峰小时人流进行了统计分析，得到了通勤流量较大的地铁站点（图3）；针对这些人流密集地区，推动地上地下空间的一体化建设，将是未来西城区地下空间开发利用的重要方向。

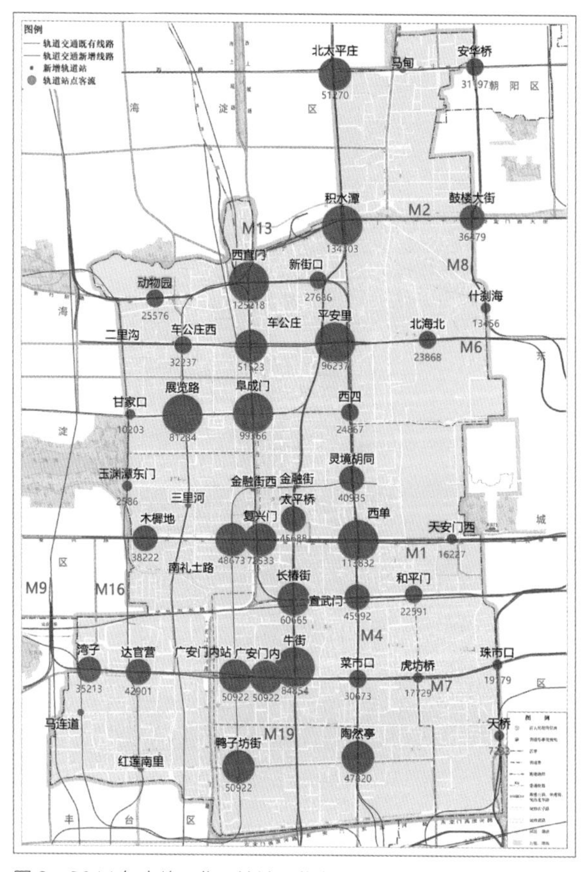

图3　2014年高峰工作日地铁运营客流数据分析图

2.2.2 土地价格

土地价格反映出用地资源的需求强度及经济开发动力。本文从北京国土资源网提取西城区 2004 ~ 2013 年成交土地价格信息 222 条，通过空间定位和基础年份土地单价计算，得到西城区商业地价较高的地区，这些地区的地下空间开发动力也较强（图 4）。

用地编号	位置	规划用途	宗地面积（m^2）	容积率	土地单价（元）	年份
DJ-02	西城区太平街甲 2 号中国通用机械工程有限公司现状商务金融项目	商务金融	5274.44	1.39	2625.71	2013.7
DJ-03	西城区真武庙路头条 1-1 号现状商务金融项目用地	商务金融	1102.28	0.35	3000.00	2013.7
DJ-04	西城区宝产胡同 36 号现状商务金融项目用地	商务金融	655.06	0.54	2800.00	2013.7
DJ-05	西城区阜成门北大街 17 号现状商务金融用地（中国百科大厦）	商务金融	4981.4	3.34	9068.89	2013.7
DJ-06	西城区六铺炕街北小街 2 号、2-1 号、六铺炕街 3、5 号中国水电工程顾问集团公司机关团体用地项目	机关团体	2476.96	2.822	9659.83	2013.6
DJ-07	西城区南横东街 194 号现状其他商服用地项目	商业用地	179.17	0.83	1840.00	2013.6
DJ-08	西城区德胜门外大街 4 号现状机关团体项目用地	机关团体	13087.36	1.98	4232.15	2013.5
DJ-09	西城区马连道胡同 1 号现状仓储用地	仓储用地	7185.44	0.59	1840.00	2013.5
DJ-10	西城区冰窖口胡同 75 号北京华都集团有限责任公司现状商务金融用地	商务金融	6350.24	0.85	2100.00	2013.5
DJ-11	西城区南礼士路 17 号商务金融用地项目	商务金融	2220.9	3.5	9033.55	2013.5

图 4　国土资源网成交土地价格信息提取

2.2.3 建设强度

地下空间作为地上空间的重要补充，多集中于土地开发强度较高的地区，这些地区也是地上地下空间一体化建设的重要地区。

2.2.4 轨道建设

城市地下空间的发展多以地铁建设为先导，地铁周边地区是地下空间开发利用重点区域。围绕地铁站点，向上发展地铁上盖物业，向下高效利用地下空间，整体化解决交通接驳、商业、办公、居住等需求，将是有效缓解西城区土地建设压力、优化升级城市功能的重要途径（图 5）。

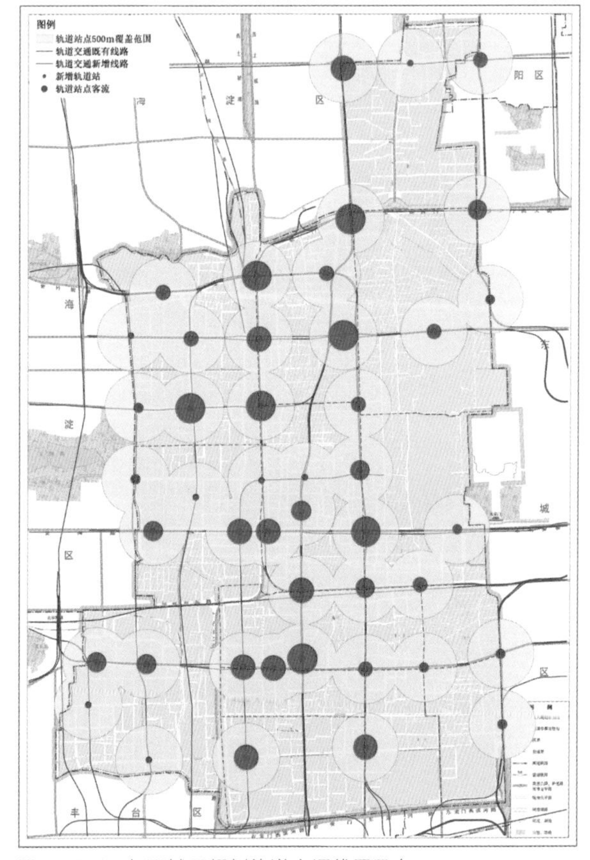

图 5　2020 年西城区规划轨道交通线网及车站 500m 影响范围分析图

2.2.5 政策用地

地面可改造用地是西城区未

来新增地下空间发展的重要机遇区。结合地面改造进行地下空间开发利用，将缓解地面建设空间不足的压力，优化提升公共服务设施和基础设施水平。另外，城市重点发展地区也是地下空间的优先发展地区，地下空间建设宜结合地上空间重点功能区及重要建设节点进行统筹布局。

3 资源潜力综合评价

在对各影响因素进行分项分析的基础上，研究建立了地下空间利用潜力量化评价指标，对西城区所有地块的地下空间资源开发利用潜力进行量化评价。

3.1 评价范围

评价范围包括西城区全区近3200个地块，并扣去水源保护区、地震断裂带、水域、文物保护单位及其一级建设控制地带、重要涉密安保用地等不宜建设地下空间的区域。

3.2 量化指标

量化评价指标分为限制因素指标和促进因素指标两类，共10个分项，4个子项（表2）。每项评价因素指标根据其对地下空间资源潜力的影响效应分为高、中、低3个等级，并分别赋值为1、0.5、0.2，在图面表达中分别采用深红、浅红和灰色。分值越高代表该项因素影响下的地下空间资源潜力越大。

3.3 指标权重

各影响因素指标之间的相对权重根据特尔斐法（专家打分）进行确定。

3.4 综合打分

通过对每个地块的各项评价因素得分进行加权求和，得到各地块的地下空间利用潜力综合得分，分值越高代表综合利用潜力越大，满分为10分。

项目用地开发潜力评价公式为：

$$P=\sum_{i=1}^{n} w_i \cdot v_i$$

式中　P 为综合潜力评价的总分值；w_i 为评价因素权重；v_i 为评价因素量化分值。

3.5　综合潜力评价

根据综合评价分值情况，对地块进行潜力分级，分级采用自然断裂点法，将综合评价分值 6、5、4 作为分界点，分别对应高、中、低资源综合潜力，分值越高则综合潜力越大（表 2）。

地下空间利用潜力综合评价权重表　　表 2

<table>
<tr><th rowspan="2"></th><th rowspan="2" colspan="2">分项权重</th><th rowspan="2">评价等级</th><th colspan="3">得分</th></tr>
<tr><th>高</th><th>中</th><th>低</th></tr>
<tr><td rowspan="5">制约因素指标50%</td><td colspan="2">水文地质（1.6）</td><td>一级、二级、三级</td><td>1</td><td>0.5</td><td>0.2</td></tr>
<tr><td colspan="2">土地产权（1）</td><td>市区属、私产、央产、军产</td><td>1</td><td>0.5</td><td>0.2</td></tr>
<tr><td colspan="2">现状建设（2.5）</td><td>非敏感区、敏感区、占用区</td><td>1</td><td>0.5</td><td>0.2</td></tr>
<tr><td colspan="2">历史保护（2.4）</td><td>其他地区、风貌协调区、历史保护区</td><td>1</td><td>0.5</td><td>0.2</td></tr>
<tr><td colspan="2">用地适宜性（2.5）</td><td>经营性公共设施用地、非经营性公共设施用地、其他用地</td><td>1</td><td>0.5</td><td>0.2</td></tr>
<tr><td rowspan="7">促进因素指标50%</td><td rowspan="2">人口密度（1）</td><td>居住人口(0.4)</td><td>高、中、低</td><td>1</td><td>0.5</td><td>0.2</td></tr>
<tr><td>就业人口(0.6)</td><td>高、中、低</td><td>1</td><td>0.5</td><td>0.2</td></tr>
<tr><td colspan="2">土地价格（1.5）</td><td>高、中、低</td><td>1</td><td>0.5</td><td>0.2</td></tr>
<tr><td colspan="2">建设强度（2）</td><td>高、中、低</td><td>1</td><td>0.5</td><td>0.2</td></tr>
<tr><td rowspan="2">轨道站点（2.3）</td><td>通勤量（1.3）</td><td>高、中、低</td><td>1</td><td>0.5</td><td>0.2</td></tr>
<tr><td>空间距离（1）</td><td>300m 内、500m 内、500m 外</td><td>1</td><td>0.5</td><td>0.2</td></tr>
<tr><td colspan="2">政策用地（2.5）</td><td>重点功能区、已批未建地区、棚改地区、其他地区</td><td>1</td><td>—</td><td>0.2</td></tr>
</table>

根据各地块的地下空间利用潜力分值分布情况，可以初步判断，金融街、西单、广安、天桥、西直门外、德胜等地区较适于地下空间的开发利用。其中金融街、西单地区的各

项影响因素表现为较高的均好性，西直门外地区主要表现为轨道交通便捷度高、就业人口密度较大，广安、天桥地区则受地铁建设、重点功能区建设、改造更新影响较为突出。

另外，德胜地区局部地段分布有地下水源井，应禁止地下空间的开发利用，什刹海地区历史文化资源较为丰富，从加强遗产保护角度出发，其历史文化资源及其周边地下空间利用应慎重（图6）。

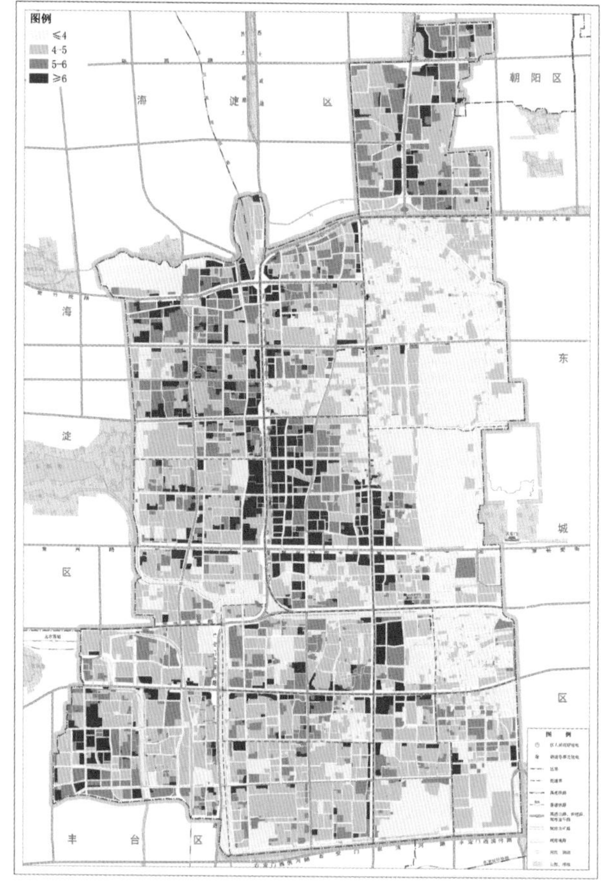

图6 西城区地下空间资源开发利用潜力综合评价图

4 结语

本文以详尽的建设项目勘察报告和地下空间房屋普查数据为基础，采取了定量和定性相结合的分析方法，对水文地质环境、建成环境、工程条件、社会经济需求、城市规划建设、历史文化及生态保护等 10 个方面的影响要素进行了以地块为单元的量化分析和空间表达。研究建立了综合全面的地下空间资源潜力评价指标体系，形成了基于地块的地下空间资源潜力空间量化评价。作为地下空间规划编制的基础性研究和技术支持，本文以定量化的方式明确了地下空间资源潜力的空间布局情况，初步判断出地下空间的重点发展地区以及应限制开发利用地下空间的地区，较好地指导了西城区地下空间规划的编制。

参考文献

[1] 北京市西城区发展和改革委员会 . 北京市西城区国民经济和社会发展第十二个五年规划纲要 [EB/OL]. (2011-07-12)[2023-11-27].http: // www.bjxch.gov.cn/xxgk/xxxq/pnidpv906807.html.

[2] 北京市人民政府办公厅 . 关于印发《北京市 2015 年棚户区改造和环境整治任务》的通知 : 京政办发〔2015〕14 号 [Z/OL].(2015-04-28)[2023-11-27].http: // www.beijing.gov.cn/zhengce/gfxwj/201905/t20190522-58477.html.

[3] 祝文君，童林旭 . 北京旧城区浅层地下空间资源调查 [C]. 中国土木工程学会隧道及地下工程学会 . 第七届年会论文集暨北京西单地铁车站工程学术讨论会论文集（下）. 北京 :[出版者不详],1992:54-59.

[4] 王辉，祝文君 . 基于 GIS 的城市地下空间资源调查评估 [J]. 地下空间与工程学报 , 2006（S2）:1308-1312.

[5]LI Huanqing,PARRIAUX Aurele,LI Xiaozhao.The way to plan aviable "Deep City":from economic and institutional aspects [C] Proceedings of the Joint HKIE-HKIP Conference on Planing and Development of Underground Space.The Hong Kong Institution of Engineers & The Hong Kong Institution of Planners.Hong Kong:[S.N.],2011(CONF):53-60.

[6] LI Huanqing, PARRIAUX Aurele,THALMANN Philippe,et al. An integrated planning concept for the emerging underground urbanism: Deep City Method Part1 Concept, process and apllication [J]. Tunnelling and Underground Space Technology,2013,38:559-568.

作者简介

赵怡婷，北京市城市规划设计研究院，高级工程师。

The Dimensional City

Ecological Security and Sustainability

2 生态安全与可持续

生态安全是立体城市发展的前提。本章聚焦生态文明建设与生态可持续发展，转变以工程建设为主导的城市发展思维，从人与自然和谐共生的角度，以地下空间为切入点探讨立体城市发展与生态环境之间的协调关系。参考芬兰、瑞典、瑞士等代表性国家的地下空间生态安全保护与资源利用最新理念与方法，对城市地下空间开发利用与地下水、岩土、可再生能源等各类地下空间资源的相互影响关系进行深入研究，探讨城市生态地质条件评估以及地下空间三维生态红线划定方法，关注三维建模和可视化技术在地下空间资源探测与可持续利用等方面的最新应用，筑牢立体城市发展的生态安全底线。

地下空间规划全要素生态地质评估方法探索

赵怡婷　吴克捷　何　静　周圆心

Exploration of the Full-factorial Eco-geological Assessment Method for Underground Space Planning

摘　要：随着城市建设规模和速度的不断增长，城市建设的生态环境影响日益突出。与此同时，由于地下工程深埋地下的建设特性，其利用会受到地下水、地面沉降、活动断裂、地下有害气体、砂土液化等因素的影响，因此，为保障城市生态地质环境安全，应立足生态优先、底线管控思维，系统了解地下空间生态本底条件，科学判断地下空间可利用资源规模与空间分布情况，作为地下空间合理开发利用的必要前提。本文系统梳理和分析地下空间开发利用的生态地质影响因素及其空间分布特征，探索全要素地下空间生态地质评估以及竖向生态控制线的划定方法，以期为协调地下空间开发利用与生态地质环境的关系、促进地下空间资源的可持续利用提供参考。

关键词：地下空间；全要素；生态地质评估

1 开展地下空间生态地质评估的必要性

开展地下空间生态地质条件评估，科学判断地下空间资源环境承载力和地下空间开发适宜性，是城市地下空间可持续发展的重要前提。近年来，随着城市地下空间开发活动的加强，地下空间开发利用对地下生态地质环境的影响也日益明显。特别是地下轨道、长距离运输管线等大型线性工程，在规划建设过程中若未能协调好与地下水流向的关系，则容易导致设施两侧地下水压的变化，从而引起水文地质环境的失衡。另外，随着地下建设深度的不断加大，一些深层地下工程在施工钻孔过程中容易穿透地下隔水层，引起深部水和浅层水的混合与污染。因此，需要将地下空间生态地质调查作为地下空间规划建设的必要前提，有序推进全域及重点地区的地质勘察工作，全面摸清地下生态地质本底条件，协调好地下空间利用与生态环境保护的关系，科学划定城市地下空间的三维生态红线和限制建设区，合理引导、科学规范地下空间资源的可持续利用。

2 地下空间生态地质评估特点

2.1 影响因素的多样性

地下空间是城市建设的重要生态基底，也是一个多元化的生态集合。地下空间生态地质影响要素既包括依附于地表、直观可见的农林绿地、河流湖泊等各类生态保护要素，也包括深藏于地下的各类岩土体、含水层、能源以及地质灾害等各类“隐形”要素。与此同时，随着近年城市地下空间开发建设力度的增强，各类地下工程建设也对地下空间的后续利用以及周边生态地质环境也产生了影响，是“人工”形成的生态地质要素。因此，地下空间生态地质评估对象包括了地表以下空间的各类自然和人工系统，涉及生态、岩土、水文、地灾、工程、资源等不同领域，并且随着时间的推移和城市空间的拓展，相关影响要素种类还会不断增多。

2.2 地下空间分布的三维化

地下空间是一个三维空间概念，不同的地下生态影响要素同样具有三维化的空间分布特征。地下空间生态地质评估不仅要理清各类生态地质要素的平面空间关系，同时也要考虑各类要素的竖向埋深情况，结合实际建设需求分析不同竖向埋深区间的生态地质环境特征。比如一些深埋于地下的地质要素对地表建设的影响较小，却是大深度地下工程建设及大型线性工程建设的主要考虑要素；与此同时，地下岩土、水文环境也具有竖向分层特征，在不同的竖向埋深区间内其影响范围和程度各不相同。

2.3 与城市建设相关联

地下生态地质环境会随着城市地下空间建设活动而改变，与城市建设具有较强的关联性。如随着城市浅层地下空间利用的逐渐饱和，地下建（构）筑物会对周边岩（土）体及水文环境产生一定的反作用，从而影响地区生态地质环境的整体适宜性；另外随着地下工程建设技术的改进，一些原本不利的生态地质要素也能被有效克服。因此地下空间生态地质评估应统筹考虑城市建设活动的空间分布和演变特征，从整体上把握和协调好地下空间建设与生态本底环境之间的关系。

2.4 依托相关技术的演进

随着地质勘查技术的提高，我们能够获取更大范围、更详细、更精确的地下生态地质资料，为地下空间生态地质评估提供了有力支撑。另外，实时监测技术也有助于及时了解地下生态地质环境与地下工程建设的最新情况，并通过三维建模和可视化技术直观呈现在城市管理平台上，为科学预判地下空间资源条件、及时防范地质灾害风险提供有利条件。

3 生态地质影响因素及其空间分布特征

影响地下空间开发利用的生态地质要素主要包括生态保护要素、工程地质要素、水文地质要素、地质灾害要素、工程建设要素，其中活动断裂、地面沉降、砂土液化、隐伏岩溶塌陷等地质灾害要素以及地下水流场、地下水位、地下隔水层等地下水环境要素对地下空间的影响呈现日益明显的态势。

3.1　生态保护要素

影响地下空间开发利用的生态保护要素主要包括永久基本农田、森林、重要生态绿地、林地等生态农林绿地；河湖水系、一级水源保护区、二级水源保护区、地下水源补给区等水源保护地；以及其他生态保护地区。其中永久基本农田及森林、河湖水系、一级水源保护区等具有重要生态价值的地区除必要的基础设施建设外，原则上不进行地下空间开发利用；重要生态绿地、林地、农田、二级水源保护区、地下水源补给区等生态敏感地区应适当限制地下空间开发利用强度和深度。

各类生态保护要素在空间分布上往往与生态保护红线、永久基本农田等重要控制线相关联，并包括城镇开发边界内的大型城市公园绿地、河湖水系、地下水源一级保护区等具有重要生态价值的区域。这些生态保护地区应限制与生态保护无关的地下空间开发利用活动，并在竖向层面形成一定的安全保护范围，以满足生态保护与修复要求。

3.2　工程地质要素

地下工程地质环境对地下空间建设的影响主要体现在地下岩（土）体的工程力学特征，包括岩土类型、透水性、抗压缩能力、抗剪强度、地基承载力等，地下岩（土）体根据类型的不同主要包括填土、黏性土、粉土、砂土、碎石土等（表 1）。

地下岩（土）体工程力学特征及其对地下空间开发的影响　　　　**表 1**

类别	工程力学特性	地下空间开发影响
填土	素填土、杂填土、冲填土工程性质与密实度有关	一般属于不良地基，需要特殊处理措施
黏性土	黏粒含量较多，常含亲水性较强的黏土矿物、水胶连接和团聚结构，常因含水量不同呈固态、塑态和流态等不同稠度状态，压缩速度小，压缩量大，抗剪强度主要取决于凝聚力，内摩擦角较小	地基承载力低，变形量大，对地下空间的影响较大
粉土	介于砂类土和黏性土之间的土层类型	介于砂类土和黏性土之间
砂土	透水性强、压缩性低、压缩速度快、内摩擦角大、抗剪强度较高。一般构成良好地基，但可能产生涌水或渗漏	工程性能好，要作好防水处理
碎石土	粒径较大、透水性强、压缩性低、内摩擦角大、抗剪强度高，可构成良好地基	工程性能优良，但开挖难度偏大

地下岩（土）体往往受河流冲积扇的影响，呈现一定的空间渐变特征。在冲积扇顶部，地下岩（土）体以卵、砾石为主，地层结构较为单一，地下渗水性强，地下水

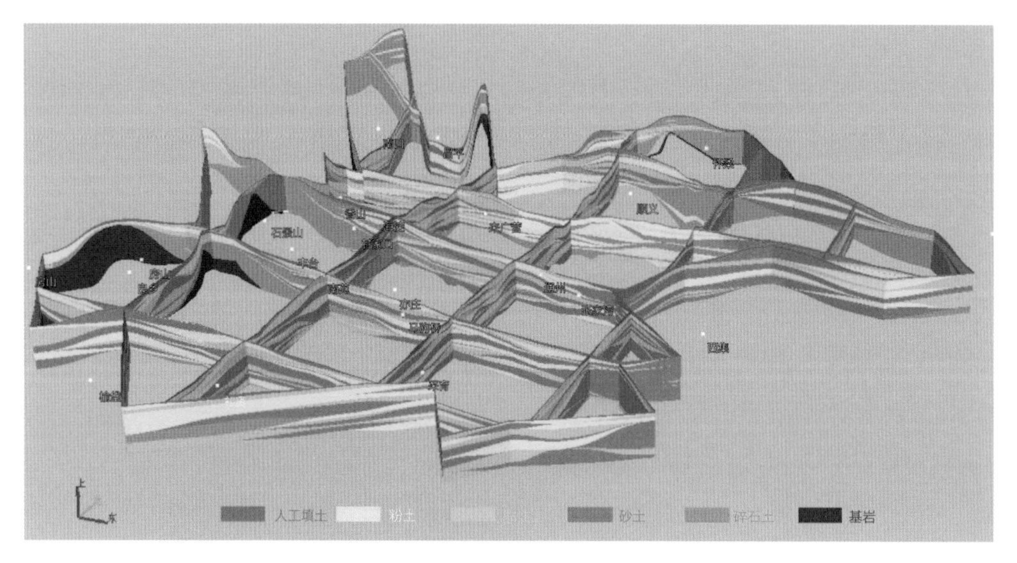

图 1　地下岩土体结构模型示意图

位较深，地表以下几十米范围内普遍适宜地下空间建设；愈向冲积扇边缘，岩土体颗粒愈细，即由卵、砾石层—砾石、砂与黏性土重叠层—砂与粉土—黏性土重叠层进行过渡，岩（土）体结构逐渐呈现为多层交互的复杂结构（图 1），对地下空间工程建设产生一定的制约作用。

3.3　水文地质因素

地下水对地下工程建设的影响主要体现在地下水位埋深、地下隔水层分布、地下水流场流向等方面。地下水文地质环境一般呈现明显的竖向分层特征，自地表以下分别为地表滞水、地下潜水、承压水（图 2）。其中地下潜水水位较高的地区在建设地下空间时，应考虑抗浮问题；地下承压水往往是重要的地下储水层且由于受隔水层的限制，会承受一定的静水压力，因此地下工程建设应尽量避免对地下承压水隔水层的

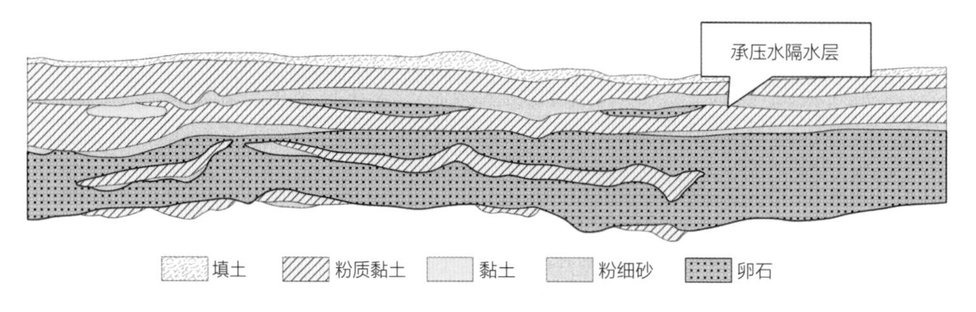

图 2　地下水文结构分布示意图

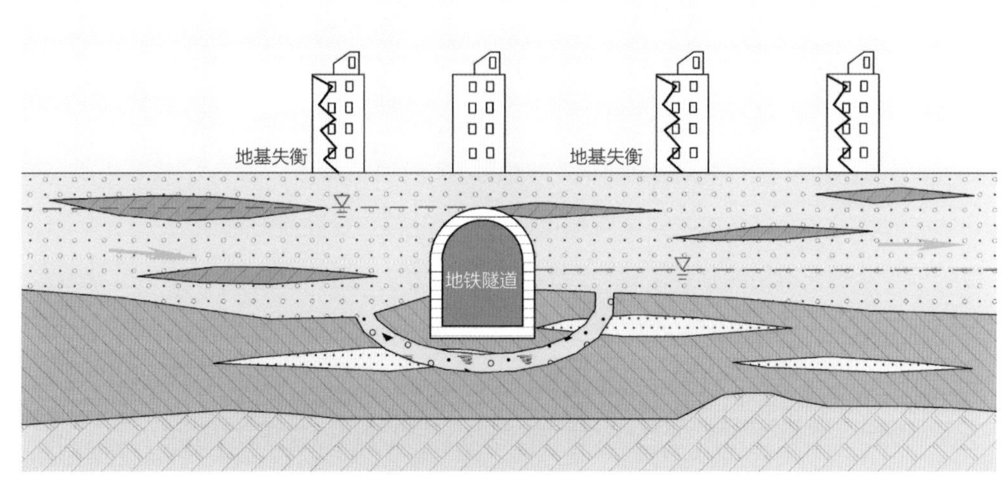

图 3　地下线性工程对水流场的阻隔及相关应对措施示意图

直接穿透造成地下水涌；大型线性工程选线应关注地下水流场分布情况，尽量避免对地下水流的阻隔作用（图 3）；另外，地下水源井、河湖水系、地下水源保护区等水源保护地区内原则上应禁止地下空间的开发活动。

3.4　地质灾害要素

城市地下空间开发利用应避开不均匀沉降区、地震活动断裂带、砂土液化严重地区、隐伏岩溶塌陷区等地质灾害地区。地质灾害因素的影响范围并不局限于二维平面，而是一个三维空间概念。如地震活动断裂在地面以下往往呈现一定的斜向走势，因此在

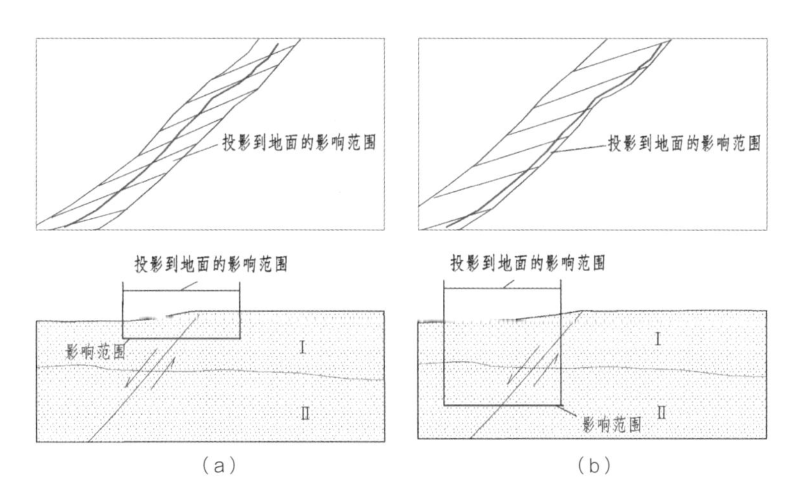

图 4　地震活动断裂带影响范围示意图

不同的竖向深度，活动断裂带的位置及其影响范围具有明显的差异（图 4）。地面沉降、砂土液化、隐伏岩溶塌陷等地质灾害因素也具有不同的竖向埋深特征，其中地面沉降及砂土液化的影响范围一般在地下 30m 以上，并与地下浅层及次浅层空间开发利用关联较大；地下岩洞的埋深往往较深，可达地下数百米，少数埋深小于 50m 的地下岩洞对地下工程建设影响较大，为易发生隐伏岩溶塌陷的敏感区。

为避免地下生态地质灾害要素带来的安全隐患，地下工程建设应尽量避开地质灾害风险地区。其中地震活动断裂带两侧、不均匀地面沉降速度较快地区，应避免大型地下线性工程的穿越（图 5）；随着地下轨道建设的迅速发展，地铁长期、持久性的振动可能引起周围砂土的液化现象，并造成地表建筑物的开裂等地质灾害，应加强对轨道沿线易砂土液化层的工程勘察与监测；埋深较浅的地下岩溶对地下工程施工和其上建筑物造成一定的安全隐患，在该类地区应尽量避免成规模的地下空间建设，并应针对地下岩溶的空间范围及其影响程度开展详细调查。

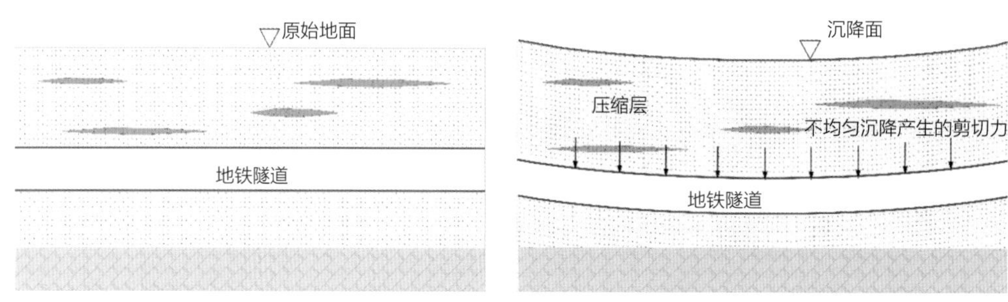

图 5　不均匀沉降对地下线性工程的影响示意图

3.5　工程建设要素

地下空间现状建（构）筑物及其基础是影响地下空间开发利用的因素之一，建（构）筑物及其基础下一定深度和旁侧一定宽度范围内为持力层，其空间范围根据建（构）筑物的高度及其基础埋深的不同一般在 5 ~ 20m（图 6）。为保证现状建（构）筑物及其基础的安全，该范围内不宜进行地下空间开发利用。另外，地下轨道区间及站点、综合管廊、重要市政管线等线性工程周边应设置一定的安全防范距离，该范围内的建设活动应征求相关工程管理部门意见。

现状建（构）筑物及其基础的空间影响范围呈现由浅至深逐渐递减的特征（图 7）。其中，地下 10m 以上范围内已有大量地下室、建筑基础、基础设施等建（构）筑物，可利用的地下空间资源有限，宜优先进行存量的优化提升；地下 10 ~ 30m 范围内主

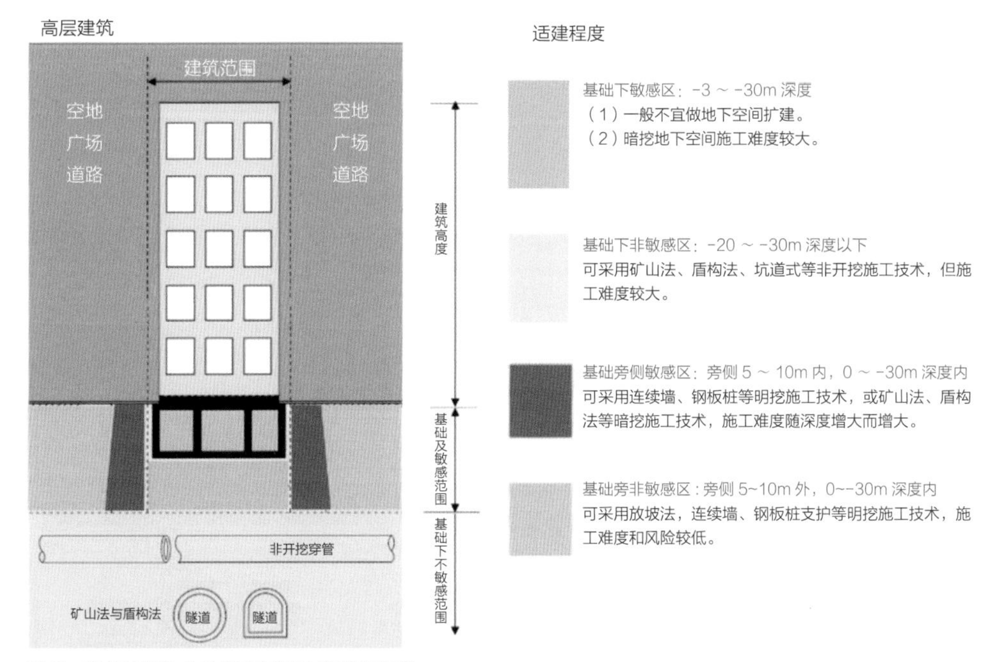

图 6　现状建筑物的地下空间影响范围示意图

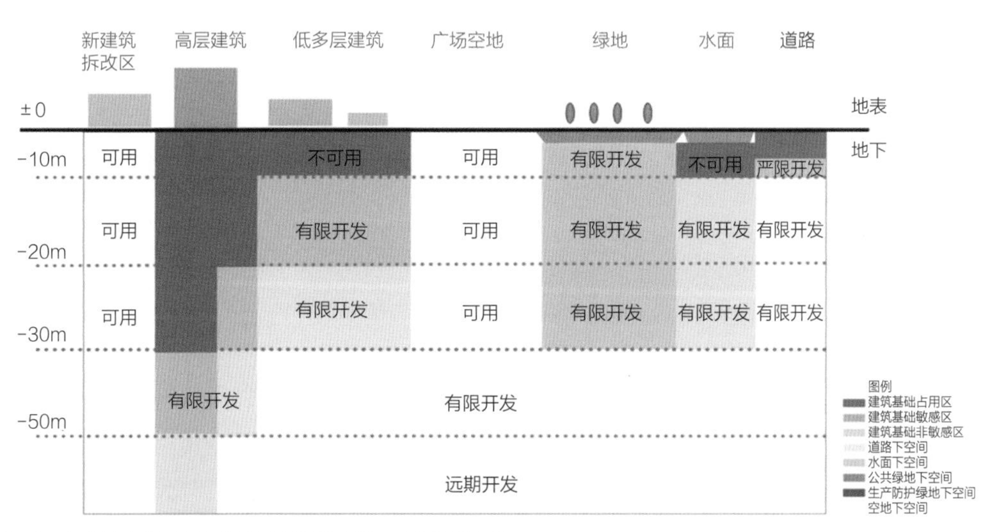

图 7　各类地表建设形态的地下空间影响程度及范围示意图
（图片来源：北京市西城区地下空间资源评估）

要受地下轨道工程、地下长距离市政管线、高层建筑地下室及其基础等的直接影响，具有一定的资源挖掘潜力；地下 30 ～ 50m 地下空间受现状建（构）筑物影响较小，但由于是城市建设重要的基础持力层且地下水文敏感性较高，应以保护为主，慎重开发利用；地下 50m 以下地下空间以岩层为主，具有较强的开发不可逆性，应为远期开发科学预留空间。

4　地下空间生态地质适宜性评价

4.1　地下生态地质要素综合评估

综合考虑生态保护、地质灾害、水文地质、工程地质、工程建设各类生态地质因素的影响程度及三维空间分布情况，可以初步按照地下 0 ~ 10m、地下 10 ~ 30m、地下 30 ~ 50m、地下 50m 以下 4 个主要竖向层次，从适宜建设、有条件建设、限制建设、禁止建设四类主要建设影响程度，建立基于多因素的地下空间生态地质三维评价矩阵（表 2、表 3）。

基于多因素的地下空间生态地质三维评价矩阵　　表 2

限制内容		地层结构			
		浅层 0 ~ 10m	次浅层 10 ~ 30m	次深层 30 ~ 50m	深层 50m 以下
生态保护要素	生态保护红线	禁止建设	禁止建设	禁止建设	禁止建设
	基本农田	禁止建设	禁止建设	限制建设	有条件建设
	河湖水系	禁止建设	禁止建设	禁止建设	限制建设
	水源一级保护区	禁止建设	禁止建设	禁止建设	禁止建设
	水源二级保护区	禁止建设	禁止建设	限制建设	有条件建设
工程地质要素	承载力特征值小、压缩模量高	限制建设	有条件建设	有条件建设	适宜建设
水文地质要素	地下水源井及其保护范围	禁止建设	禁止建设	禁止建设	禁止建设
	地下无承压水隔水层或地下承压水隔水层埋深较浅	适宜建设	有条件建设	限制建设	限制建设
地质灾害要素	活动断裂带两侧 30m	禁止建设	禁止建设	禁止建设	限制建设
	累积沉降量大或沉降速率大	限制建设	限制建设	有条件建设	适宜建设
	砂土液化	限制建设	限制建设	有条件建设	适宜建设
	岩溶埋深浅	适宜建设	适宜建设	限制建设	限制建设
工程建设要素	建（构）筑物	禁止建设	限制建设	有条件建设	适宜建设
	道路、广场等开敞用地	有条件建设	适宜建设	适宜建设	适宜建设
	公共绿地	有条件建设	有条件建设	适宜建设	适宜建设

注：表内相关因素类型及评价仅供参考，具体内容依据城市实际情况而定。

地下空间生态地质评价分级表　　表 3

评价分级	说明
适宜建设	基本无影响或影响程度较低
有条件建设	通过现有技术方法可以处理，或通过现在技术手段可以规避不利影响
限制建设	通过现有技术方法很难处理且不利影响有继发性危险
禁止建设	通过现有技术方法处理困难或通过现有技术手段处理后无法保证不产生破坏性影响

4.2　地下空间生态适建性分析和综合分区

在对各竖向层次、各类生态地质影响要素进行分项评价的基础上，可结合地区发展特征，对各影响要素进行赋值并设定相应权重，通过叠加分析和加权求和，得到地下空间各竖向层次的生态适建性综合评价，并进一步明确适宜建设区、有条件建设区、限制建设区和禁止建设区的空间范围（表 4、图 8）。其中禁止建设地区可直接叠加，不参与权重分析。

地下空间生态适建分区统计表　　表 4

竖向深度	禁止建设区	限制建设区	有条件建设区	适宜建设区
0 ~ 10m				
10 ~ 30m				
30 ~ 50m				
50m 以下				
合计				

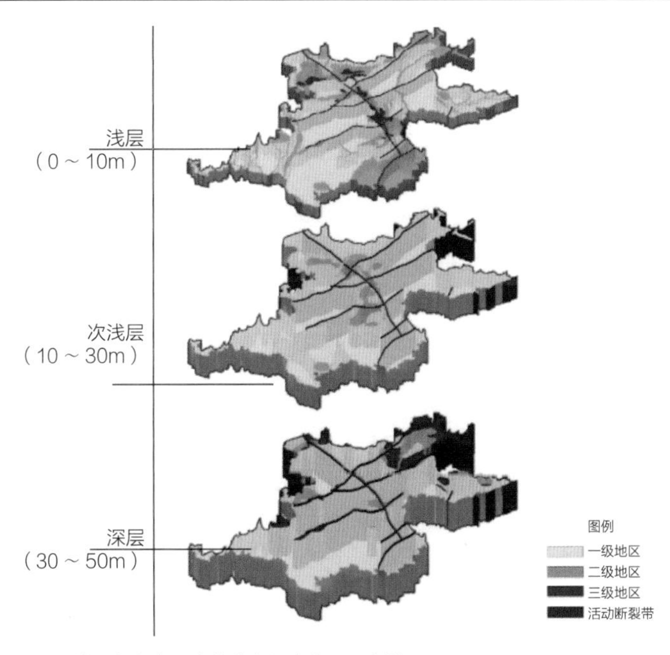

图 8　地下各竖向层次的生态适建分区示意图

4.3 地下空间三维生态控制线划定

在城市发展建设中，划定城市建设生态控制红线是有效协调城市建设和生态环境保护的关系，促进城市空间可持续发展的重要规划手段。鉴于地下空间利用的特殊性，地下空间生态控制红线不应仅局限于水平（二维）层面，有必要划定三维生态控制线，用以控制和引导地下空间的合理发展。

在城市生态控制线的划定中，建议重点以两条水文线——地下潜水水位线、地下承压水顶板（隔水层）埋深线，作为地下空间开发建设的三维管控参考。其中，在无地下承压水隔水层的地区可优先依据地下潜水历史最高水位线划定地下空间三维生态控制红线；在有地下承压水隔水层的地区可依据地下较为连续的承压水层的顶板埋深（一般为地下 30m 左右，依不同地区实际情况而定）划定地下空间的三维生态控制红线。地下空间三维生态控制红线以下区域从生态保护与远期战略储备考虑，除必要的城市基础设施建设外不进行成规模的开发利用。

5 思考

地下空间不仅仅是城市重要的空间资源，也是自然生态系统的重要组成部分。城市地下空间开发利用应转变传统工程建设主导思维，以“地下空间生态地质评估”和“地下空间生态适建性分析”为前提，通过健全地下空间生态地质调查机制，全面梳理地下空间生态地质影响因素及其影响范围，明确地下空间生态安全底线，合理预判地质灾害风险并制定预防措施，保障城市地下空间资源的安全、可持续利用。本文仅是对相关问题的初步研究和探索，希望能引起业界人士的注意并展开更加深入的研究，为城市地下空间的科学规划、管理和利用提供有力支撑。

参考文献

[1] 北京中心城中心地区地下空间开发利用规划（2004—2020年）[J]. 北京规划建设，2006（5）：162-163.

[2] 蔡向民，何静，白凌燕，等. 北京市地下空间资源开发利用规划的地质问题[J]. 地下空间与工程学报，2010，6(6)：1105-1111.

[3] 石晓冬. 北京城市地下空间开发利用的历程与未来[J]. 地下空间与工程学报，2006，2（S1）：1088-1092.

[4] 北京市地质矿产勘察开发局，北京市水文地质工程地质大队. 北京地下水[M]. 北京：中国大地出版社，2008.

[5] 北京市地质矿产勘察开发局，北京市地质调查研究院. 北京城市地质图集[M]. 北京：中国大地出版社，2008.

[6] 北京市地质矿产勘察开发局，北京市地质研究所. 北京地质灾害[M]. 北京：中国大地出版社，2008.

作者简介

赵怡婷，北京市城市规划设计研究院，高级工程师。

吴克捷，北京市城市规划设计研究院公共空间与公共艺术设计所所长，教授级高级工程师。

何静，北京市地质调查研究所，水工环专业教授级高级工程师。

周圆心，北京市地质调查研究所，水工环专业高级工程师。

透视地球，助力城市“深”展

何　静　周圆心

Detection and Recognition of Underground Space, Assisting Urban “Deep” Development

摘　要：地下空间资源受多种地质条件的综合影响，为规避风险需开展地质工作，掌握地下空间资源地质条件，对利用过程中可能出现的地质问题进行预判。本文总结现阶段北京城市地质工作中针对地下空间资源量和地质条件调查所采用的遥感、地球物理勘探、钻探测试等技术方法，介绍北京平原区冲洪积扇浅层沉积物中－大比例尺三维地质体结构及其属性模型；阐述现有北京城市地下空间地质安全监测体系，探讨监测对象、监测要素和监测方法；并结合北京现状，提出地质工作机制以及数据共享模式，以期促进地下空间集约高效利用。

关键词：地下空间资源；地质调查；安全监测；工作机制

随着地质勘查和三维建模技术的提高，城市地质工作者不仅能获取更为详细、精确的地下生态地质资料，同时也能通过三维建模和可视化技术，为城市规划和管理工作提供更加直观的地下空间环境图景。如果将地下空间比作人的肌体，地质勘查技术如同“常规体检”，探测是否存在病灶；三维建模可视化好比“体检报告”，通过直观的图文反映病灶的位置和影响程度；监测工作则相当于针对病灶的“定期检查”，监测病灶的治疗情况以及发展状态。

1　地质勘查技术

在城市地质工作中，地质勘查的主要目标是探明与地下空间开发利用有关的生态地质条件。地质勘查对象一般包含地下岩（土）体、各类地质灾害以及地下空间现状建（构）筑物等。地质勘查技术通常包括地质遥感、地球物理勘探、钻探、采样测试等，一般可以探测到城市地下500m的深度。

1.1　地下岩土体条件勘查

由于地下空间被地下岩土体所包围，适宜的地下岩土体条件是地下空间开发利用的必要前提。地下岩土体勘查对象包括岩土体物质组成、结构、构造，物理力学参数和物理性质等，主要通过大量的地下钻探、取样以及样本分析获得地下岩土体的物质组成和竖向分层特征（图1）。

成因年代	编号	岩性符号	大致对应深度	地层岩性	岩性描述
人工堆积层	①			人工填土	人工堆积的黏质粉土、房渣土，含大量混凝土块、砖灰渣等
第四纪沉积	②			粉质黏土	含云母、氧化铁、姜石、腐殖质
	②－1	fx		粉细砂	主要成分为长石、石英，局部夹少量粉质黏土
	②－2			黏土	含云母、氧化铁，具有含砂质夹层
	③	fx		粉细砂	主要成分为长石、石英，含云母
	④		10m	卵石	一般粒径2～20mm，含量大于50%，亚圆状，级配好
	⑤			粉质黏土	含云母、氧化铁，局部含粉性土块和粉土
	⑥	fx		粉细砂	主要成分为长石、石英，含云母
	⑦	zc		中粗砂	主要成分长石、石英，含云母，含少量卵石
	⑧		30m	卵石	一般粒径2～20mm，含量大于50%，亚圆状，级配好
	⑨			粉质黏土	含云母、氧化铁，局部有砂质夹层
	⑩	fx		粉细砂	主要成分为长石、石英，含云母，局部含黏土夹层
	⑩－1	zc		中粗砂	主要成分为长石、石英，夹少量卵石
	⑩－2			粉质黏土	含云母、氧化铁
	⑪			卵石	一般粒径2～20mm，含量大于50%，亚圆状，级配好
	⑪－1	fx		粉细砂	主要成分为长石、石英，含云母
	⑪－2	zc	50m	中粗砂	主要成分为长石、石英，夹少量卵石

图1　地下岩土体物质组成及其特征列表

1.2　地质灾害因素勘查

为保障地下空间开发利用的安全，有效规避不利地质因素产生的安全风险隐患，地下长距离或大型线性工程规划建设前应系统探测地质灾害情况。地质灾害勘查对象一般包括地震活动断裂带、地面沉降、岩溶塌陷、地下水以及有害气体等地质灾害因素。图 2 为利用浅层地震断裂勘查技术，有效判断地震断裂带位置的示例。

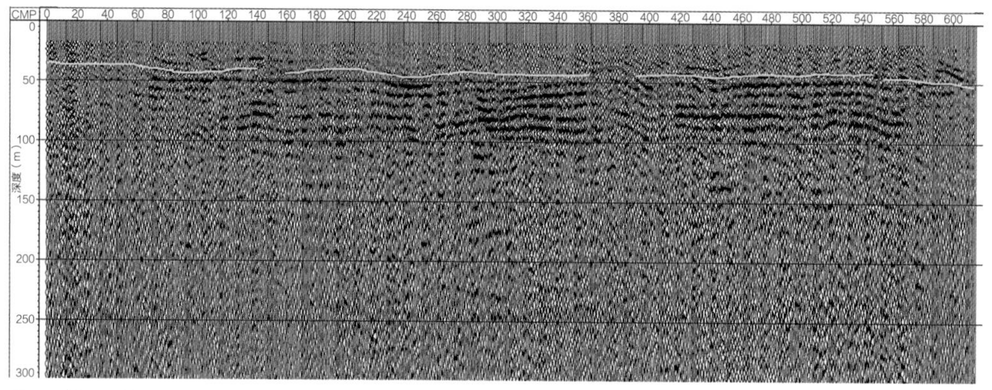

图 2　地震反射波剖面示意图

1.3　地下建（构）筑物及其影响范围探测

城市建成地区往往分布有大量现状地下建（构）筑物（包括建筑基础、地下室、地下单体建筑、地下管线等）。为详细探明这些地下现状建（构）筑物的分布情况，避免新建地下设施与现状建（构）筑物的冲突，可借助地球物理勘探技术，透过地面障碍物直接探明地下建（构）筑物的空间位置及其使用情况，为地下空间的集约高效利用提供支撑。地球物理勘探技术通常包括三维高密电法、井中电法、地质雷达以及微重力等。图 3 是利用三维高密度电法，通过非开挖方式，分辨地下市政管涵的位置、深度以及外围地质情况，准确判断地下管线的渗水点。

2　三维建模及可视化技术

随着三维建模及可视化技术的发展，透视和清晰表达地球内部已经成为现实。三维地质建模是一项运用计算机技术，在三维环境下，将空间信息管理、地质解译、空

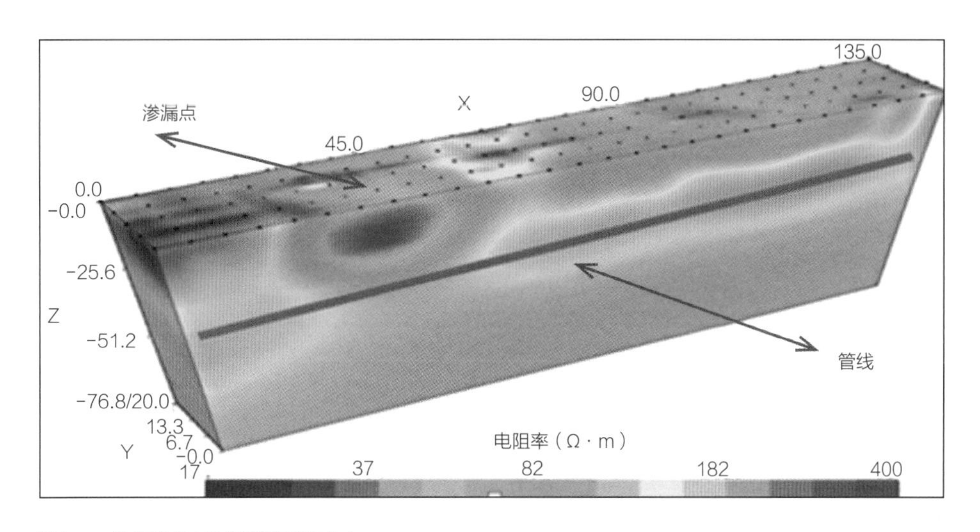

图 3　三维高密度电法探测管线渗水点

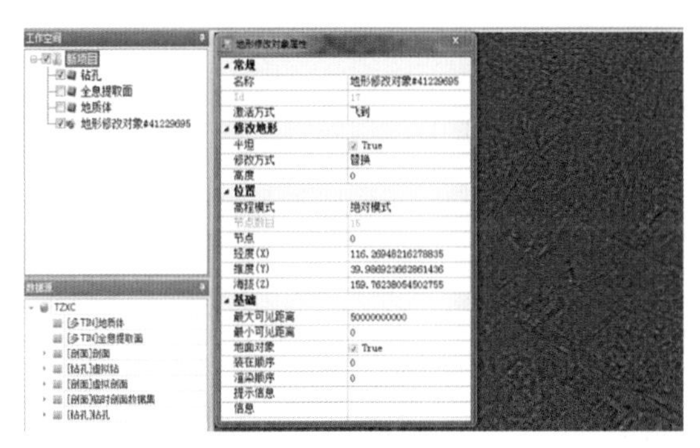

图 4　可视化平台的地形修改功能

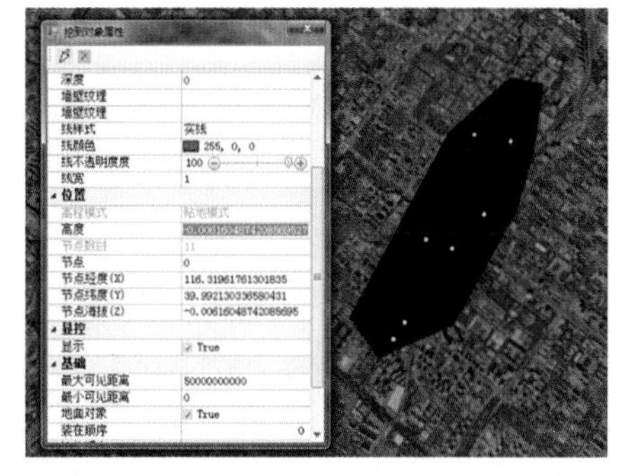

图 5　可视化平台的地形开挖

间分析和预测、地学统计、实体内容分析以及图形可视化等工具综合起来，用于地质情况展示、分析、查询和处理的技术（图 4、图 5）。

比较有代表性的是澳大利亚学者(Carr G R, et al.,1999)提出的“玻璃地球”（The Glass Earth）建设倡议，即通过多种地质勘查手段与信息化处理技术建立三维地质模型，使大陆表层 1km 内“像玻璃一样透明”。“玻璃地球”技术目前主要用于隧道选址和城市规划前期阶段，通过对关键地质对象空间分布情况的三维化表达，为城市规划师和管理者们提供更加直观、详实的规划决策支撑。如荷兰的 Heinenoord 隧道建设前通过“玻璃地球”详细分析了沿线软土的三维空间分布情况（图 6）；日内瓦市通过将地面建筑信息（桩基）与地质数据相结合，实现地上地下一体化的三维信息展示（图 7）。

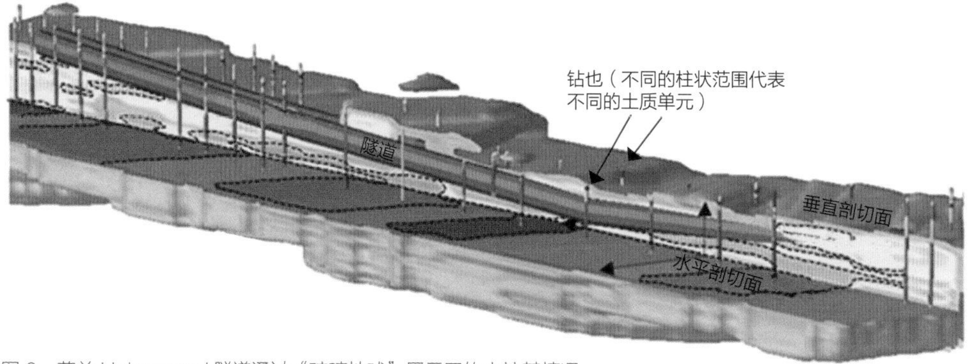

图 6　荷兰 Heinenoord 隧道通过“玻璃地球”展示了软土地基情况

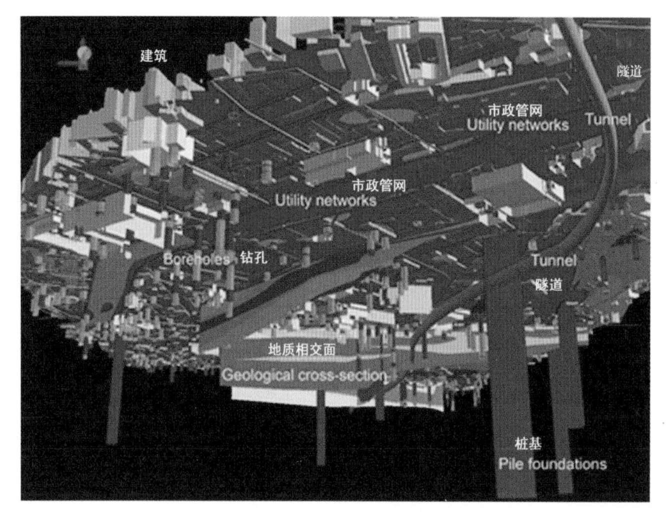

图 7　日内瓦市地上地下综合模型展示

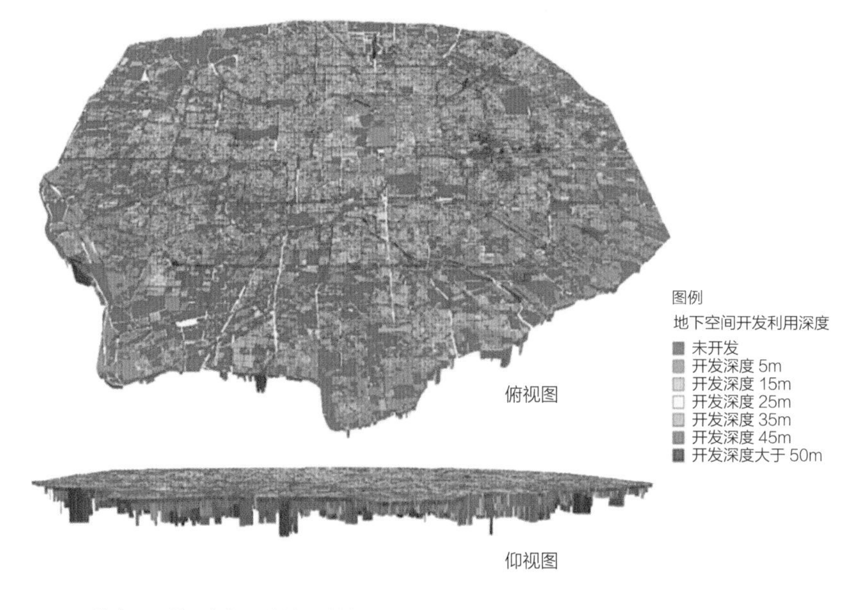

图 8　北京五环范围内的三维地质建模示意图

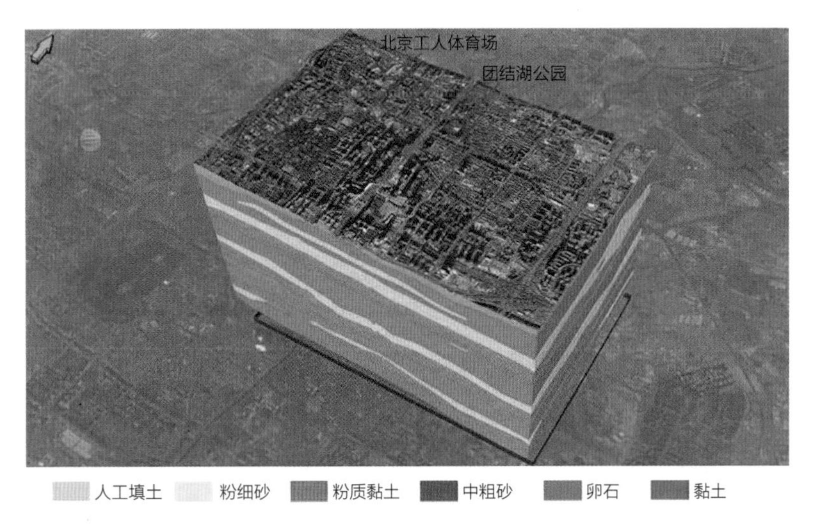

图 9　北京 CBD 地区三维地质建模示意图

2017 年，北京市完成了针对五环地区的“玻璃地球”研究，将地下 50m 范围内的地层划分为 11 个层次结构，详细探测了地层的天然含水量、比重、天然密度、孔隙比、塑性指数、液性指数、压缩模型等 12 个参数，客观反映出五环地区地下空间的总体生态地质环境特征，并通过与地下现状建（构）筑物空间分布情况进行比对，综合划出北京市五环范围内地下空间的三维适宜建设范围（图 8）。

中微观层面，北京市开展了针对 CBD 等重点地区的三维地质结构建模，模型精度达到厘米级，通过虚拟钻孔、隧道开挖、切割分析等三维分析方法，详细展示地下 50m 范围内的岩土体分布特征，为开展 CBD 地区地下空间规划、市政管线规划、轨道交通及地下路规划等编制以及地下重要工程项目的规划选址提供决策支撑（图 9）。

3　实时监测技术

在地下空间的开发利用过程中，当不能完全消除地质灾害隐患时，就需要对相关地质灾害因素进行实时监测。目前北京市正在布设涵盖北京市整个平原区的监测站点及传感器（现阶段已建成了 5 处，未来还将增加），监测深度达到地下 100m，监测对象包括岩（土）体位移、失稳、水压失衡以及环境污染等各类隐患变化趋势，通过实时监测和及时的风险预警，保障地下空间开发利用的地质安全（表 1）。

地下空间监测要素及方法一览表 表1

<table>
<tr><th>监测内容</th><th>监测要素</th><th>监测目的</th></tr>
<tr><td rowspan="2">地应力</td><td>水平应力</td><td rowspan="2">地应力是由于岩（土）体形变而引起的内部作用力。随着人类活动的加剧，地下空间的开发利用活动容易导致岩土形变，所产的地应力直接影响工程稳定性</td></tr>
<tr><td>垂直应力</td></tr>
<tr><td rowspan="3">地层形变</td><td>地表垂直位移</td><td rowspan="3">地下空间周边土体由于受力而引起的地层形变情况。地层形变对大型的地下线性工程影响较大</td></tr>
<tr><td>地层垂直位移</td></tr>
<tr><td>地层水平位移</td></tr>
<tr><td rowspan="3">水文条件</td><td>孔隙水压力</td><td rowspan="3">孔隙水压力是影响土体稳定性的一个重要因素，是研究土体应力应变与强度关系的重要因素。
地下水水位对地下空间利用有直接的影响。特别是在地下水调蓄过程中水位持续提高情况下，更要高度重视对线性工程、大型基坑和大规模地下空间的影响。
岩土体含水率是判断砂土液化隐患的重要因素之一</td></tr>
<tr><td>地下水水位变化</td></tr>
<tr><td>含水率</td></tr>
<tr><td rowspan="2">有害气体</td><td>氡气</td><td rowspan="2">当地下通风条件较差时，容易聚集地下氡等有害气体，人体吸入氡易诱发肺癌</td></tr>
<tr><td>汞气</td></tr>
</table>

4 结语

开展地下空间生态地质工作是保障地下空间资源可持续利用的一项基础性、长期性工作。近年来，随着城市地下空间开发利用强度的不断增大，因活动断裂、地面沉降、地裂缝等不良地质条件而引起的地下空间安全问题日益显现。因此，及时建设全覆盖、长效性的地质勘查和监测机制，通过三维建模及可视化技术促进地质工作融入国土空间规划和管理体系之中，加强生态地质数据与国土空间基础数据平台的衔接，才能有效规避地下空间开发利用过程中的风险和灾害隐患，促进地下空间的集约高效利用，为城市的“深”向发展提供坚实的基础。

作者简介

何静，北京市地质调查研究所，水工环专业教授级高级工程师。

周圆心，北京市地质调查研究所，水工环专业高级工程师。

国外地下空间最新理念研究
——多维城市空间视角

赵怡婷　吴克捷　孟令君

Research on the Latest Concepts of Underground Space Abroad
—A Multidimensional Urban Space Perspective

摘　要： 随着我国国土空间规划体系的逐步建立，生态文明、底线思维成为城乡规划的重要议题。地下空间作为城市重要的生态与空间资源，在城市生态可持续发展中具有重要作用。本文从生态、资源、空间、品质等视角，系统梳理以法国、日本、加拿大、芬兰、新加坡等为代表的发达地区地下空间开发利用最新理念与经验，通过综合比较研究，总结出城市地下空间开发利用的主要策略、方法与发展趋势，以期为国内地下空间规划建设提供借鉴和参考。

关键词： 地下空间；生态底线；空间资源；功能统筹

地下空间作为一种宝贵的资源，在世界上许多发达国家已得到了广泛的开发应用。其中，以日本、新加坡为首的亚洲国家采取高强度的地下空间开发策略，强调地下空间互连互通，地下分层利用等；英国、法国等欧洲国家则注重地下与地下空间的整体环境品质，构建竖向立体的城市空间布局；美国、加拿大将地下空间作为抵御恶劣气候与各类灾害的重要场所；瑞典、芬兰等北欧城市，则注重对地下岩层资源的可持续利用以及前沿技术的试验与应用。综合来看，不同的城市之间因为自然条件及城市发展需求的差异，其对地下空间的开发策略也相应不同。

1 法国：地下空间是大都市可持续发展的先决条件

2012 年大巴黎规划院提出“10D 城市”① 的概念，旨在促进大都市的土地利用和可持续发展。“10D 城市”即多维度地提升地上 / 地下活力以达到可持续的且合乎愿望的城市发展，通过对地下空间经济、环境、社会、认知 4 个领域的综合研究，促进地下地上空间的充分融合及可持续发展，“10D 城市”主要围绕 5 个关键问题展开：

（1）在大都市可持续发展领域内，地下空间可以起到哪些更加积极的作用。

（2）如何从可持续发展的角度评估地下空间利用的可行性。

（3）如何优化地下空间的布局，使其具有吸引力、适应性、安全性和韧性。

（4）如何通过数据汇集和可视化等技术促进地下空间的有效决策。

（5）如何从城市治理的角度，促进地下空间建设与管理的法治化、规范化和可实施性。

针对以上 5 个问题，“10D 城市”分别开展了 5 个专项研究，即地下空间资源保护与可持续利用；地下空间利用的可行性评价；地下空间整体空间品质；地下空间数据共享与可视化；地下空间产权与管理（图 1）。“10D 城市”的五问五答通过经济、环境、社会、认知的综合视角，探讨了地下空间作为城市重要空间资源的综合利用前景，构建了综合全面的地下空间利用理论体系，并从地下空间资源、可行性评估、环境品质、数据系统、制度建设等方面形成了具体的方法指导。

---

① 因其法文原文“Différentes Dimensions pour un Développement urbain Durable et Désirable Décliné Dans une Dynamique *Dessus/Dessous*”中共有 10 个“D”字母开头的单词，所以将这一理念简称为“10D 城市”。

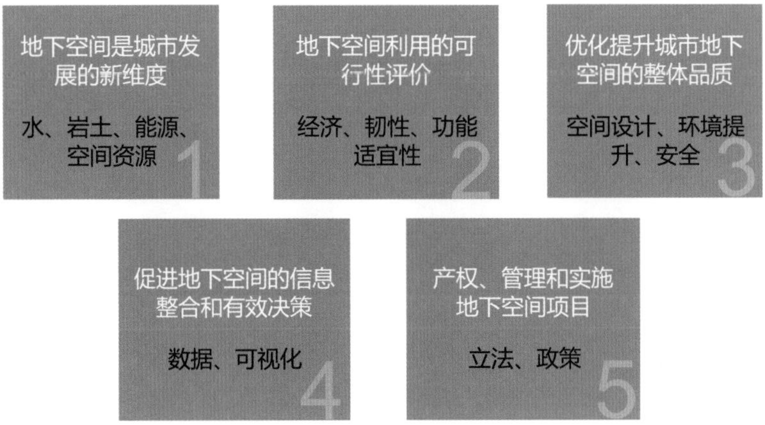

地下空间是城市发展的新维度

水、岩土、能源、空间资源

1

地下空间利用的可行性评价

经济、韧性、功能适宜性

2

优化提升城市地下空间的整体品质

空间设计、环境提升、安全

3

促进地下空间的信息整合和有效决策

数据、可视化

4

产权、管理和实施地下空间项目

立法、政策

5

图 1 法国“10D 城市”研究示意图

为促进地上地下城市空间的进一步融合，巴黎结合大巴黎地下快轨系统（Grand Paris Express）建设的契机，促进轨道站域地区的地下空间一体化规划建设。根据规划，新建线路总长 205km，将现有轨道里程扩展近 1 倍；地下快轨系统 75% 的线路位于地下，最深挖至地下 40m；地下站点 69 个，其中超过 75% 为换乘站，并开展地下空间的一体化开发利用（图 2）。

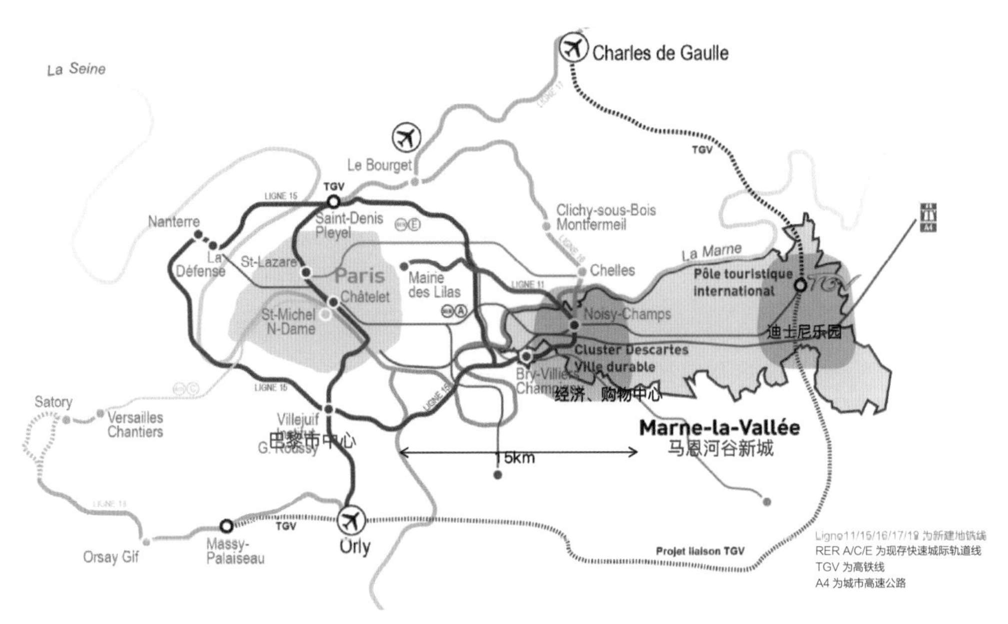

图 2 Grand Paris Express 线路规划示意

2 北欧：地下空间是重要的城市生态与空间资源

以瑞典为代表的一些北欧国家由于国土面积限制，城市土地资源较为有限，地下空间资源成为其城市发展、拓展的重要领域。瑞典 “Deep City”（2009）的研究将地下空间资源分为地下空间、岩土、地下水和地热能（Parriaux，2007； Bobylev 2009）四大类，并建立了针对地下空间、岩土、水源、可再生能源的地下空间资源综合评价方法，以详尽的地下空间生态系统三维调查为基础，明确地下空间资源种类及空间边界，探讨不同地下空间资源的相互关系及长期影响，协调地下空间开发利用与地下空间资源保护之间的关系，从资源统筹利用的角度促进地下空间的科学合理布与高效可持续利用（图3）。

Geneva Vaud 峡谷地热 3D 模型

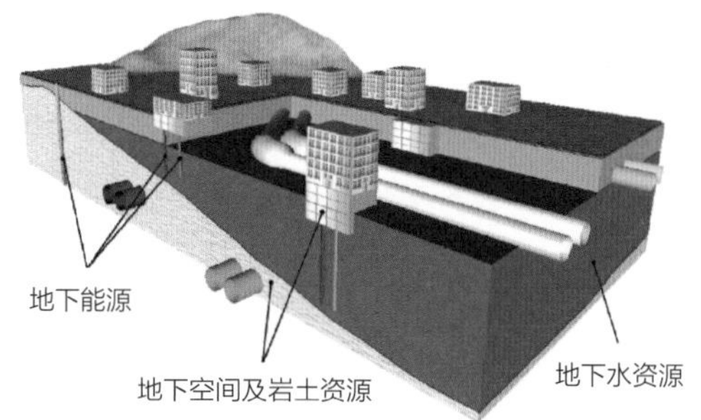

图3 瑞典“Deep City”研究示意图

芬兰赫尔辛基非常重视地下岩层资源的开发利用，并提出了“0-land Use”发展理念，即对地表建筑及环境零影响的地下空间利用策略（Towards 0-impact Buildings and Environments），通过对全市域地下岩层资源的系统调查与评估，明确岩层资源的分布情况，编制全域地下空间发展规划，明确地下空间的建设与预留范围，明确地下空间的规划管控要求，有效引导和规范地下开发建设（图4）。

（1）市中心地下空间再开发。对市中心建设密集地区地下空间的优化利用，拓展地下空间功能，促进地下功能设施的统筹布局，加强中央商务区等重点地区地下空间的互连互通，提高地下空间资源的利用效率和环境品质。

（2）郊区地下空间拓展与预留。规划明确了 100 个地下空间项目建设区域，并预留了大约 40 个地下岩层区域用于未来公共设施建设。预计未来可利用地下岩层资源将达到 14km^2，相当于赫尔辛基现状土地面积的 6.5%。

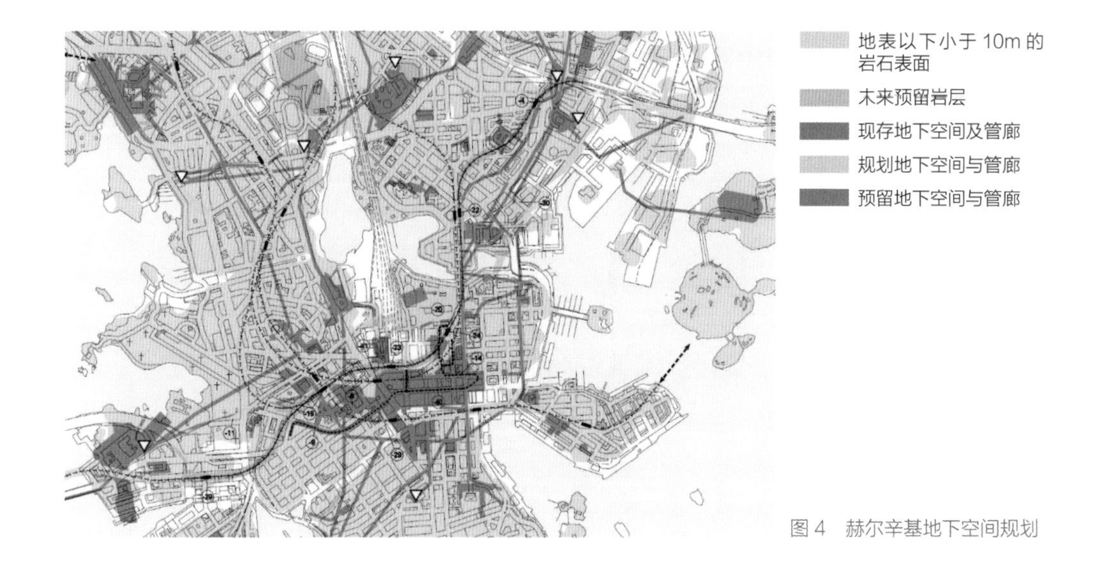

图 4　赫尔辛基地下空间规划

3　新加坡：地下空间是国家长远发展的战略要地

新加坡土地面积小，人口密度高，经济发展和人口增长使得地下空间的开发和利用格外重要，新加坡政府经济发展战略委员会在 2010 年关于经济发展的报告中将地下空间的发展列入新加坡长期经济发展策略，从而把地下空间的开发利用提高到战略地位，并由新加坡国家发展部统筹下空间相关工作，具体包括：

（1）同新一轮地下基础设施开发相结合，开发建设地下楼层。

（2）形成地下空间开发利用总体规划。

（3）成立国家地质调查办公室，以收集整理地下信息。

（4）建立地下土地权属与评估机制框架，以促进地下空间开发。

（5）对地下空间开发利用相关研究工作进行资助，尤其针对洞室开发试验等相关项目①。

为促进地下空间的统筹规划建设，由新加坡国家发展部负责地下空间的统筹管理工作，其中新加坡城市重建局（URA）负责地下空间的土地利用和房地产开发统筹管理，新加坡建筑和施工局成立地质调查办公室，负责地下空间数据信息平台（图 5）。

2015 年，新加坡颁布了《新加坡国有土地（修正案）法案》，对开发地块地下空间的权属范围进行界定，明确新加坡高程基准面 30m 以下优先公共使用，保障地下基

① *Singapore Economic Strategies Committee Report*（2010）。

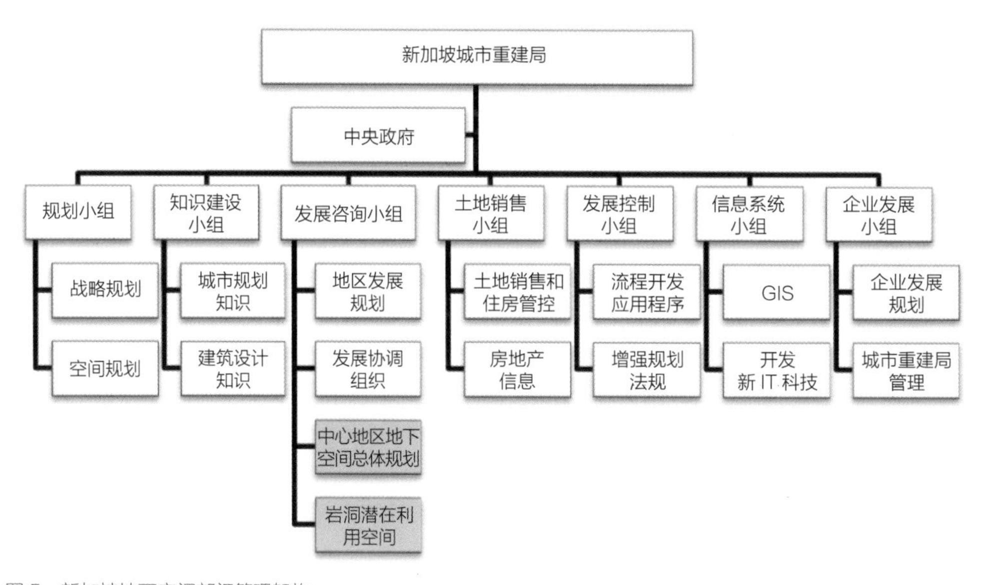

图5　新加坡地下空间部门管理架构

础设施的统筹布局与建设。除了政府，新加坡各个大型土地使用者对地下空间开发利用同样十分重视，如高校校区、电力设施（变电站）、交通枢纽、军用设施等。

4　日本：地下空间是城市高效运行的重要支撑

日本是一个国土狭窄的岛国，随着城市化规模的不断扩大和经济的高速发展，以及由之带来的用地不足、交通拥挤、环境污染等一系列问题，日本地下空间开发利用不断拓展，并开展了大深度地下空间的探索利用。

日本地下空间开发利用非常重视基础设施的前瞻性建设，早在20世纪80年代，日本著名能源学家和都市规划专家早稻田大学理工学部尾岛俊雄教授就提出了在城市地下空间中建立封闭性再循环系统的设想，即用工程手段将多种循环系统有机地组织在一定深度的地下空间中。尾岛教授的这一理论，对于日本地下空间资源的综合开发利用，尤其是大深度开发利用研究起到了较大的促进作用。通过对地下轨道交通系统、地下道路系统、地下防灾安全系统、地下物流系统、地下市政设施系统的综合、分层布局，形成高效、多维的城市基础支撑系统，有效提高城市综合承载能力，释放更多地面建设空间。

2006年竣工的日本埼玉县下水道排水系统在世界上非常先进，每个混凝土立坑有

65m 深、32m 宽，在地下 50m 深处，由 6.3km 长的隧道串接而成，除此之外，还有一座巨型调压水槽：25.4m 高、177m 长、78m 宽，内有 59 支混凝土支柱，总贮水量为 670000 m^3，有效解决了城市储水供水问题。

日本的地下空间立法体系较为完善，《道路法》《关于建设共同沟的特别措施法》《关于地下街的使用》《关于地下街使用的基本方针》《大深度地下公共使用特别措施法》等一系列法律法规的颁布实施促进了日本地下空间的规范合理发展。

5 加拿大：地下空间是城市公共空间的重要组成

北美的加拿大（蒙特利尔市和多伦多市等）由于特殊的自然地理及气候因素，在城市中以地铁网络和车站为依托，连接各种大型公共建筑设施地下空间，形成了四通八达的地下公共步行系统，从而促进了城市步行空间的织补，提升了城市综合环境品质。

加拿大多伦多的地下步行系统（PATH）位于多伦多市中心区，通过串联商务中心区主要商业办公用地及地铁站点，形成四通八达的地下步行网络，并提供必要的商业、文化等公共服务设施。与此同时，PATH 系统非常注重连通口的预留，通过不断地延伸和扩展提升地下步行系统的便捷性和完整性，并通过增设下沉广场、引入阳光与绿色植被、加强标识设计，提高地下空间的环境品质（图 6）。

为推动地下步行系统的建设，加拿大政府制定了多项私人投资鼓励政策，包括土地长期批租政策，免费的道路、广场、绿地下地下空间使用权政策，一加元年租政策等，极大地促进了私人对于地下空间投资的积极性；另外，政府十分重视地铁车站与站域公共建筑的连通，并在规划中明确拟建建筑地下室与车站的连通要求，保障地下步行系统的整体效益与合理布局。

6 结论与建议

地下空间的开发利用，既是城市空间发展的需求，也是技术进步的必然趋势。国外大都市的发展经验表明，地下空间不仅仅是地上空间的补充，更关乎城市生态资源、综合承载力、公共环境品质、防灾安全以及未来战略发展等诸多方面，是城市可持续发展的重要决定要素。

（1）底线思维：地下空间是城市空间、能源、水源、岩土资源等生态资源的重要

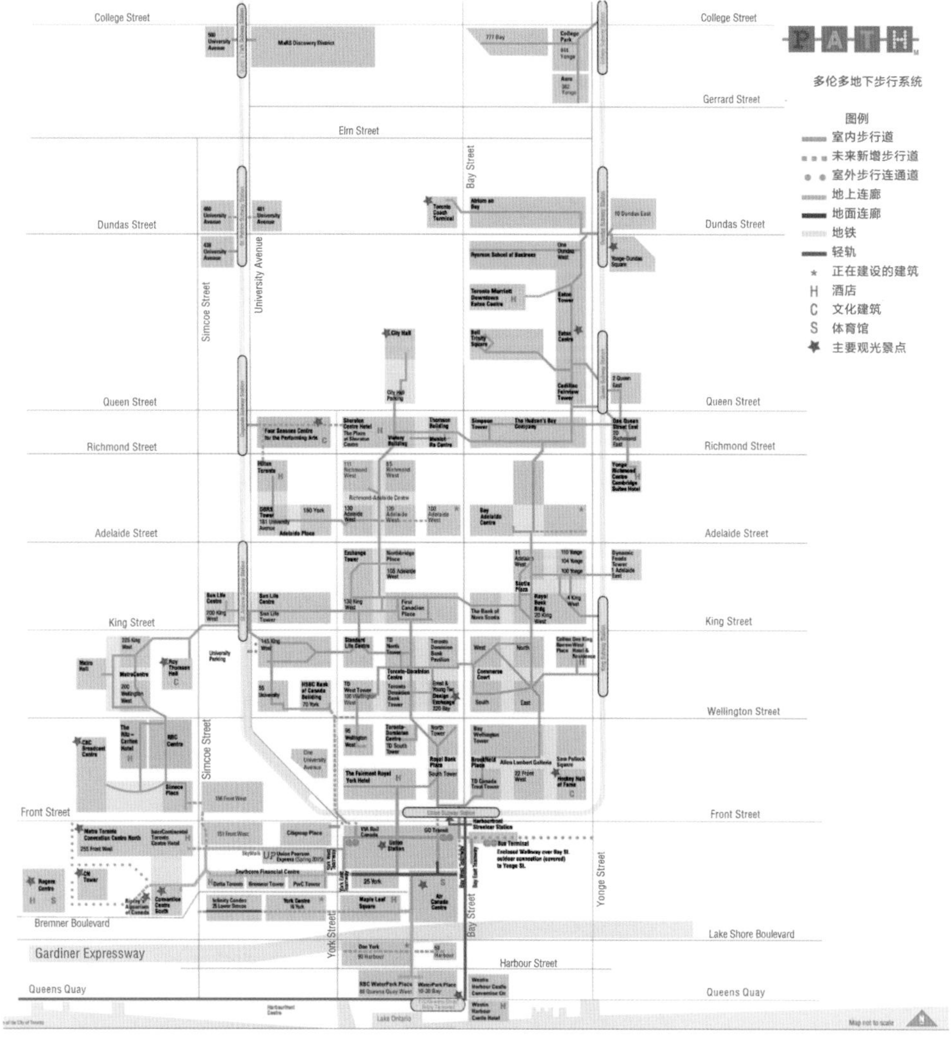

图 6　加拿大多伦多地下结构示意图

载体，应以生态承载力评估为前提，以地下水文地质环境及地质灾害环境为主要考虑因素，明确地下空间发展的三维生态底线，减小地下空间建设对生态环境的影响，协调地下环境保护与资源利用的关系，促进城市可持续发展。

（2）功能统筹：地下空间是许多城市基础设施和公共服务设施的空间载体，是城市综合承载力的重要决定因素，应坚持高效、集约、长远的发展眼光，适度提高工程建设标准，促进各类地下功能设施的统筹、立体布局，为城市高效发展提供支撑。

（3）注重品质：浅层地下空间是城市公共空间的重要组成部分，通过地下轨道站点、商业服务设施、公共服务设施、公共空间等的互连互通，优化地下空间采光、通风等环境条件，加强地上地下空间的边界联系，将有助于创造舒适宜人的立体城市空间。

（4）战略预留：从工程技术上看，随着地下工程建设技术的发展，深层地下空间可为大型战略储备设施、数据中心、指挥中心、雨洪调蓄设施等新型战略防灾设施的建设提供条件，是新时代城市战略安全的重要前沿阵地。

综上所述，随着国内各大城市纷纷进入存量发展时代，城市建设空间压力与城市建设需求之间的矛盾不断凸显，科学、合理、可持续地利用地下空间，将是缓解城市发展矛盾、优化城市功能、提升城市环境品质的重要途径。

参考文献

[1] ILKKA Vähäaho . Urban Underground Space Sustainable Property Developent in Helsinki [M]. Helsinki:[s.n],2018.

[2] LI Huanqing . An Integrated Strategy for Sustainable Underground Urbanization [R]. Lausanne:EPFL,2013.

[3] LI Huanqing，PARRIAUX Aur è le , LI Xiaozhao. The Way to Plan a Viable "Deep City" : from Economic and Institutional Aspects [C].Proceeding of the Joint HKIE-HKIP Conference on Planing and Development of Underground Space.The Hong Kong Institution of Engineers 8 The Hong Kong Institution of Plans Hong Kong:[s.n.], 2011.

[4] Monique Labbé. Architecture of underground spaces: From isolated innovations to connected urbanism [J]. Tunneling and Underground Space Technology , 2016(55): 153 - 175.

[5] Raymond L ,Sterling，杨可，黄瑞达 . 国际地下空间开发利用研究现状（一）[J]. 城乡建设，2017（4）:（46-49）.

[6] Yingxin Zhou. Advances and Challenges in Underground Space Use in Singapore[R].Singapore: Nanyang Technological University，2017.

[7] ILKKA Vähäaho. Underground space planning in Helsinki [J].Journal of Rock Mechanics and Geotechnical Engineering , 2014，6（5）:387-389.

作者简介

赵怡婷，北京市城市规划设计研究院，高级工程师。

吴克捷，北京市城市规划设计研究院公共空间与公共艺术设计所所长，教授级高级工程师。

孟令君，北京市城市规划设计研究院，工程师。

“向地下要资源”
——芬兰赫尔辛基地下空间发展概览

赵怡婷

Resources from the Underground
—Overview of the Development of Underground Space in Helsinki, Finland

摘　要：芬兰赫尔辛基拥有较为坚固、稳定的地下岩层环境，为地下工程建设提供了良好的外部环境保障。为了有效使用地下岩层资源，芬兰赫尔辛基非常重视岩土工程调查和地下空间规划工作，并形成了较为完善的地下工程地质调查和地下空间规划管理机制，为地下岩层资源的可持续开发利用提供保障。本文系统梳理了赫尔辛基地下空间开发利用总体情况、工程地质调查与三维建模经验以及地下空间总体规划编制思路，探讨地下空间所有权及使用权相关规定，以期为国内超大城市地下空间资源的可持续利用提供借鉴。

关键词：地下岩层资源；工程地质调查；地下空间规划

随着越来越多的城市中心区缺乏可供新建建筑使用的未开发土地资源，向上和向下扩展空间成为必然。在芬兰赫尔辛基，坚硬稳定的岩床为城市地下空间开发建设提供了优良的空间载体，“向地下要资源”成为赫尔辛基城市空间可持续发展的重要举措，利用地下坚固的岩石空间资源建设地下市政设施，能有效释放宝贵的地面土地资源用于更重要的设施。

1　概况

芬兰首都赫尔辛基位于芬兰南部、芬兰湾北部海岸，是芬兰人口最密集的地区之一，连同周围的万塔、埃斯波和考伊奈宁等城市区域共同构成了赫尔辛基首都地区，人口约 100 万 (图 1)。

赫尔辛基地区位于欧洲最大的前寒武纪岩石暴露区，这些基岩大约有 18 亿 ~ 19 亿年的历史且非常稳定，为施工提供了非常坚硬的、具有良好承载力和稳定性的基础。赫尔辛基地区从岩土工程调查中收集了大量数据，并以此为基础对各种岩床资源的位置及规模进行估算，为城市发展提供可靠和潜在的选择。

图 1　以芬兰湾为背景，向南俯瞰赫尔辛基市

赫尔辛基地区的地下水位通常非常接近地表，地下水位的变化对以土或木柱为基础的建筑物和构筑物会产生较大的影响。为此，市议会命令岩土工程处和建筑检查部监测城市中心的地下水情况，每月大约有 700 个监测管收集数据，存储了 5000 多个监测管信息(现状的和新建的)。

赫尔辛基市有 200 多公里的技术维修隧道，主要为自 1977 年以来修建的综合管廊，以及用于集中供热、集中制冷、电力和供水系统的室内输电线路与管道，另外还有大量不同的连接电缆。

2 工程地质数据和三维建模

2.1 岩土工程数据

赫尔辛基的岩土工程部门在保存岩土工程调查数据方面有着悠久的传统。由于地基条件的变化，已报告的岩土工程勘察资料数量巨大。在 30 ~ 40 年的时间里，赫尔辛基岩土工程部门收集了来自 45 万个调查点的土工条件数据，调查通常包括测深(采用瑞典测深方法)、钻孔、钻探、实验室测量等。数据以标准的国家数字格式保存，也就是所谓的“INFRA-format”。INFRA-format 向用户提供的调查数据是基于地图的信息服务，该服务不是公开的，仅供专业规划人员使用。岩土工程地图、勘察点(土壤测点)和地下水测点在开放地图服务中可见。

在基于 cad 的规划设计应用程序中，可以简单地应用 INFRA-format 数据中的调查数据。大量的数据可以很容易地处理不同类型的模型、地图、岩土截面、三维模型和工程计算程序。岩土工程部门还开发了其在三维地面建模中使用的软件。

为了测量岩床资源，采用基于岩石表面数据的模型，并应用了标准尺寸的测量洞穴(宽 × 长 × 深 = 50m × 1500m × 12m)。岩床模型是基于裸露岩石和地表高程的底图数据，使用钻孔机钻孔获得点数据。

2.2 建模

三维建模过程通常首先通过测量不同土壤表面和岩床表面的深度来诠释调查数据，这是在单独的点或多个调查数据点的横截面上进行的(图 2)。通常，诠释点被三角化

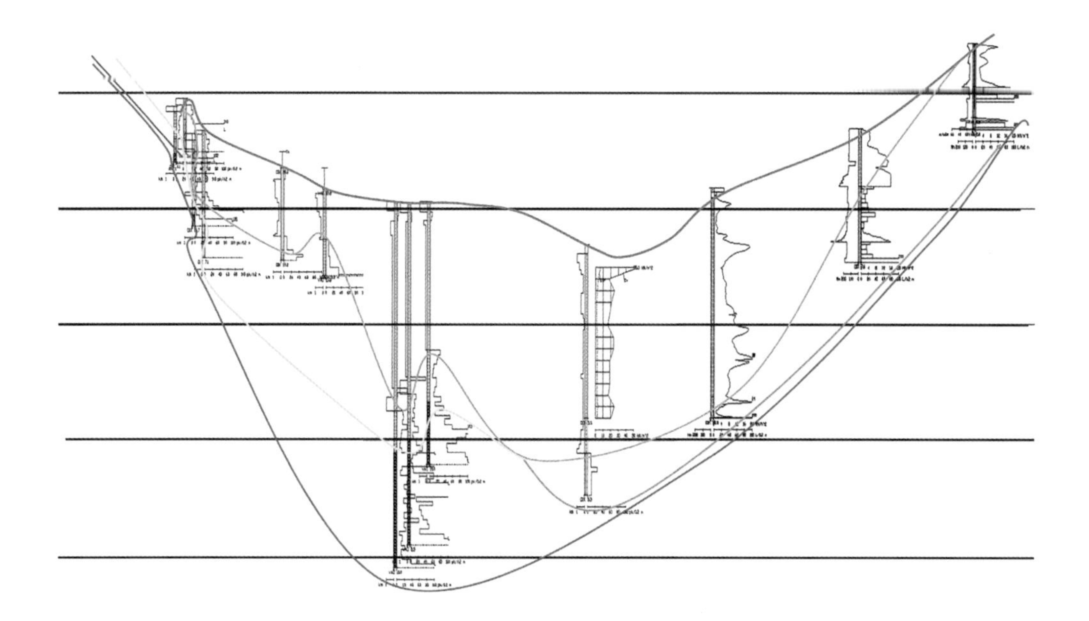

图 2　岩土工程勘察 [重力测深试验、冲击钻孔、贯入试验 (CPT-U) 、现场叶片试验、实验室测量] 总剖面和地质单元解释
(注：蓝色 = 软沉积物底部，黄色和绿色 = 砂层底部，红色 = 基岩表面，灰色 = 地面。横截面高度约 40m，宽度约 150m)

为三角网曲面模型。模型表面通常是地表、软质 (黏土) 沉积物底面和基岩表面。工程项目中的模型区域通常很小，城市尺度的 3D 模型很少制作，因为地形和地质变化很大。激光雷达 (包括地面和航空) 激光扫描技术，提供了获得精确高分辨率地面三维图像的可能性，将地质信息与这些激光雷达 3D 模型相结合，为诠释地表地质构造的小尺度特征提供了新的可能性 (图 3)。这些数据对土地利用规划和建设项目非常重要。可靠的不同土层的地面三维模型是建立在大量昂贵的探测和钻探基础上的。当地表数据点数量为每平方米 1 ~ 10 点时 (激光雷达)，其他可靠点模型面 (岩土工程勘察面、基岩表面、软质沉积物底面) 最好为每 500 平方米 1 点左右。当地表数据点数量为每平方米 1 ~ 10 点时 (激光雷达)，模型中其他表面 (岩土工程勘察面、基岩表面、软质沉积物底面) 的可靠点最好为每 500 平方米 1 点。

3　赫尔辛基地下空间总体规划

由于岩床硬度高、靠近地表，赫尔辛基地区非常适合在岩石中建造地下建筑。随

图 3　赫尔辛基 Ostersundom 地区第四纪沉积物和基岩图
[注：蓝色 = 黏土和其他软沉积物，深红色 = 基岩露头，粉色 = 基岩上的薄层冰碛（<1 m 厚），黄色 = 砂和砾石；测深位置上的数字表示承压底的深度（冰碛或基岩，深度也用蓝色和等值线表示）；地图大小约为 2km × 1.5km。芬兰地质调查局]

着城市建筑变得越来越密集，各种功能被更多地放置于地下，近年来中心城区对地下设施的需求急剧增长。赫尔辛基希望保障基岩资源在重要交通和基础设施建设以及大型商业项目等方面的持续利用。因此，为有效利用岩床资源，赫尔辛基是世界上第一个制定并实施地下总体规划的城市。

赫尔辛基地下总体规划（图 4）控制新建、较大和重要的地下岩洞、设施和交通隧道的位置、空间分配和相互兼容性。赫尔辛基地下总体规划还保障了已建成设施的永久性和功能性。地下总体规划包括 40 个新的岩石资源保留区和 100 个未来用于分配岩石建设的新空间。已经建成的设施被列出并进行了分类。该规划具有法律效力，对财产所有者和政府官员具有约束力。该规划也可作为地上分区规划的指导。除了城市规划图中标明的空间分配外，只要不与地下空间总体规划中标明的地下功能相冲突，未来的建设是允许的。

地下空间保留及现有设施 / 隧道按其主要用途分为以下几类：①社区技术系统；②交通和停车；③维护和存储；④服务和管理；⑤未命名的岩石资源（尚未有指定用途）。

在赫尔辛基市中心外还发现了 55 个岩石区，它们的大小足以容纳主要交通干线附

图 4 赫尔辛基地下总体规划
（注：灰色 = 当前的地下设施和隧道，蓝色 = 规划的未来地下隧道和设施，棕色 = 适合地下施工的地表附近的基岩资源，白色三角形 = 通往地下空间的通道）

近的大型地下设施。在赫尔辛基的许多地区，未来的地下项目可以利用现有地下设施的入口，这些入口已在赫尔辛基地下总体规划地图上用三角形标记出来。值得一提的是，来自岩床的热能也是一种宝贵的资源。总的来说，可以说赫尔辛基的岩床在离地表不远的地方，有很多合理、安全的地点适合建造地下设施（图 5）。

4 地下的所有权和权利

在芬兰，财产的所有人对财产的地下部分拥有控制权，但法律并没有明确规定所有权的垂直范围。在解释所有权的范围时，财产的下边界被限制在它可以被技术利用的深度。在实践中，这意味着从建筑地块的最低点到地下 6m 的深度。赫尔辛基市也对使用地下空间的公司收费，但“地下建筑地块”的租金仅为相应地面租金的 50%。在地下建设设施，必须取得地下建设场地使用权协议。所有权可以通过自愿交易、协议或法律上的赎回来确立。取得建筑许可证的先决条件是申请人对建筑工地拥有控制权。

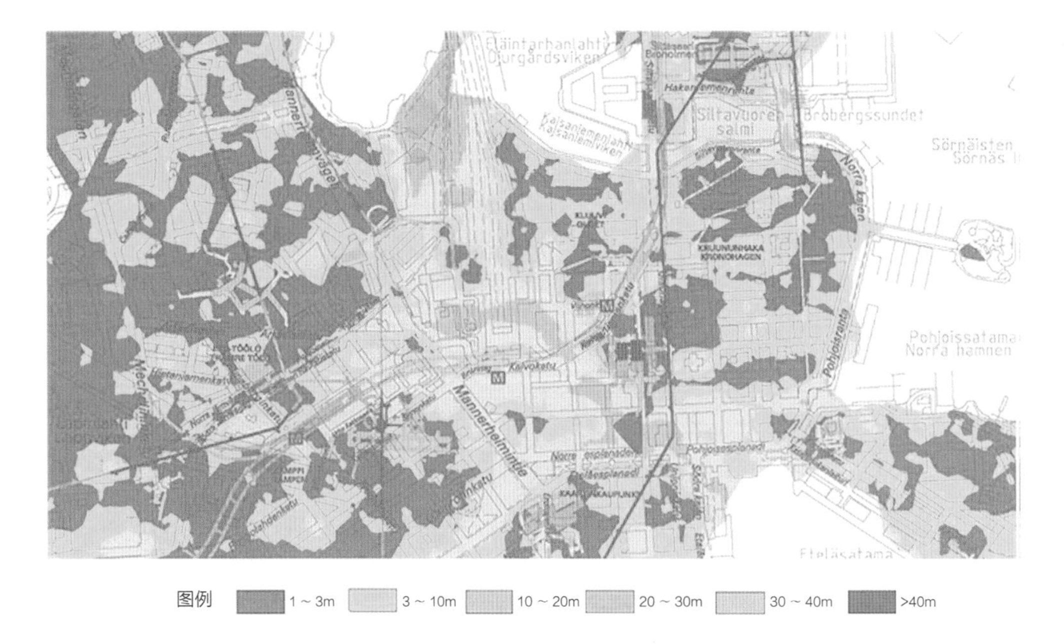

图 5　赫尔辛基市中心地区基岩资源图
（注：图中的地下基岩资源包括了最深的地下公用空间。地下基岩表面埋深主要依据基岩钻探而确认）

作者简介

赵怡婷，北京市城市规划设计研究院，高级工程师。

“Sub-urban”欧洲十二城地下空间可持续利用研究

赵怡婷　孟令君

"Sub-urban": Research on Sustainable Utilization of Underground Space in Twelve European Cities

摘　要：2013—2017年，为了进一步加强对城市地下空间环境的了解，促进地下空间更好地融入城市可持续发展，欧洲多国基于欧洲科学技术合作协会（European Cooperation in Science and Technology,COST）[①]，开展了名为“Sub-urban”的联合研究。该研究共涉及欧洲12座城市，重点探讨了基于生态地质、历史保护、产业转型、城市更新等不同视角下的地下空间发展思路、路径及解决方案，探索三维可视化新技术在地下空间科学预测和规划决策中的运用，以期拓展城市空间发展维度，提升城市综合竞争力。本文提取了12份城市发展报告中的重点内容，通过比较研究的方式客观展现不同城市的地下空间概况、主要挑战、技术应对、规划策略与制度建设，提炼城市地下空间发展面临的共性挑战、机遇以及未来趋势，以期为国内超大城市地下空间发展提供有益借鉴。文中涉及的城市案例内容均参考自“Sub-urban”研究项目。

关键词：Sub-urban；地下空间；比较研究

① 欧洲科技技术合作协会（The European Cooperation in Science and Technology，COST）是欧洲跨国非官方机构，其主要目标是加强欧洲的科学研究和创新能力，促进科学技术的突破性发展和创新性成果。COST为科研人员、工程师和学者建立合作平台，提供科研资金支持，促进技术创新和多学科交互。目前该协会已经拥有38个成员国。

1 为什么要发展地下空间?

1.1 城市空间载体

地下空间是重要的城市空间载体，良好的工程地质环境往往可为城市空间的拓展提供较好的条件。近年来，越来越多的地下空间被用于缓解城市日益增长的空间压力，特别是基础设施（地铁、隧道、电缆、污水、排水）、贮藏空间（仓库、地窖、停车场）和防灾空间（地下掩体、指挥所、应急疏散空间等）的地下化能有效腾出更多的地面空间，为人们留出更多充满自然日照和新鲜空气的公共活动与生活空间。

1.2 城市资源载体

地下空间也是重要的资源载体。地下空间往往是城市重要的水源供给地区，地下含水层不仅需要得到较好的保护以免受污染，过度的地下抽水和降水活动也应得到有效的限制（即使发生在市区以外），以避免造成地面沉降和建筑地基的腐蚀。另外，地下空间也是重要的矿产资源和地热能源载体，但应避免过度的开采和无序利用，以防止地质次生灾害以及地下空间资源的浪费。

1.3 城市历史载体

如同岩石能较好地记录历史的变迁，地下空间也是城市发展的忠实历史记录。埋藏于地下的历史文物由于密闭性环境往往得到了较好的保护，另外，工业发展时代留下的地下建（构）筑物、人工开采痕迹以及土壤环境的改变也是另一种“历史资源”，同样需要得到谨慎的处理、适当的保护与灵活的利用，从而以物质环境形式展现一个时代人们改造环境、改善生活的历史图景（图1）。

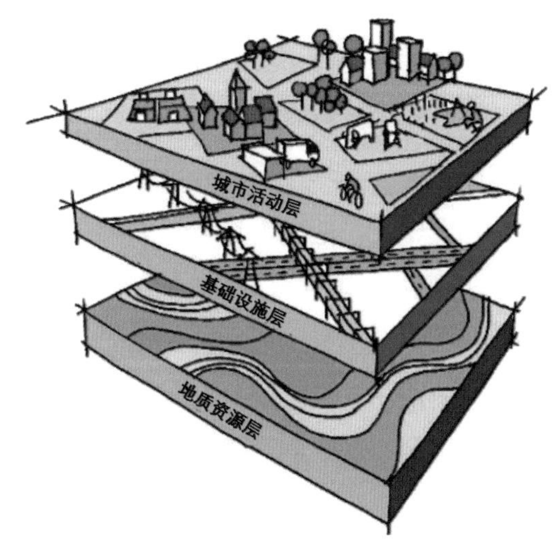

图1　地下空间分层示意图

2　地下空间发展面临的挑战

2.1　地下空间的不可见性

与地上空间不同，地下空间的不可见性限制了城市规划者或城市居民对于地下空间的了解和重视。一般情况下，人们将有利的地下空间建设条件视为理所当然的，一旦出现不利条件甚至地质灾害时，人们才会对地下空间予以关注，因此相比地上空间，城市地下空间的发展往往具有滞后性和不可预见性。

2.2　地下空间的复杂性

无论是城市还是更为广阔的领域，了解地下空间都不是一件容易的事情。虽然针对城市地下空间（地下几十米深度）的地质勘察工作已较为普遍，但这项工作往往针对某一具体区域、项目或特定领域，难以提供系统和全面的地下空间图景，而后者往往需要依托系统性、前瞻性、长期性的地质调查和监测工作，无论在实施难度和投入成本上都比地上空间大得多。

2.3　地下空间的动态性

城市地下空间作为人类建设活动的主要区域，往往具有较强的动态性和不可预测性。地下工程建设往往会导致地下生态地质环境的改变，而地下建设强度与深度的拓展往往又会对地下空间后续建设形成较大的制约，从而增加了地下空间规划决策的难度。因此，相比地上空间，地下空间数据信息迫切需要从二维走向三维，从单一数据源走向多元数据的融合，从大尺度静态化走向高精度动态化，以有效支撑城市地下空间的科学规划决策。

3　城市地下空间发展案例

3.1　卑尔根

（1）城市概况：卑尔根是挪威第二大城市，人口 272600 人（大都市区范围内

BERGEB

关键词：地下水监控
历史城区保护

图 2　卑尔根

401181 人），面积约 450km^2，其中 94km^2 为城市建设地区（图 2）。这座城市一部分位于坚硬的岩床上，一部分位于松软的沉积物上，后者中的人工填土厚度可达 8m。

（2）地下空间面临的挑战：松软的沉积物所带来的地质稳定性问题是卑尔根地下空间开发利用所面临的主要挑战，首当其冲的是地下轻轨的扩建和修建计划；与此同时，地下水位和水环境的变化也会加剧地下木质建构筑物的腐蚀和破坏。

（3）城市应对措施：为了防止地下水位下降对地面古迹和地下埋藏物等城市历史文化遗产的保护造成不利影响，卑尔根正在推进历史城区的地下水环境模拟工作，并就地下水变化、地下工程建设对历史建筑与考古遗迹保护的影响机制展开研究，作为长期监测工作的先行试验。同时，卑尔根市已经颁布一项临时禁令，禁止所有可能导致中世纪老城地区地下水位变化的工程建设活动。

（4）地下空间规划及制度建设：虽然卑尔根尚未针对地下水位及水环境保护制定专门的法律，但由于老城中心区作为世界文化遗产，有强有力的保护措施以及城市规划部门与历史保护部门长期紧密合作，老城地区的地下水位及水环境并未受到实际工程建设的干扰，地下历史遗迹保护环境得以较好的维持。

3.2　都柏林

（1）城市概况：都柏林是爱尔兰首都，位于爱尔兰东部沿海地区，人口 527612

图 3 都柏林

DUBLIN

关键词：地下空间地质环境「健康」

人（2011 年统计），面积 920km^2（图 3）。都柏林市中心地区广泛分布着冰碛（漂石黏土），这些冰河时期留下的沉积物厚度从几米到 20m 不等，其下则是由石灰岩和页岩组成的岩床。

（2）地下空间面临的挑战：都柏林大都市区历史上的工业活动造成了码头区、内城区和重工业区的土壤污染，特别是铅、铜、锌和汞等重金属的含量较高。另外，都柏林还面临着工程地质不稳定以及沿海洪水泛滥等问题。

（3）城市应对措施：都柏林 SURGE（城市土壤化学）项目对城市浅层土壤进行了系统的化学调查，明确了土壤中金属和有机化学物质含量上限。这些公开数据关系着每一位都柏林市民的健康，并较好地指导了土地利用规划和城市更新工作，同时通过将城市土壤化学含量与邻近农村地区土壤化学含量进行比较，能较好地跟踪和衡量人类活动对城市土壤的影响。

（4）地下空间规划及制度建设：为保障地下空间的科学有序开发，爱尔兰地质调查局长期收集都柏林市中心的地下空间数据，并建立了国家地质钻孔数据库。与此同时，都柏林推出了名为 GeoUrban 的线上地理环境信息系统，免费提供都柏林大都市区内的地质环境数据。该项目为都柏林大都市区的地下空间规划编制和基础设施建设决策提供了较好的信息基础。目前，都柏林在城市规划编制和规划审批过程中均纳入了地下空间的相关要求；地下空间开发利用前必须取得规划和开发许可证，地下基础设施和大型工程建设前必须进行详细的地质调查。

图 4　格拉斯哥

GLASGOW

关键词：利用地下空间助力城市产业转型

3.3　格拉斯哥

（1）城市概况：格拉斯哥是苏格兰最大的城市，拥有近 60 万人口，面积约 176km^2（图 4）。格拉斯哥大部分地表被厚厚的沉积物覆盖，其中工业时代的人工填土厚度可超过 10m。这些沉积物之下分布着岩床，并拥有丰富的煤炭和铁矿石资源。

（2）地下空间面临的挑战：易压缩和变形的沉积物增加了城市工程建设难度，工业时代遗留下来的污染土壤和地下水尚有待处理；地下浅层矿山巷道（岩头 30m 范围内）和深部矿井面临着坍塌及次生灾害风险。

（3）城市应对措施：英国地质调查局正在建立格拉斯哥地区的地下空间数字地图，并接手管理了一个由私人公司捐赠的钻孔数据库，其中包括 40000 多份格拉斯哥地区的钻孔记录。英国地质调查局在地下空间数据地图的基础上开发了包含沉积物和岩床信息的地下空间三维模型，并进行了广泛的土壤化学调查（包括土壤、水和沉积物）与城市地下水监测，这些数据可以通过一个叫作 ASK（Accessing Subsurface Knowledge, 地下空间信息获取）的信息交换系统免费获得。

（4）地下空间规划及制度建设：格拉斯哥是英国率先将地下空间纳入城市发展规划的城市，特别是在地下废弃矿井再利用、地下可再生能源利用等方面走在了前列。由于英国尚没有国家层面的地下空间立法，格拉斯哥地下空间数据的获取和使用主要通过协议或合同的方式从私人承包商处获得，后者将取得英国地质调查局的 3D 地下空间信息服务。随着对地下空间重视程度的日益提高，格拉斯哥市议会正基于英国地质调查局的三维数据模型制定地下空间规划指南和管理制度，这在英国尚属首例。

3.4 赫尔辛基

（1）城市概况：赫尔辛基市是芬兰首都，人口约 100 万，都市区面积 716km^2（图 5）。赫尔辛基坚硬的地下岩层环境非常适合地下空间开发利用。这些古老的基岩由片麻岩和花岗岩组成，距离地面仅 15m 左右，岩床表面相当平坦，且拥有非常稳定的地质环境。

（2）地下空间面临的挑战：赫尔辛基地区近地表软而平坦的黏土不利于地下施工建设，与此同时，赫尔辛基地区地下水位较浅，地下水位的下降（如向地下基岩的渗透）会对地下木质建（构）筑物造成很大的破坏，尤其是在老城地区。

（3）应对措施：自 1977 年以来，赫尔辛基市的岩土工程和建筑监督部门一直在监测市中心的地下水状况，每月都会对 700 处监测点的数据进行收集和分析。另外，赫尔辛基市已经进行了长达 40 年的岩土工程勘察数据积累，这些数据以标准化的国家数字格式（INFRA）保存，并向城市规划人员提供基础信息和地图服务。

（4）城市规划及制度建设：赫尔辛基是世界首个编制地下空间总体规划的城市，以有效保护地下基岩资源，保障地下重要工程项目的建设空间。赫尔辛基地下空间总体规划明确了地下主要岩洞、公用设施和交通隧道的位置、空间范围和兼容性关系，并对地下现状功能设施进行详细调查和系统分类，保障其安全运行。在地下空间实际建设中，只要不与地下空间总体规划中所示的主要地下功能相冲突，便可依审批进行地下空间开发利用活动。

HELSINKI

关键词：地下空间总体规划

图 5　赫尔辛基

3.5 奥斯陆

（1）城市概况：挪威首都奥斯陆市总人口 62.5 万，面积约 450km^2，其中城市建设区域 150km^2（图 6）。奥斯陆市位于厚度变化极大（0 ~ 100m）的沉积物上，最上层为人工填土和富含有机物的黏土，其下是冰川沉积物，最下层则分布着坚硬的岩床。

（2）地下空间面临的挑战：奥斯陆地下空间的主要问题包括地面沉降、砂土液化、地下有害气体等地质灾害因素。

（3）应对措施：奥斯陆正在不断收集分散在土地产权人和使用者手中的地下空间数据信息，以着手构建全域地质调查数据库。与此同时，为实现到 2030 年温室气体排放减少 95% 的发展目标，奥斯陆正大量投资地下空间建设，包括建设 4000 处浅层地热能源井，构建地下电力网络系统和地下可再生能源运输体系，促进地下岩土资源的循环利用等。

（4）城市规划及制度建设：奥斯陆市于 2013—2017 年制定了“地下空间计划”，以提高地下空间在城市规划和城市可持续发展中的作用。参与该项目的政府部门包括文化遗产管理办公室、城市环境保护部门、城市更新和产权管理部门、城市规划和建设部门、城市水务部门。为加强地下水环境稳定性，2017 年，挪威水资源和能源局（NVE）对《挪威水资源法》进行了修改，加强了与地下水位和水环境保护相关的规定。这些修订较好地避免了地下工程建设对地下水流的干扰，间接保护了土地产权人和地下空间已有建设免受邻近地下空间工程建设活动（如挖掘）的影响。

OSLO

关键词：地下空间绿色经济

图 6　奥斯陆

3.6　欧登塞

（1）城市概况：欧登塞是丹麦第三大城市，城市人口 172000 人（2014 年统计数据），市域面积 305km^2，市区面积约 80km^2（图 7）。欧登塞位于厚度变化极大（0 ~ 100m）的沉积物上，自上而下分别是人工填土、有机质黏土、冰川沉积物、坚硬而古老的岩床。

（2）地下空间面临的挑战：欧登塞的地下空间发展主要受地下水环境变化的影响。一方面，地下施工期间进行的降水处理可能会造成一些历史建筑木质桩基的腐烂和破坏；另一方面，由于欧登塞城内大部分地下水开采已经停止，城市范围内的地下水位在过去 25 年中急剧上升，一些地区地下水位已经上升了 12m，造成一些地下建（构）筑物的浸泡和失稳。

（3）应对措施：随着城市内涝问题的日益突出，利用地下空间调蓄城市水资源日益得到人们的关注，目前欧登塞正在开展一项三维水文地质环境模拟，探索地下空间、气候变化和水资源调蓄之间的关系，其中还涉及地下历史文化遗存保护、地下工程建设稳定性等相关问题的研究。

（4）城市规划及制度建设：丹麦现有法律法规已经对地下空间的相关问题进行了规定，其中丹麦《地下空间法》规定地下 250m 以下空间归国家所有，并可由国家进行地下资源的开采；地下 250m 以浅的区域则遵循私有财产不可侵犯的规定，其地下空间使用不应受到城市公共建设的影响，但自发的钻井或基础建设不在其列。目前，丹麦尚未编制针对地下空间的“总体规划”或“详细规划”。

ODENSE

关键词：地下空间与城市水资源调蓄

图 7　欧登塞

ROTTERDAM

关键词：提升地下空间认识与规划管控

图 8　鹿特丹

3.7　鹿特丹

（1）城市概况：鹿特丹市是荷兰第二大城市，也是欧洲最大的港口和工业综合体（图 8）。鹿特丹城区地势平坦，大部分地区位于海平面以下，需要通过不断地抽水以保持填海圩区（指低洼易涝地区）的干燥。

（2）地下空间面临的挑战：鹿特丹地下空间的应用十分广泛，包括：运输隧道（地铁和道路）、污水处理及其他市政基础设施、地下管线、建筑地基和地下室、浅层和深层地热能利用设施、石油和天然气提取设施等。但由于鹿特丹城区的地下水位较高，其中地下潜水水位仅仅低于地面 1m，地下 10 ～ 15m 分布着较为敏感的承压水隔水层，局部地区的地表标高甚至低于深层地下水的水头，导致地下水渗流常有发生。较高的地下水位给鹿特丹城市地下空间发展带来了诸多挑战，主要表现在以下几个方面：

1）较高的地下水位容易影响城市道路的施工建设，并导致地下空间的积水。

2）地下水位的下降易导致历史建筑的木质地基氧化腐烂。

3）非桩基建筑物的建设容易压缩地表与地下水位之间的距离，并导致地下水问题。

4）工业与商业活动带来的地下水污染问题。

（3）城市应对措施：为了加强对地下水位及水质的有效监测与控制，保障地下历史遗存，保护环境的稳定性，防范地面沉降、塌陷等一系列工程地质灾害风险，鹿特丹市非常重视地下空间数据平台的建设和信息整合工作。目前，鹿特丹市政府已经掌握了全市约 2000 多个地下水监测井的数据，并构建了一个大型的地表土层和含水层信息数据库，数据信息包括土壤成分、地面和地下水水质、地层活动情况、地下挖掘情况、土壤调查和修复情况等，这些数据可以通过 GIS 平台进行查阅和共享。更深层的地下空间情况则可以通过石油公司钻井和地震监测数据获得。

（4）地下空间规划及制度建设：随着地下空间认知程度的提升，城市地下空间规划措施已不局限于地下历史遗存保护或土壤污染治理等法律强制性要求，而是拓展到城市空间的三维立体布局和城市功能的完善；针对地下水及岩土特性的调查也从项目层面拓展到城市整合区域，成为城市地下空间规划决策的重要支撑。目前，鹿特丹市已经设立了一个专门的委员会负责制定地下空间综合目标和发展愿景（integrated structural vision for the subsurface），这项计划通过全面地分析和评估地下空间资源环境和发展需求，明确地下空间开发利用的优先次序，以代替过去“先到先得”的无序开发模式，从而实现地下空间资源的可持续利用。

在地下空间的部门管理方面，荷兰根据地下空间埋深的不同对地下空间管理职能进行了切分，其中深层地下空间（一般在地下 100m 以下）由荷兰经济发展部门负责管理，而浅层地下空间则归省、市政府和水务部门共同管理。

3.8　诺维萨德

（1）城市概况：诺维萨德是塞尔维亚第二大城市，位于多瑙河畔，城市大部分地区位于河流左岸，地表由广袤的冲积平原和冲积阶地组成，其最宽处可达 10km（图 9）。诺维萨德市作为多瑙河畔重要的交通枢纽城市（公路、铁路、水路），横跨多瑙河的桥梁和隧道(包括2条公路和1条铁路)是城市关键的基础设施,其中相当一部分线路建在地下。

NOVISAD

关键词：地下基础设施网络

图 9　诺维萨德

（2）地下空间面临的挑战：为应对洪水风险，诺维萨德市区被人工垫高了近3m，这导致了地下自然渗水的阻隔以及城市内涝风险的提升。此外，较高的地下水位一直困扰着诺维萨德市的城市发展，诺维萨德市政府非常重视对地下水位的监测，并开展各项雨洪控制、城市供水、排污等工程建设。

（3）城市应对措施：为加强地下水管理，保障地下空间工程建设安全，诺维萨德市政府从 1953 年便开始监测地下水位变化，并将地下水位数据纳入城市综合地理信息系统数据库，可供社会公众使用。与此同时，为保障地下城市水源的供应（诺维萨德市自 1965 年以来就主要依靠地下水作为城市饮水源，地下水源主要位于地下 20m 左右的含水层），诺维萨德市对地下供水管网进行延伸，形成了 16km 长、涉及 4 个竖向层次的地下供水网络，在提升城市供水能力的同时也缓解了较高的地下水位对地下空间建设的制约。

（4）地下空间规划及制度建设：浅层地下水水位的变化、浅层含水层的保护、内涝风险的防范仍然是诺维萨德市地下空间发展的重点考虑方面。与此同时，地下基础设施建设、地下开发利用、地下生态环境保护的空间协调问题也是诺维萨德市地下空间规划工作的主要挑战。为进一步加强对不同工程和建设项目（桥梁基础、排水方案、防洪、渠道等）及大量岩土 / 水文地质数据信息的整合，诺维萨德市政府与公共机构 JP Urbanizam 的城市规划人员开展了意向名为“CROSSWATER_IPA CBC HU-SRB”的项目，致力于构建综合性的地下空间数据信息库，以辅助地下空间规划决策。目前该项目已经得到了欧盟的财政支持。

3.9 南特

（1）城市概况：南特是法国第六大城市，位于卢瓦尔河与埃尔德雷河、赛夫尔河的交汇处。南特都市区地貌平缓，城市下垫面被人工填土垫高以满足交通网络建设的需要，在人工填土之下则是河流冲积物以及古老的基岩（图 10）。

（2）地下空间面临的挑战：南特市由于紧邻河流，地面沉降和软土是城市建设的主要挑战，并容易造成老城内历史建筑的破坏。与此同时，南特市的地下水位整体较高，需要借助排水和抽水才能进行地下工程建设（例如停车场）。

（3）城市应对措施：南特市拉维尔科学技术研究所对土壤和地下水进行了广泛的监测，并提供丰富的数据信息，包括土壤中的金属含量、城市建设对地下水的影响、

图 10　南特

NANTES

关键词：地下空间环境保护与修复

垃圾填埋场对地下空间环境的影响、土壤渗水情况、地下污染物含量、雨水管理（污水沟、洼地和蓄水池）对土壤的影响（包括污染物的截留）等，根据这些信息将适时制定应对计划。

（4）地下空间规划及制度建设：南特市现状地下空间利用以地下停车、地下基础设施、地下雨洪调蓄设施等为主，未来地下空间还将在控制城市蔓延、促进城市空间集约利用方面发挥更大的作用，涉及的主要工作包括但不限于垃圾填埋场周边土壤环境的修复、土壤质量管理、地下考古遗迹保护、文物勘探与挖掘、地下基础设施运营与维护、更加积极的地下历史遗迹保护等。

3.10　汉堡

（1）城市概况：汉堡是德国第二大城市，人口 170 万，面积 755km^2（图 11）。汉堡及其周边地区以第四纪沉积物（砂、粉土、黏土）为主。由于悠久的工业化历史，汉堡市受工业污染的地区（土壤和 / 或地下水污染）超过 4000 个。

（2）地下空间面临的挑战：由于汉堡市的城市公共供水完全依赖地下水，汉堡市必须通过广泛的城市地下水监测以确保地下水源环境得到较好的保护。几年前，汉堡市政府逐渐认识到，这一地下水监测网络过于庞大而缺乏针对性，导致维护成本过高。

（3）城市应对措施：汉堡市对地下水监测网络进行了简化，将 4000 多个监测点减少到 646 个，并依靠高质量的监测数据构建了高分辨率的三维地质建模，辅助地下水环境模拟以及规划决策的制定。

HAMBURG

关键词：地下空间信息调查与三维建模

图 11　汉堡

（4）地下空间规划及制度：为了获取尽可能充分的地下空间数据信息，德国环境和能源部在开展地质调查工作并汇总官方钻孔数据的同时，也进一步完善钻孔数据标准，不断吸纳私人钻孔数据。根据法律规定，任何新产生的钻孔数据都应提交给政府当局，并采用标准化的编码。借助于大量的地质钻孔数据，汉堡市已经构建了详尽、开放的地质调查钻孔数据库（通过互联网进行共享），并在此基础上进行地下空间三维模型开发，辅助城市地下空间规划决策和问题应对。

3.11　拉科鲁尼亚

（1）城市概况：拉科鲁尼亚市是西班牙西北部加利西亚自治区的主要城市之一，坐落在天然半岛的端头，位于坚硬的岩石地基之上，并拥有广阔的海岸线。由于临近海域，城市的发展空间受到了一定的制约（图 12）。

（2）地下空间面临的挑战：影响拉科鲁尼亚市的主要地质因素包括较高的地下水水位、临近海域以及干涸的山谷对城市发展空间的影响。

（3）城市应对措施：拉科鲁尼亚市的地质数据主要来源于西班牙国家地质勘探部门 (IGMN) 的地图。

（4）地下空间规划及制度：拉科鲁尼亚市区的城市总体规划于 2013 年获得批准，该规划提出通过完善地下基础设施网络以提高城市韧性。与地下空间有关的另一个重要问题是地下历史遗存的保护，地下工程建设须在施工或土方工程之前进行考古勘探并采取必要的预防措施，这些地区主要集中在老城、鱼市和城堡区域。

A CORUÑA

关键词：地下水与历史城区保护研究

图 12　拉科鲁尼亚

3.12　卢布尔雅那

（1）城市概况：卢布尔雅那市是斯洛文尼亚的首都和最大城市，位于斯洛文尼亚中心（图 13）。卢布尔雅那市的大部分地区都建在河流或湖泊沉积物上，并位于三个地震活动断裂带之间的过渡地带。

（2）地下空间面临的挑战：地震活动断裂带对卢布尔雅那市人口稠密的城区构成了威胁。同时，卢布尔雅那市的地下含水层储存了大量的地下水资源并用于城市供水。为降低地下水环境的污染风险，该市设立了地下水源保护区，但该项措施也对城市发展形成了一定的制约作用。

（3）地下空间规划及制度：卢布尔雅那市于 2010 年制定了城市空间规划，明确

LJUBLJANA

关键词：浅层地下水资源保护

图 13　卢布尔雅那

了地下空间的主要发展目标，并在宏观城市空间布局方面考虑了地下含水层的保护要求，这在一定程度上保障了地下水资源的安全。

4 启示与借鉴

通过比较 12 座城市的地下空间发展概况、挑战和应对，可以看到通过更加详尽的技术手段“透视地下”，加强地下生态地质环境与城市建设活动的协调互动，从更加立体、有机、动态的视角审视城市空间发展，是每一座城市多元化发展图景背后的共通之处。随着我国国土空间规划体系的建立，地下空间也从工程建设主导转向生态优先和复合化发展，透过 12 座城市的地下空间发展经验，有以下几个方面可作为我国城市地下空间发展的借鉴之处。

4.1 建立规划与地质专业的协作机制，提升地下空间整体认知

由于地下空间埋藏于地下的特点，城市规划者对于地下空间的认知相比地上空间往往更为有限；对于地质专业人员而言，城市地下空间尤其是浅层地下空间由于受到诸多城市建设活动的影响而具有较强的人工干预特点，往往并不作为惯常的地质工作重心范畴。因此，相对于城市规划者和地质专业人员而言，城市地下空间往往形成了一个共同的盲区，但却承担着越来越多的城市功能发展和空间拓展职能。破解这一问题的重要途径之一，就是建立城市规划与地质专业的协作机制，一方面要结合城市规划需求开展针对性的城市地质调查和评估工作；另一方面，地质专业信息要及时转化为规划语言和三维图面表达，以更好地纳入前期的规划决策和目标制定中。这种协作机制不仅限于专业之间的沟通、目标制定、信息共享等，还可以进一步扩大到城市决策者和一般公众中去，以加强社会各界对于城市地下空间的整体认知，促进地下空间更好地融入城市空间发展之中（图 14）。

4.2 开展持续性的地质调查工作，重视地下水文环境的变化和影响

作为地下空间规划决策的重要依据，地质调查信息不仅需要在空间信息方面足够准确，同时也要在时序上具有一定的前瞻性和持续性，以确保规划决策过程中能有足

图 14　城市规划师和地下空间领域专家聚在一起解决一个问题

够的地质数据及其空间信息以提供支撑。在欧洲十二城中，汉堡市和格拉斯哥市不仅开展了市域层面的地质调查工作，并将各类工程勘察以及私人钻孔信息进行了整合，形成综合性、可共享的城市地下空间数据信息平台，为城市规划和各类工程建设提供充分的信息支撑。在城市地质调查工作中，对浅层地下空间影响最为明显的要素之一是地下水文环境，主要涉及地下水位变化、承压含水层埋深、地下水质情况等。由于地下水文环境具有较强的动态性，需要通过地下水文监测网络进行持续性监测，以把握城市建设活动对地下水环境的影响及其反作用带来的工程安全风险，并适时作出相应的规划决策和应对措施（图 15）。

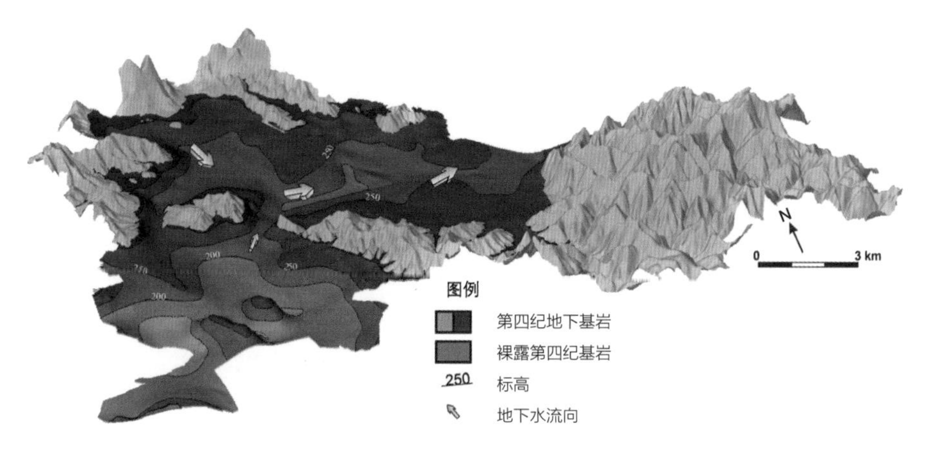

图 15　三维水文地质模型

4.3 加强地下空间资源管控，发挥规划的资源配置作用

随着城市空间资源的日益紧缺，地下空间在城市规划发展中发挥着日益重要的作用。但由于地下空间建设往往具有较强的不可逆性，传统“先到先得”的放任式发展模式不仅难以保障地下空间资源的高效利用，甚至容易造成地下空间资源的浪费和高昂的工程改造成本。因此，从城市整体层面编制地下空间总体规划，对地下空间资源进行科学合理的管控，协调私人开发与公共建设的关系，成为欧洲各国城市地下空间发展的共识（图 16）。其中政府部门凭借其资源统筹优势，在地下空间基础信息的获取与整合、地下空间规划的编制、地下空间资源的管控和预留、地下基础设施规划建设、地下开发项目审批等方面发挥着主导作用。相比来看，北欧国家在地下空间资源管控以及地下公共设施建设等方面具有较高的水平，很大程度上取决于其城市公共管理部门的参与力度，其中芬兰赫尔辛基是第一个编制城市地下空间总体规划的欧洲城市，实现了从城市总体层面对地下优良岩石资源的管控，并为地下基础设施和重要廊道的建设留足空间。

4.4 加强地下历史文化遗产保护，关注工业遗产再利用

城市历史城区，无论是地表还是地下，往往具有丰富的历史文化遗产，这些历史

图 16　奥斯陆地下隧道之间最近处仅相隔 1.5m

图 17　使用 3D 可视化技术的格拉斯哥地下废弃矿井三维范围模拟

文化遗产及其保护要求往往会对城市发展产生显著影响。一方面，由于历史建筑的地基大部分是木制的，很容易受到地下水下降、地质沉降等因素的影响而发生腐蚀甚至损坏，因此有必要对历史文化遗产周边的城市建设活动进行必要的限制，以保障地下水环境的稳定和工程安全扰动尽可能小；另一方面，一些近现代的工业遗产以及工程设施往往又是重要的城市空间资源，在处理好土壤和水质环境的污染问题以及地质安全隐患之后，往往可以结合这些遗产独特的空间形态和所处的区位特征，选择性用于城市基础设施、文化娱乐、体育活动、旅游观览等城市服务功能，以发挥其最大社会经济效益。作为工业革命的代表性城市，格拉斯哥在处理地下土壤和水质污染、矿山不稳定风险以及矿井空间再利用等方面具有较为丰富的经验（图 17）。鹿特丹在过去的几十年里，通过发展城市旅游带动了地下工业遗产空间的再利用，并通过引入公众参与提高社会民众对地下空间的认识。

参考资料

1. Katie W, Gillian D, Diarmad C. The subsurface and urban planning in the City of Glasgow . Released 23 July 2014。

2. Venvik G, Liinamaa-Dehls A, Bjer be C. Pathways and pitfalls to better sub-urban planning [J/OL]. (2018) [2023-12-02].http: // hdl.handle .net/11250/2675469。

作者简介

赵怡婷，北京市城市规划设计研究院，高级工程师。

孟令君，北京市城市规划设计研究院，工程师。

The Dimensional City

Protection of Historical & Cultural Heritage

3 历史保护与文化传承

历史遗存的有效保护可将城市立体化发展和文脉传承相结合。历史城区往往拥有丰富的历史遗存，其中大部分位于地下空间。随着历史城区所面临的历史保护要求与民生改善需求之间的矛盾日益突出，如何协调历史保护与城市发展的关系，有效利用地下空间资源，是历史城区发展的重要议题。本章广泛参考国内外历史城区地下空间利用经验，从保护和发展的视角，系统探讨历史城区地下空间开发利用策略、与轨道交通建设相结合的地下历史遗存就地保护和展示策略，地下水环境对地下历史遗存保护的影响以及相关应对策略等，从历史文化保护的视角客观看待立体城市的建设，使保护与发展相协调。

北京老城地下空间开发利用探究

赵怡婷　吴克捷

Research on the Development and Utilization of Under Ground Space in Beijing Old City

摘　要：作为城市历史遗迹、文化古迹、人文底蕴的集中体现，北京老城既有密集的历史文化资源和严格的历史保护要求，同时也面临着发展空间不足、公共服务设施滞后、居住环境亟待改善等一系列迫切需要解决的发展问题，如何有效利用地下空间资源协调历史保护与城市更新发展的关系，是关乎北京老城可持续发展的重要议题。本文结合核心区控制性详细规划的编制，对北京老城地下空间开发利用策略进行系统研究，探讨历史保护类地区地下空间的合理利用方法，通过地下空间开发利用补足公共服务短板，释放和改善地面空间环境；另外，研究结合轨道交通建设，探讨轨道站点周边地下空间的一体化建设模式，带动站点区域的城市更新发展。本文以结合典型实践案例的实证研究为主，相关数据及结论均源自北京最新的规划编制与实践经验，以期为历史城区的可持续发展及地下空间资源的科学利用提供有益借鉴。

关键词：北京老城；历史保护地区；轨道站点周边；地下空间利用模式

1　老城地下空间利用的迫切需求

地下空间是城市重要的空间资源，在集约利用土地、缓解“大城市病”、增强城市防灾减灾能力等方面具有重要作用。北京老城地区面临地面发展空间受限、公共服务设施缺口大、基础设施陈旧等问题，有效挖掘和利用地下空间资源对推进北京老城的可持续发展具有重要意义；与此同时，老城地下空间发展也面临历史保护要求高、工程安全约束大、可利用空间不足等众多制约条件，如何有效兼顾历史保护与空间发展诉求，探索地下空间的科学合理利用模式，是北京老城地下空间高质量发展面临的重要议题。

2　老城地下空间利用现状挑战

北京老城地区的地下空间建设起步较早，早期地下空间功能以人防、设备机房和储藏为主（图1）。由于建成年代久，老城地区地下空间利用存在诸多历史遗留问题，相比其他地区更具复杂性和特殊性，具体表现为以下几个方面：

（1）地下现状建设情况复杂：老城内拥有大量的地下早期工程，这些年代久远的地下空间与新近建设的地下空间同时存在，主要分布在地下距离地表5～10m的范围内，建设密度较大，存在一定的工程安全隐患。

（2）地下文物埋藏层分布广：老城内文物保护单位密集，且拥有相当规模的已探明的和未探明的地下文物埋藏区，这些地下文物埋藏层以元代之后的历史遗存为主，主要分布在地下距离地表10m以内的范围。其中文物遗存主要分布在地下距离地表4～6m的范围内；壕沟埋深约8m；地下水井埋深可达11～12m，以上均对地下空间建设产生一定制约。

（3）街巷空间狭小，施工难度大：老城内街巷胡同相对狭窄，地下市政管线敷设空间有限，且存在不同时期的在用和废弃管线，造成地下空间施工难度较大。

（4）传统建筑保护要求高：传统历史街区以砖木结构的传统建筑为主，地下基础深度普遍较浅，后期地下空间须采取必要的加固处理以保障地面建筑安全。

（5）院落产权关系复杂：老城内的平房四合院由于历史原因，同一院落内存在多种产权形式，对院落修缮维护和更新改造带来较大的协调难度。

图 1　老城地下室示意图

3　老城地下空间利用模式

3.1　历史保护地区的地下空间利用

北京老城是全市历史文化资源最丰富的地区之一，历史文化街区、特色地区、其他成片传统平房区等各类历史保护地区占比达到 40%。历史保护地区受传统建筑形式及历史保护要求的影响，其地下空间开发利用既受到一定的客观制约，同时又面临迫切的发展诉求，结合不同的建筑形制特征与空间开发类型，地下空间往往表现出不同的建设形式与功能业态。

3.1.1　居住类四合院

对于居住类四合院，其地下空间开发利用主要满足生活辅助需求，不适于较大规模的整体建设。为保障建筑本体及相邻建筑、基础设施的工程安全，居住类四合院的地下建设范围一般不超出地上建筑基底范围，并应适当退后院落或房屋相邻边界一定距离；居住类四合院的地下建设深度一般不超过相应地上建筑高度，一般为 5 ~ 6m，地下层数不超过 1 层；地下空间功能以静态功能为主，如储藏室、阅读室等，不宜设置噪声大、影响邻里的功能，如影音室、棋牌室等（图 2）。

3.1.2　公共类四合院

公共类四合院通常兼顾多样化的社会服务功能，相比居住类四合院，其地下空间建设范围和建设深度都具有一定的灵活放宽空间。从空间需求来看，公共类四合院地下建设深度一般可达到 5 ~ 10m，但不宜超过地下 2 层；地下空间建设范围以院落为单元，在保障相邻工程安全、基础设施接入和一定实土比例的基础上，地下空间建设

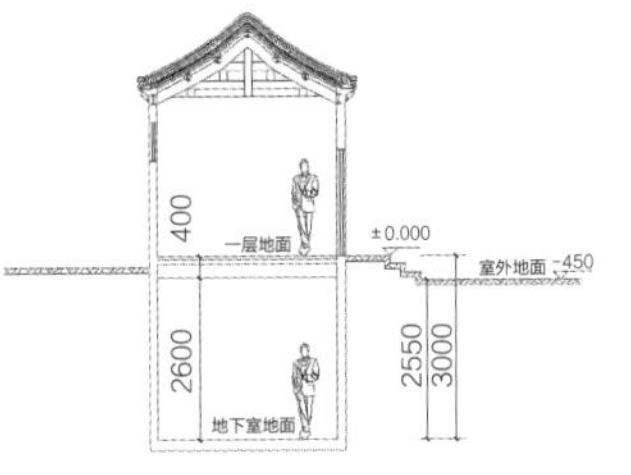

通往地下室的楼梯　庭院改造加建　地下室作为旅馆

图 2　居住类四合院地下室改造案例

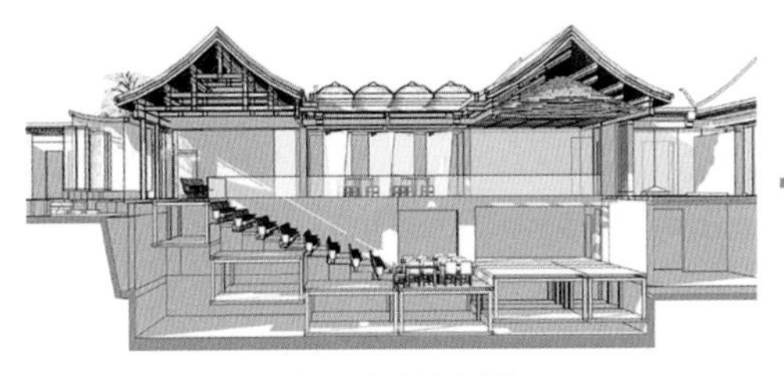

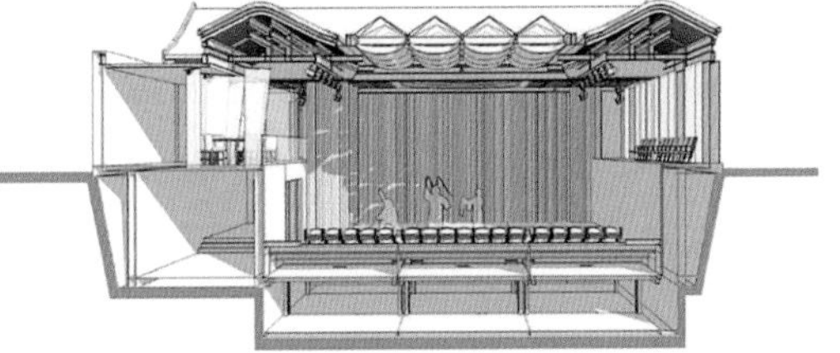

图 3　公共类四合院地下室改造案例

范围一般不超过院落面积的 50%；地下空间功能主要包括社区服务、文体活动室、共享停车、小型地下市政场站等小型公益性设施等。

如三井胡同 21 号院位于北京西城区大栅栏历史文化街区三井胡同内，用地面积 993m^2，计划改造后增设地下空间，形成为周边社区服务的公共观演场所。观演核心空间包括 180 个座位，可通过升降模块调整观众席、演出台的高度。为保证地下施工条件，地下室外边界线在一层建筑轴线基础上后退了 1.2m（图 3）。

3.1.3　传统街巷空间

老城内密集的传统街巷和胡同是传统历史风貌的重要组成部分。由于建设年代较早，传统街巷空间宽度多为 1.5 ~ 3m，其地下空间普遍存在市政设施不全、基础设施落后等问题，制约了老城地区的更新发展。随着“老城不能再拆了”等相关政策的提出，传统街巷难以通过简单的道路拓宽和路网改造缓解空间资源的不足，而需要通过更加集约的空间利用策略和技术、材料的创新，将市政管线引入胡同深处，提升历史保护地区的基础设施服务水平（图 4）。

受壁街是位于北京老城的城市次干路，道路全长约 907m，规划红线宽度 35~40m。随着道路的更新改造，利用道路地下空间新建综合管廊长约 850m，新建 4 座地下机械车库及一座综合监控中心，有效改善老城地区的市政管网服务水平，缓解了周边地区的停车压力（图 5）。

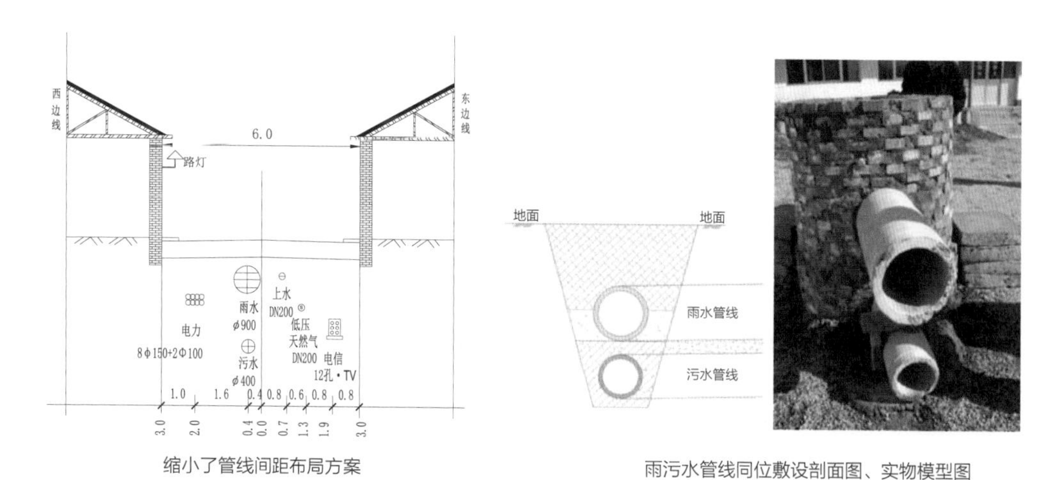

缩小了管线间距布局方案

雨污水管线同位敷设剖面图、实物模型图

图 4　胡同市政管线敷设案例

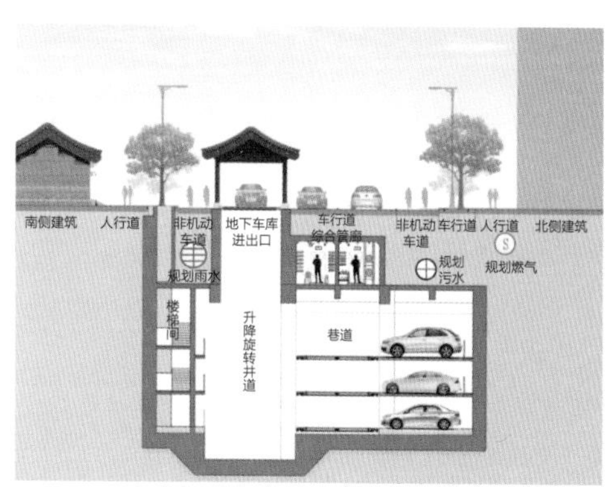

图 5　结合城市道路的立体停车场建设案例

3.1.4　成片更新改造地区的地下空间利用

老城内的一些成片更新改造地区也是地下空间开发利用的重点地区，可在项目整体实施范围内通过地上地下空间的协调发展提升城市公共环境品质。为加强地下空间的社会综合效益，更新改造地区的地下空间利用一般应兼顾城市三大设施及公益性设施建设需求，加强地下公共空间的整合建设与互连互通，鼓励与轨道站点的一体化建设。如鼓楼大街织补项目位于历史文化街区内，地面采取与历史风貌相协调的传统四合院形态，并利用地下空间建设文化设施、社会停车等城市公益性设施，较好地缓解地区停车压力和公共服务设施的不足（图 6）。

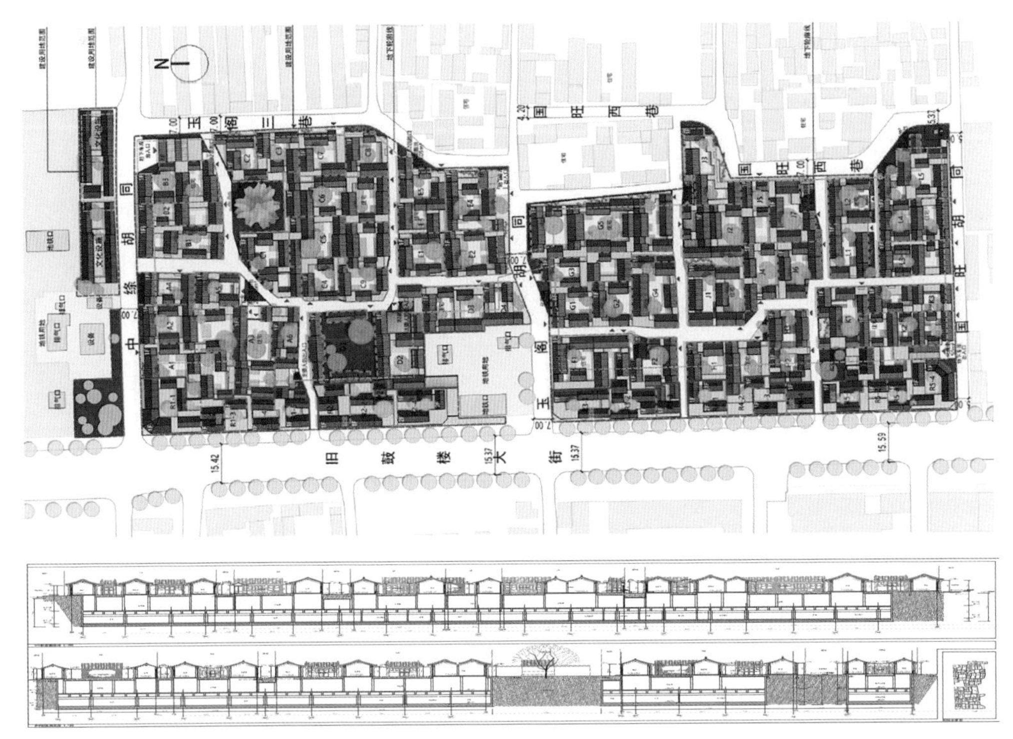

图 6　成片更新改造地区的地下空间建设案例

3.2　结合轨道站点的地下空间一体化建设

轨道交通建设是老城地下空间开发利用的重要促进因素。截至 2018 年，北京老城内的现状轨道线网密度已近 0.9km/km^2，站点 750m 半径覆盖率达到 75% 以上，至 2035 年，规划站点数量将比现状增加近 80%。结合轨道站点促进地上地下空间的一体化发展，优化站域空间整体品质，提升城市公共服务水平，是北京老城地下空间发展的重要方向。

3.2.1　结合既有站改造的城市环境提升

北京老城内的轨道建设时间较早，部分轨道站点存在空间不足和设施陈旧的问题，需要结合新的交通出行需求进行站点更新改造。在站点改造的过程中，除了站体内部的空间优化外，还涉及站前空间的改造、增加与周边用地的地下连通、完善地下过街系统、增设地下公益性设施等城市环境提升措施。如北新桥站结合机场线西延轨道工程建设，利用站点非付费通道改善地下过街条件；利用站点周边绿地地下空间增设自行车停车库、游客服务中心、邮局、社区服务中心等设施，提高公共服务设施水平；

图 7　北新桥站地下空间改造案例

加强地铁附属设施及用房地下化建设和景观消隐，增加城市公共绿化面积和公共活动空间，改善周边居民的城市生活环境（图 7）。

3.2.2　结合新建站点的地下空间一体化建设

随着老城内轨道线网的加密，新增站点建设在完善轨道交通服务水平的同时，也能带动促进城市空间的重组和城市功能的多样化，提升站点周边的综合土地效益和城市环境品质。王府井商业区是北京市级商业中心区之一，规划总建筑面积 370 万 m^2，其中地下建筑面积 110 万 m^2。规划结合地铁 8 号线工程，同步建设综合管廊，利用腾出的浅层地下空间建设地下商业街，连通两侧商业楼宇及轨道站点，形成连续的地下商业步行环境。在轨道站点客流的带动下，各商业楼宇地下空间的经济价值得到显著提升，四通八达的地下步行网络系统也为行人和游客提供了便捷舒适的步行环境和购物体验（图 8）。

3.2.3　结合轨道站点施工的地下文物展陈

北京老城内的地下文物埋藏众多，随着轨道交通的快速建设，在施工过程中挖掘到文物的现象较为频繁。为了在保证轨道交通施工的同时兼顾历史文物的保护，北京

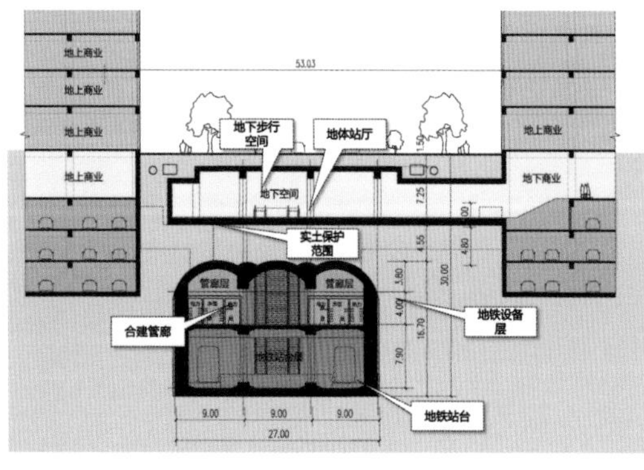

图 8　王府井商业区地下空间改造案例

图 9　王府井古人类文化遗址博物馆

老城采取了文物就地保护和展陈策略，通过工地抢救性挖掘和建设展陈设施，最大限度地保护好文物遗迹，同时通过就地展陈促进历史与现代的共融，让人们在繁忙通勤过程中，能偶尔停下脚步一瞥历史的痕迹（图 9）。

4　老城地下空间利用展望

老城作为城市历史文脉、建设强度、功能类型最为集中的地区，其地下空间既受到众多现状建设与历史保护要素的制约，同时也具有巨大的发展潜力和迫切需求。老城地下空间发展是一个复杂的系统性工程，既需要整体性规划与综合性制度建设，同时也需要从具体实践中总结经验和方法。本次研究结合老城地下空间建设实践，着重从历史保护地区更新改造、轨道交通一体化建设两个方面，探索不同地区类型和开发模式下的地下空间建设形态和功能特征，既是对实践经验的回顾与总结，同时也为未来老城地下空间规划的编制及地下空间管理制度的完善提供有益参考。

作者简介

赵怡婷，北京市城市规划设计研究院，高级工程师。

吴克捷，北京市城市规划设计研究院公共空间与公共艺术设计所所长，教授级高级工程师。

站·城视角下的地铁空间设计与历史遗存展示[1]

胡 斌 吕 元 张 健

Design of Subway Space and Display of Historical Relics from the Perspective of Station-City Integration

摘 要：地下历史遗存保护是轨道交通建设面临的重要议题。本文从地下历史遗存的特征入手，梳理出地铁建设中地下历史遗存展示现存的“地铁空间缺乏城市文脉表达，同质化现象普遍”“历史遗存保护方式单一，忽视场地文脉”两大问题，并对国内外相关先进案例进行归纳分析，提出“一体化展示利用”理念，总结出“交通枢纽站点——多元融合的新型综合体”“城市中心站点——城市文化微中心”和“一般地区站点——地域文化窗口”三种展示利用设计策略，并在适用对象、空间组织、功能布局和展陈方式等具体方面进行了探讨，希望为缓解地铁建设与地下历史遗存保护与展示的矛盾提供借鉴。

关键词：地下历史遗存；保护与展示；地铁建设

① 本文原文发表于《建筑学报》学术论文专刊第21期，略有删改。

地下历史遗存是研究城市沿革、历史文脉和传统风俗的重要依据，是众多历史文化名城的生命根基，更是部分城市有待考证和未发现史实的有力物证。近年来，城市地铁快速发展，地铁建设过程中难免遇到地下历史文化遗存，由于缺乏对地下历史遗存的就地保护方法，在地铁建设中常常难以兼顾对历史文化遗存的充分展示，错失了人们接触和了解城市历史文脉的宝贵机会，也使得地铁站点内部及周边存在景观环境和空间体验的单一化和趋同化。本文通过纵览国内外相关案例，探索与地下历史遗存就地保护和展示相结合的地铁空间设计策略，针对不同类型站点，从空间形态、功能布局和展陈方式等方面进行探讨，希望为丰富地铁空间设计、促进地下历史遗存更好地保护和展示提供借鉴。

1 地下历史遗存的特征

1.1 埋藏与分布的不确定性

相比于具有明确保护范围和建设控制地带范围的文物保护单位，地下历史遗存的范围通常难以确定，既包括大到几平方公里或以上的地下文物埋藏区，也包括小到仅为数平方米的小型器物窖藏坑。

1.2 存量巨大和不可再生

自 1993 年起，国家文物局针对规模较大、埋藏密集的地下历史遗存区域建立了地下文物埋藏区保护制度，而规模较小、埋藏不集中的地下历史遗存则主要由未定级的地下不可移动文物构成，其数量相比地下文物埋藏区更为庞大，且往往具有不可再生性。

1.3 具备与地铁一体化建设的可能性

《中华人民共和国文物保护法》第二十条规定，建设工程选址，应当尽可能避开不可移动文物；因特殊情况不能避开的，对文物保护单位应当尽可能实施原址保护。但对于未定级的地下历史遗存则未做出相关强制要求。

2 地铁建设与地下历史遗存保护的现存问题

2.1 地铁空间缺乏城市文脉表达，同质化现象普遍

地铁不仅是城市重要的公共交通设施，同时也是传播和展示城市文化的重要平台。在国内城市地铁快速建设的背景下，地铁站与城市文脉之间的关联性表达往往受制于建设工期和实施成本压力而被忽视。地铁站内的文化层面表达多沿用常规的室内设计、展陈设计方式，缺少空间场所营造，地铁空间环境同质化现象较为普遍（图 1）。

图 1　国内部分城市地铁部分站台空间对比

2.2 历史遗存保护方式单一，忽视场地文脉

当面对地铁建设过程中发现地下历史遗存的情况，目前较多采取的方式是调整地铁线路走向以避开地下历史遗存或对地下历史遗存进行异地保护，这两种方式虽能够保障地下历史遗存的安全，但也切断了历史遗存与场地环境的联系，错失了地铁空间塑造与历史遗存展陈相结合的宝贵探索（图 2、图 3）。

图 2　福州地铁屏山站发掘遗址现场
（图片来源：李熙慧，《抢救文物》）

图 3　福州地铁屏山站考古成果展
（图片来源：李熙慧，《抢救文物》）

3 地铁空间营造与地下历史遗存展示的一体化设计探索

面对地铁空间的同质化现象以及地下历史遗存保护的现存问题，如何通过空间营造的手法，在不影响地铁交通运行功能的前提下实现“站—城—历史”的融合互促，是本文将要探讨的议题。通过纵览国内外较为典型的设计案例，可以看到不同城市区域、功能类型的地铁站，在与地下历史遗存就地保护和展陈相结合时，往往具有不同的空间营造、流线组织、展陈展示特征，可以初步归纳出三种典型模式。

3.1 交通枢纽站点——多元融合的新型综合体

对于交通区位重要，且位于城市中心区域的枢纽型站点，在遇到地下历史遗存时，应在保障历史遗存安全的前提下进行轨道交通枢纽、文物展示、城市综合开发的整体建设，形成展现历史文脉特征的现代交通综合体。该模式一般从街区层面对地铁站、历史遗存发掘区、其周边空间环境进行整体设计，合理安排区域交通流线，加强站城空间融合以及地上与地下空间的整体设计，通过下沉广场、半地下遗迹展区、全地下展览馆等场所的营造，实现对城市历史文脉的就地展示，提升轨道交通与城市整体环境品质（图 4）。

在地下历史遗存展陈方式上，可以选择露天展陈或覆盖保护。当地下历史遗存埋深较浅、规模较小时，可在进行适当的修复与加固后，结合城市广场等公共空间进行原址露天展陈，如图 5 所示。对于埋深较深、规模较大或等级较高的地下历史遗存，

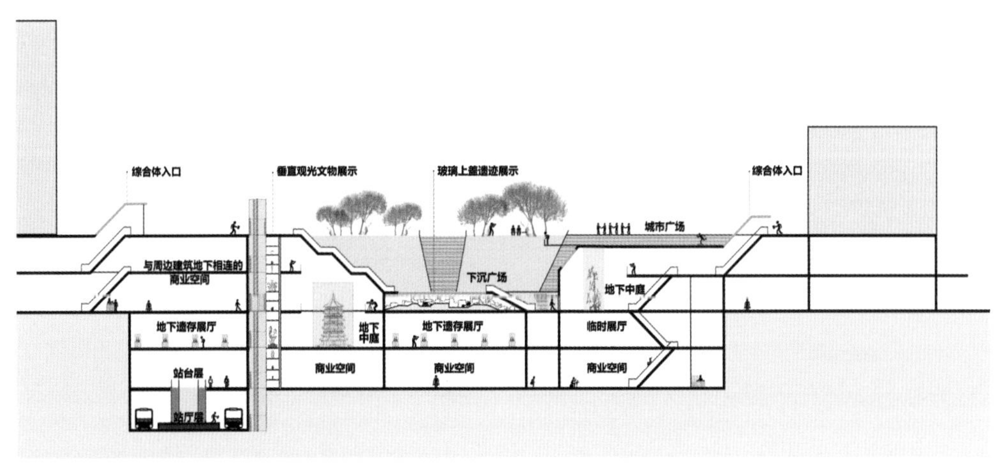

图 4 多元融合的新型城市综合体设计示意图

图 5　原址露天展陈意向图
（图片来源：西狼摄影）

图 6　建设半地下独立展厅意向图
（图片来源：西狼摄影）

可通过建设下沉广场、在地面设置玻璃上盖进行原址展示，作为城市公共空间的核心文化景观。此外，在用地条件充裕的情况下可采用厅棚展示，即建设半地下独立展厅或综合博物馆等。如保加利亚索菲亚拉尔戈下沉广场既包括露天展陈形式，也建设了半地下独立展厅，如图 6 所示。

3.2　城市中心站点——城市文化微中心

对于位于城市公共文化中心、商业中心的地铁站，在遇到地下历史遗存时，可在保障历史遗存安全的前提下通过站体与周边用地的一体化建设形成以“文化休闲 + 交通”为主题的城市微中心。当地上以城市开发为主时，可将遗存展示功能放入地下，在地下首层结合中庭设置历史遗存展区，或建设地下封闭展厅（图 7）。

在历史遗存展陈方式上，更多采用覆盖保护，即使用展示罩或厅棚展示。展示罩的设置既可在地铁一体化开发空间中使用地面保护罩展示埋深较浅的文化遗存，又可

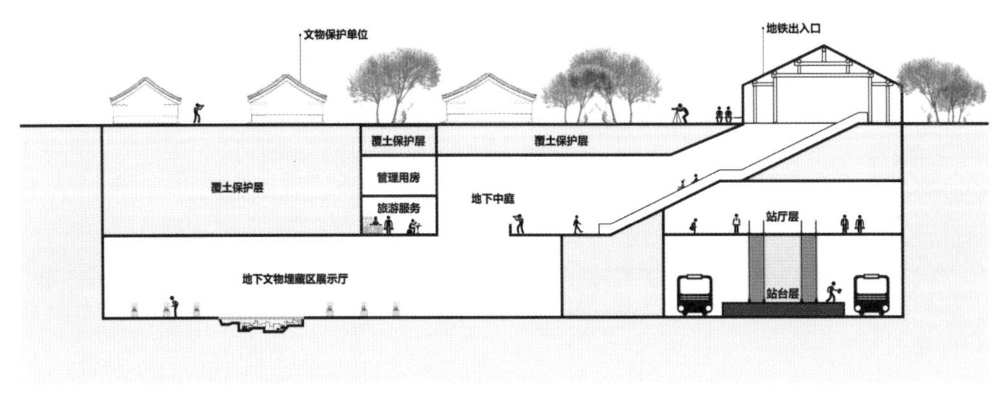

图 7　城市文化微中心设计示意图

图 8　展示罩使用意向图

图 9　厅棚展示意向图

通过中庭等开放空间设置大型展示罩展陈文物，如图 8 所示。此外，也可在地铁站周边空间设置独立展厅或综合博物馆（图 9）。

3.3　一般地区站点——地域文化窗口

对于一般地区的城市站点，在遇到小规模、局部发掘的地下遗存时，可在地铁站内部围绕发掘的遗址设计展览空间，或在地铁站内利用公共空间展陈历史遗存。此策略以地铁站本体空间为主要依托，利用界面设计、中庭空间、局部节点营造、灯光设备、视觉影像投影等方式对历史遗存及相关历史信息进行多样化展示，突出文化属性，提升空间品质。此外，地下遗存也可作为车站构造的一部分，如车站顶棚、墙体或局部构造等（图 10 ~ 图 13）。

在历史遗存展陈方式上，展示罩和厅棚展示较为普遍，能够促进地铁站内部及其周围站域空间的高效利用。在数字化时代，历史遗存展陈已不再拘泥于实体展示，通过引入数字展示技术和现代视觉影像科技，可对历史信息进行重构与再现。与此同时，通过“沉浸式”空间营造也能为观众提供互动体验。如波士顿 MIT 地铁站内的“肯德

图 10　地下中庭大型文物或遗迹展示意向图
（图片来源：网络）

图 11　灯光设计运用意向图
（图片来源：网络）

图 12　地下遗存作为车站顶棚意向图
（图片来源：网络）

图 13　地下遗存作为车站墙壁意向图
（图片来源：网络）

尔乐队” 由地铁站内悬挂在铁轨上方房顶的三件大型打击乐器组成，乘客候车时可敲击演奏，获得具有高度参与感的沉浸式体验。

4　结语

通过地铁空间营造与地下历史遗存就地保护与展陈的结合和一体化设计，可以为那些深埋于地下的人类久远的文明活动，提供了一次与现代人类碰撞的机遇。但目前我国城市地铁建设与地下遗存保护的结合设计和空间营造还受到较多的技术规范和政策制度制约，期待更灵活、操作性更强的地铁站与历史遗存保护协调机制，为实现城市、地铁、历史文脉的互促共融提供重要保障。

作者简介

胡斌，北京工业大学建筑与城市规划学院地下空间规划设计研究所所长，国家一级注册建筑师。

吕元，北京工业大学建筑与城市规划学院，副教授、硕士生导师。

张健，北京工业大学建筑与城市规划学院，教授、博士生导师。

“以水育文”
——基于地下水环境视角的历史文化遗存保护探索

孟令君　赵怡婷

"Protecting the Cultural Relics through Underground Environment Management"

—Exploring the Protection of Historical and Cultural Heritage from the Perspective of Groundwater Environment

摘　要：地下水环境对于历史文化遗存的保护起着重要作用。地下水位的变化、地下水质的污染、地下水流场的扰动等均可能对历史文化遗存的保护产生影响。然而，近年来城市建设过程不仅改变了城市地下水位和地表径流，同时也容易造成对地下历史文化遗存的侵蚀、氧化甚至破坏。本文通过3个城市案例，指出通过制定政策或采用技术措施等方式人工干预地下水环境，可有效改善地下历史遗存的保护条件。本文同时也对地下水环境工程本身的历史价值及其再利用方式进行探讨，为地下水环境调节及其与历史遗存保护的关系提供理论支撑。

关键词：地下水环境；地下历史遗存；保护与利用

《欧洲考古遗产公约》(又名《马耳他公约》，1992年)指出："考古遗产应尽量就地进行原址保护"，而全面系统地了解历史文化遗存所处的城市空间环境特征，避免不良环境因素对历史文化遗存造成的破坏，是实现历史文化遗存就地保护的必要前提。在诸多环境影响因素之中，地下水环境对历史文化遗存的就地保护起到了至关重要的作用[1]。一方面，稳定的地下水位和地下水质是维持地下历史文化遗存的先决条件，其能有效隔绝氧气对历史文化遗存带来的腐蚀和破坏；其次，针对地下水环境的人工干预措施也是维持历史文化遗存保护环境稳定，有效防范地质灾害破坏的重要途径；另外，人类历史上在改造和利用地下水环境方面所作出的诸多创新性实践，譬如地下蓄水与运输系统、地下防洪排涝系统等，也同样具有重要的历史保护和再利用价值。

1 "勘探与维护"——地下水环境对历史文化遗存保护的影响

地下水环境的稳定性对维持地下历史文化遗存的保护环境起到了至关重要的作用，特别是一些以有机物为主的历史文化遗存需要常年保持浸水和缺氧的环境以维持本体的保存[2-3]。然而，近年来城市建设过程中大面积、非透水下垫面的使用以及地下工程建设的降水措施，不仅改变了城市地下水位和地表径流，同时也容易造成地下历史文化遗存的侵蚀、氧化甚至破坏[4]。2007年，英国遗产委员会对南特维奇全镇域进行了一次系统的地下空间环境调查，这次调查以地下水环境的调查和监测为重点，研究地下水环境特征与地下历史文化遗存保护情况的内在关联，以及人类活动带来的影响。

南特维奇是一个历史悠久的产盐小镇，几乎整个镇中心区都位于3～4m高的考古沉积物之上。为了确保地下历史文化遗存的有效保护，这次调查通过钻孔取样、监测和实验室分析，对地下水环境和历史文化遗存保护状况进行了详细的研究(图1、图2)。

调查发现，河流附近100m范围内的有机遗迹保存较好，即使位于山顶上。这些地下历史文化遗存包括11—12世纪的木材结构，以及在教堂附近的浅坟墓中发现的人类遗骸，为研究城市历史提供了宝贵的依据。这些历史文化遗存之所以得到较好的保护，主要归因于其所处的浅层地质环境，即这些历史文化遗存主要位于不透水冰碛之上的沙土中，由于河水的渗透和补给，这些沙土变得饱和并形成了有利的缺氧环境，抑制了有机遗存的腐蚀，并促使这些历史文化遗存不断地沉积。

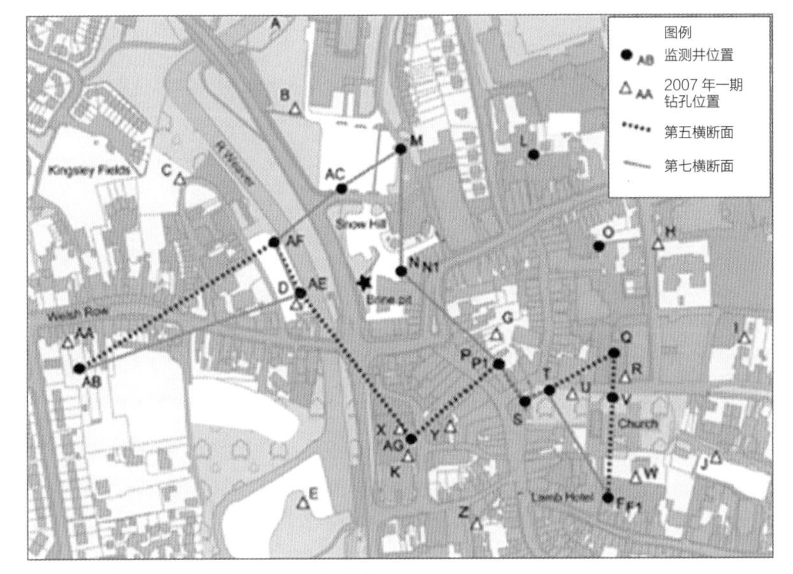

图 1　南特维奇的监测井 (dipwell) 位置 [5]

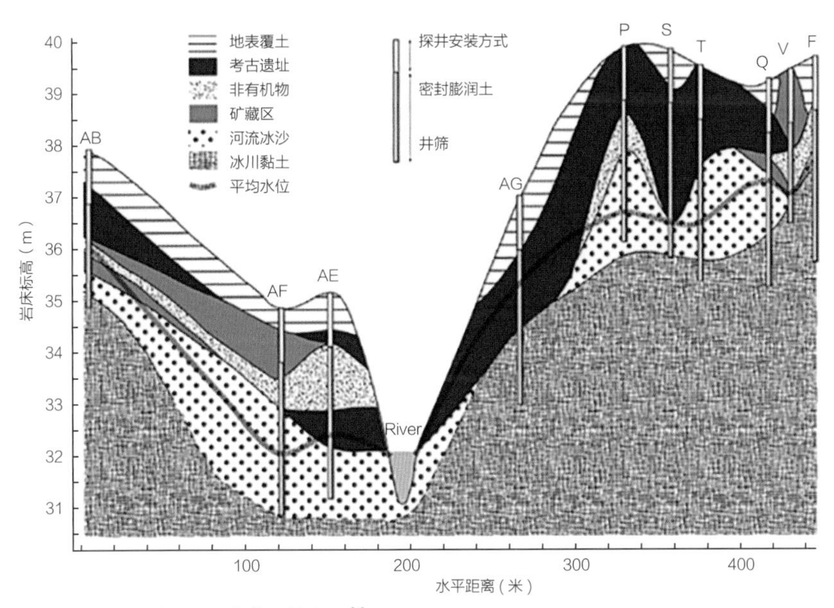

图 2　南特维奇地下沉积物第五横断面 [5]

然而，由于城市建造活动，部分地区地下历史文化遗存的保护状况并不理想。譬如在维多利亚时代为改善城市卫生条件而进行大规模铺路和排水沟修建的地区，由于雨水的自然渗透被不透水路面及排水沟阻断，引起地下水位的下降，打破了地下历史文化遗存所处的浸水缺氧环境，同时也引起了历史文化遗存的沉降。目前南特维奇已编制了一

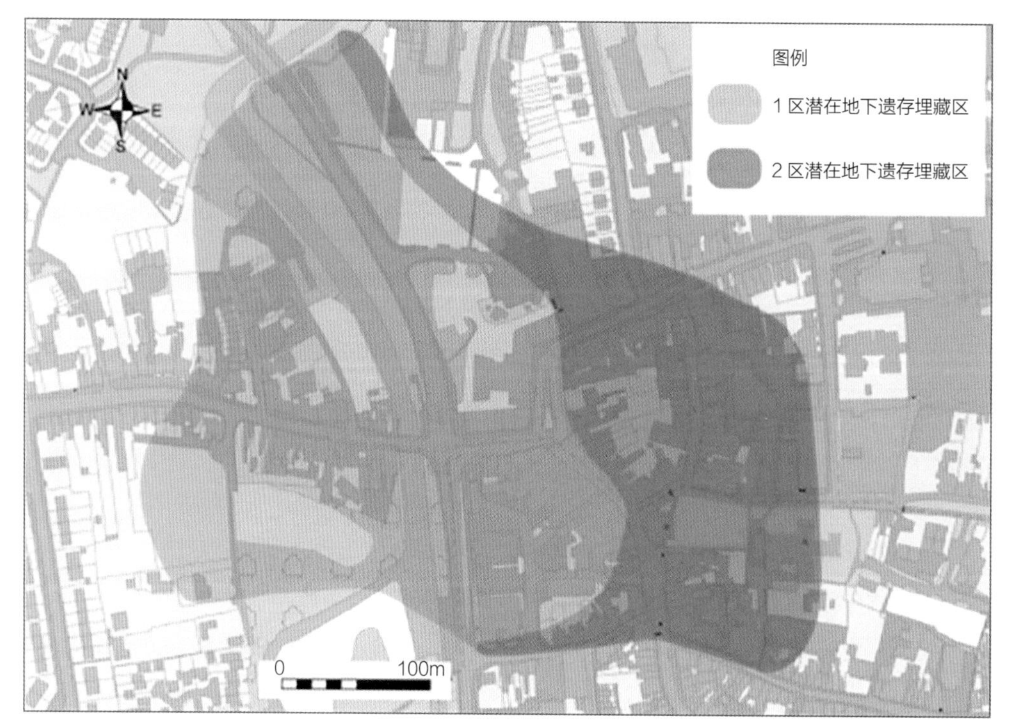

图 3　南特维奇地下历史文化遗存保护范围[5]

份规划指导文件，让城市规划师、公路工程师、排水工程师等技术人员更加关注城市建设对地下水环境和历史文化遗存保护的影响，并计划将地下历史文化遗存保护纳入城市战略规划中来，从而通过历史文化遗存的整体保护促进城市经济活力，使其成为一个吸引人居住、工作、购物和旅游的地方（图 3）。

2　“基石保障”——通过地下水环境的人工干预措施改善历史文化遗存保护的整体环境

冯德尔公园是阿姆斯特丹最大的城市公园之一，同时也是荷兰最著名的公园，每年接待超过 1000 万游客。由于建在泥泞的垃圾场，地质基础不稳定，冯德尔公园面临着严重的地面沉降问题。在过去的 150 年里，冯德尔公园以每年 1 厘米的平均速度下沉，导致地面下降了 1.5m。这一点从建在木桩上的冯德尔（Vondel）雕像上可以清楚地看到 (图 4)。

地面沉降不仅给公园自身维护和水资源管理带来了严重的问题，同时也对公园内

图 4　冯德尔雕像

木质结构房屋的稳定性带来了极大的影响。为此，荷兰政府采取了一个叫作“Slurf”的人工水循环系统，通过人工干预的方式从附近河流引水、过滤并补充入公园地下含水层，不仅缓解了公园的地面沉降，保障了地上历史文化遗存的环境安全；同时又能为公园的湖泊和草坪提供更充足的水源，促进地表水景和河流的恢复，较好地提升了整体空间环境品质。

3　“死亡与新生”——地下水环境工程的历史保护与再利用价值

城市发展的历史也是一部环境改造史，而其中水源的获取、储存和传输则是其中重要的一部分。对于水城威尼斯而言，由于四周环绕着咸水，微咸的地下水也无法直接饮用，雨水的获取和储存就尤为重要。

为了利用雨水，威尼斯人在公共广场和宫殿庭院的人行道下建造了数千个雨水蓄水池，并形成了一个独特的地下水收集系统。这些蓄水池通常建立在地下 3m 以下，呈碗状。“碗”壁约 4 英尺（约 1.2m）厚，由当地黏土制成；“碗”中央建造了一根宽大的石头“管”作为井柱（图5）；在井柱与“碗”壁之间铺满一层层清洗过的沙子、卵石和砾石，用于雨水的净化；在“黏土碗”与地面的交界处有4个可渗透的通道，并用穿孔石板盖住（图6），以将雨水引导至地下；在竖井顶部则有设计精美的井口，成为城市广场的装饰。

1884年，威尼斯引入了高架渠，使得从内陆直接输送淡水成为可能，数以千计的蓄水池完成了其历史使命。幸运的是，Bianco1858年将威尼斯蓄水池的所有历史信息记录了下来，并在150年后的今天，为地下蓄水池的重新启用和承担二次供水服务提供了可能。所有蓄水池的历史信息被输入GIS数据库[7]（图7)，并通过价值评估，选取其中部分试点开展再利用尝试。马西亚纳图书馆是试点之一，通过从图书馆建筑

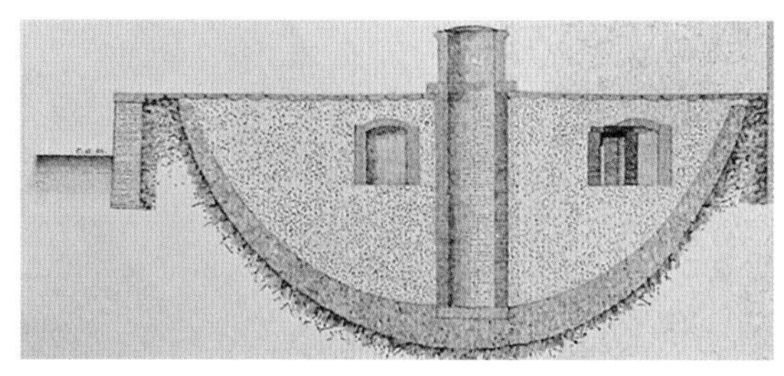

图5　威尼斯式贮水池横截面

图6　pilella是一种石头穿孔板，用来将雨水引入蓄水池[7]

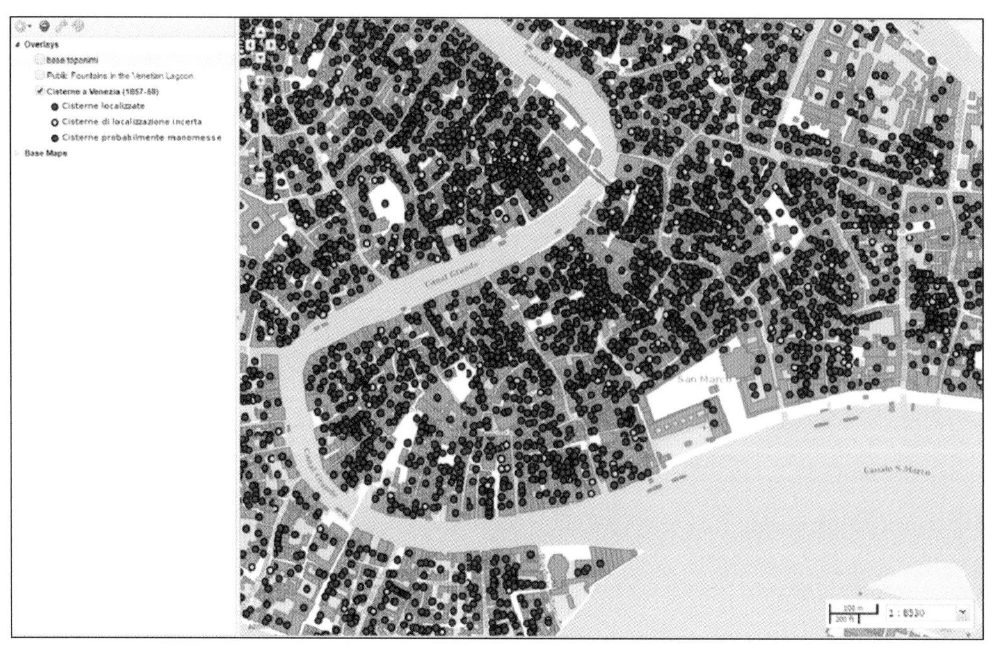

图7　Bianco绘制的贮水池分布

屋顶收集的雨水，进而利用原地下蓄水池进行雨水净化，实现了雨水的循环利用，这部分回收的雨水目前被用作中水冲洗厕所。马西亚纳图书馆试点开启了威尼斯城历史蓄水系统再利用的序幕，未来还将有更多的尝试和探索。

4 对北京的启示

4.1 开展地下空间环境与历史文化遗存保护的交叉性研究

历史文化遗存的保护不仅涉及文物本身，也涉及其所处的环境特征，尤其是地下水文环境。与地上空间环境相比，地下空间环境由于相对封闭、可视性不足、学科专业性较强等原因，在历史文化遗存保护过程中往往被忽视。近年来，随着北京城市地下空间开发利用需求和强度的不断加大，地下水环境正在不断受到人工干预和扰动，表现为地下水位的变化、地下水质的污染、地下水流场的扰动等等，这些改变对以传统木构为主的北京历史文化遗存保护到底构成怎样的影响、具体的影响程度如何，目前尚缺乏定论。因此，有必要未雨绸缪，从历史文化遗存的整体保护环境视角，开展以地下水文环境为代表的地下空间环境与历史文化遗存保护的交叉性研究，协调好地下空间开发利用与历史文化遗存保护的关系，为埋藏于地下的城市印迹营造良好的就地保护环境。

4.2 将地下空间环境调查和监测作为历史文化遗存保护的必要过程

在编制历史文化保护规划或制定历史文化遗存保护方案之前，有必要对历史文化遗存所在地区的地下空间环境进行调查和监测，系统了解地下空间环境构成、具体特征、环境稳定性及其变化情况等，并针对可能对历史文化遗存保护造成影响的地下空间环境因素及相关地下工程建设提出相应的防范和限制措施。

4.3 探索地下水利工程历史文化遗存的保护与再利用价值

北京作为一座降水量并不算充沛的历史古都，为满足城市的巨大用水需求，从建都伊始便开始筹建一套功能强大、结构缜密的水利系统。随着历史变迁，很多地上建（构）筑物或水系沟渠已经废弃或消逝，但仍有一部分留存于地下的水利工程得到了

图 8　位于北京东城区北河沿大街北口的澄清下闸遗址

较好保存，甚至仍在发挥其旧时的功能（图 8）。然而，与地上历史文化遗存保护相比，这些埋藏于地下的工程遗迹还缺乏系统性的保护和价值挖掘。希望在不远的将来，一套系统完整的地下水利网络将重见天日，向世人展现出先人们在城市环境改善和城市运营方面的智慧和不懈探索。

参考文献

[1] Beer J.A review of good practices in cultural heritage management and the use of subsurface knowledge in urban areas[R].Oslo:COST (European Cooperation in Science and Technology),2016.

[2] Harvold K, Larsen K, De Beer J,et al. Protecting the Past and Planning for the Future: Results from the project "Cultural Heritage and Water Management in Urban Planning" [J].CIENS report 1,2015:53.

[3] Boogaard F, Wentink R, Vorenhout M. et al. Implementation of Sustainable Urban Drainage Systems to Preserve Cultural Heritage - Pilot Motte Montferland [J]. Conservation and Management of Archaeological Sites, 2016,18 (1-3) :328-341.

[4] Beer J, Matthiesen H, Christensson A. Quantification and Visualization of In Situ Degradation at the World Heritage Site Bryggen in Bergen, Norway [J]. Conservation and Management of Archaeological Sites, 2012,14 (1-4) :215-227.

[5] Malim T, Panter I, Swain M.The hidden heritage at Nantwich and York: Groundwater and the urban cultural sequence[J]. Quaternary International, 2015,368:5-18.

作者简介

孟令君，北京市城市规划设计研究院，工程师。

赵怡婷，北京市城市规划设计研究院，高级工程师。

The Dimensional City

Functional Coordination and
Three-dimensional Development

4 功能统筹与立体开发

功能统筹协调是立体城市发展的核心议题。城市地下空间是一个巨系统，功能设施众多、空间需求各异，城市高质量发展必须加强各类功能设施的统筹利用。本章探讨城市不同功能在不同深度的空间耦合，重点关注地下交通系统、地下市政系统、地下防灾系统、地下公共服务系统等各类功能设施的科学布局，探索各类功能设施在不同竖向深度以及不同区域的统筹模式，并针对城市重点功能区、轨道交通车站、大型交通枢纽等代表性地区，从设计、实施和评估不同时间维度，分析城市空间的立体复合利用，全方位看待立体城市从概念到实施的过程以及之后的效果，希望对类似工作具有启发。

北京商务中心区 (CBD) 地下步行系统规划实施评估与关键性问题探讨

赵怡婷　吴克捷

Evaluation and Key Issues on the Implementation of Underground Pedestrian System Plan in Beijing Business Center District (CBD)

摘　要：地下空间规划实施评估是对规划合理性的校验，也是对规划实施过程中各类影响因素的一次系统梳理和应对探讨。本文聚焦北京商务中心区（CBD）地下空间规划，探讨城市重点功能区的地下空间规划实施情况与影响因素，重点就地下空间连通与步行系统的实施效果展开量化评估与分析，并从功能使用、权属界定、管理机制等多个方面提出规划实施优化策略，为提高地下空间规划编制的科学性，完善地下空间规划实施评估方法，加强地下空间规划实施保障提供借鉴。

关键词：地下空间；步行系统；规划实施评估；实施策略

规划实施评估是科学编制规划的前提和保障，近二十年来，我国城市地下空间规划与建设可谓方兴未艾，各类地下空间规划的实施效果到底如何，我们有必要及时开展评估与总结，找到实施中的关键性问题，为合理优化规划编制方法提供依据。从 1999 年至今的 20 多年间，北京市编制了大量地下空间相关规划（图 1），其中 2005 年编制完成的《北京商务中心区（CBD）地下空间规划》，是继 2004 年《北京市中心城中心地区地下空间开发利用规划》之后编制的全面系统的重点地区地下空间详细规划。十余年过去了，北京商务中心区的建设已经从快速建设的发展期进入了成熟期，地下空间建设也取得了可喜成绩，本文就以此规划为例，以点带面，围绕地下步行系统的实施效果展开评估与分析，以期为当前地下空间详细规划编制和实施提供有益借鉴。

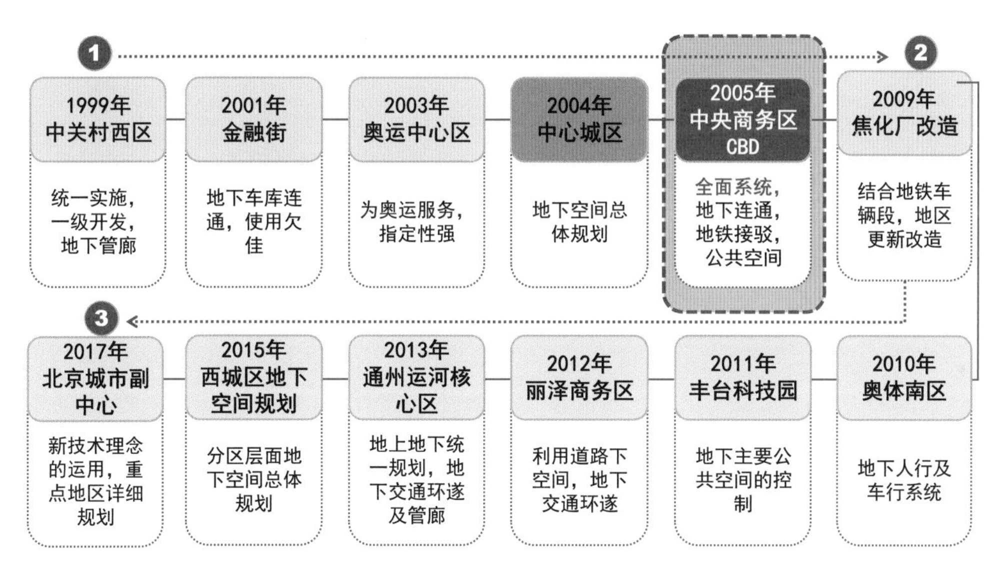

图 1　北京市地下空间相关规划编制情况示意图

1　规划编制概况

北京商务中心区商务设施的建设从 20 世纪 80 年代开始，至 2004 年底，已有开发项目 38 项，总建筑面积超过 800 万 m^2，其中地下约 230 万 m^2。为进一步指导北京商务中心区内已经开工和即将开工建设项目的地下空间规划建设，2005 年编制了《北京商务中心区（CBD）地下空间规划》（以下简称《规划》）。《规划》在东三环路两侧的核心地带，将各地块的地下一层公共空间通过步行通道连接，并与地铁车站相通，

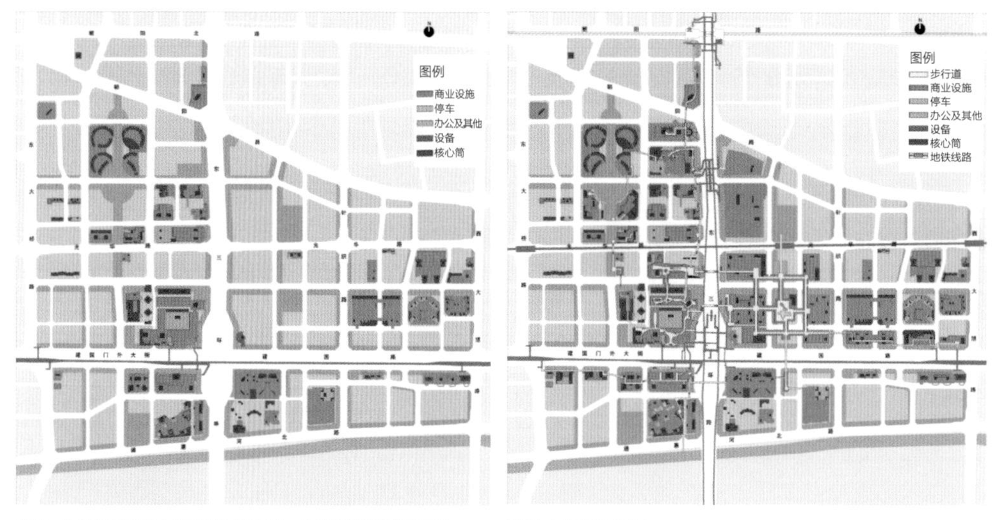

地下一层现状平面图（2002 年 12 月前，含部分方案审批项目）　　地下一层规划平面图

图 2　北京商务中心区地下空间系统规划前后比较示意图

形成一个相对完整且使用方便的地下步行系统，为人们提供一个舒适的全天候步行、购物和娱乐的环境，地下步行通道两侧规划为商业、娱乐等公共设施，以增强它的吸引力和趣味性（图 2）。

1.1　串联主要地块，形成连续的地下步行网络

北京商务中心区地下空间规划布局采用加拿大模式，通过将地下空间重点规划区域的商业设施和交通设施（如地铁站）等串联起来，形成连续的地下步行网络。根据规划，北京商务中心区地下一层主要规划为人行联络通道和商业设施，形成了总长约 10km 的地下步行系统，共连接 6 个地铁车站、5 个公交首末站，涉及用地面积约 221hm^2，基本涵盖了北京商务中心区内商务设施最集中、人流最密集、交往最频繁的区域。

1.2　结合用地权属特征，形成分类引导策略

北京商务中心区地下步行系统的建设主要涉及两种权属的用地，一种为建设项目所有（在建设用地内的通道），另一种为政府所有（城市道路、公共绿地下的通道），根据其权属类型及所在位置的不同，形成了分类规划实施指导意见：

（1）位于项目用地范围内的地下功能空间及公共通道。由开发项目承担其投资、建设和管理，通道两侧鼓励商业设施的建设，提高步行环境品质，充分发挥地下空间商业价值。

（2）位于城市次干路、支路、公共绿地下的地下连通道或地下公共空间。以道路中心线为界，由两侧的开发项目共同承担通道的投资、建设和管理，通道两侧可建设适量的商业设施以补偿前期投入的资金。

（3）跨主干路的地下过街通道。由政府组织投资、建设和管理。从安全角度考虑，除必要的附属设施外，原则上通道两侧不宜建设营利性质的设施。

1.3 绘制节点详细规划图则，引导实际建设

北京商务中心区地下空间规划结合项目实际情况，细化各建设项目范围内及公共用地下的地下连通位置、竖向、宽度、高度等各技术指标，形成详细的规划图则，制定分期建设计划，不仅有效指导各项目的具体设计和实施，同时也为未来的发展作出合理而有预见性的引导。

2 规划实施评估

2.1 地下步行系统的整体连通性分析

截至 2018 年，地下步行系统建成比例达到 60% 以上。从实施率看，项目用地范围内的地下连通实施率达到 95% 以上，项目用地范围之间的公共用地地下通道实施率约 30%。公共用地地下连通实施的不足影响了地下步行系统的整体连续性（图 3）。

2.2 地下步行系统与用地功能的关联性分析

地下步行系统与商业商务用地具有较强的空间关联性。据统计，已实施的地下步行系统中近 90% 位于商务区中商业商务用地最集中的区域，初步形成了沿东三环路、建国路两侧的地下整体公共步行与商业服务环境（图 4）。

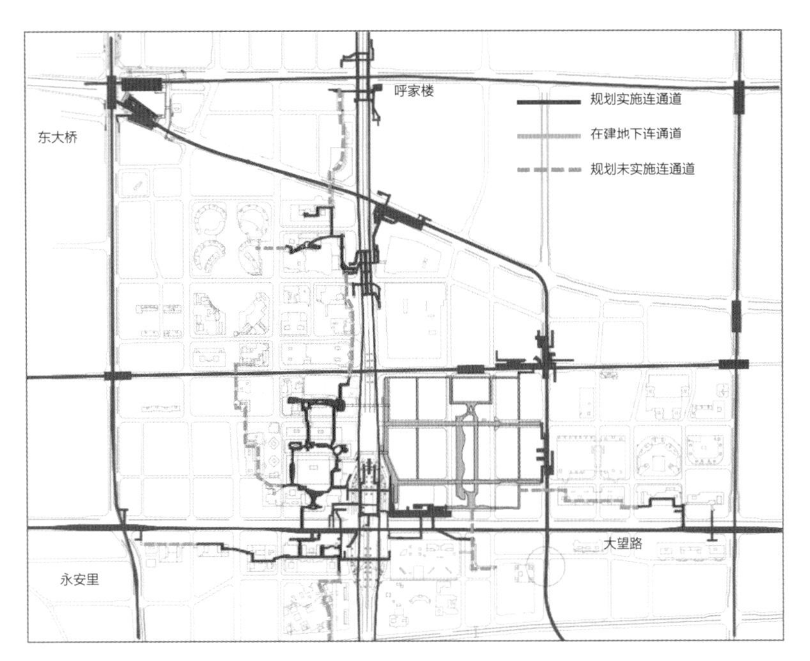

图3　地下空间连通情况示意图

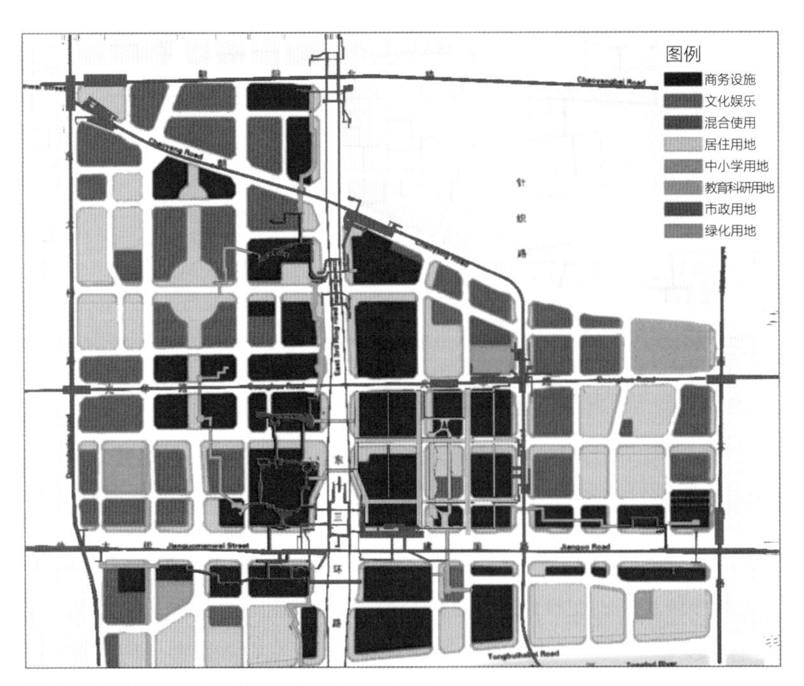

图4　地下步行系统与用地功能布局关系示意图

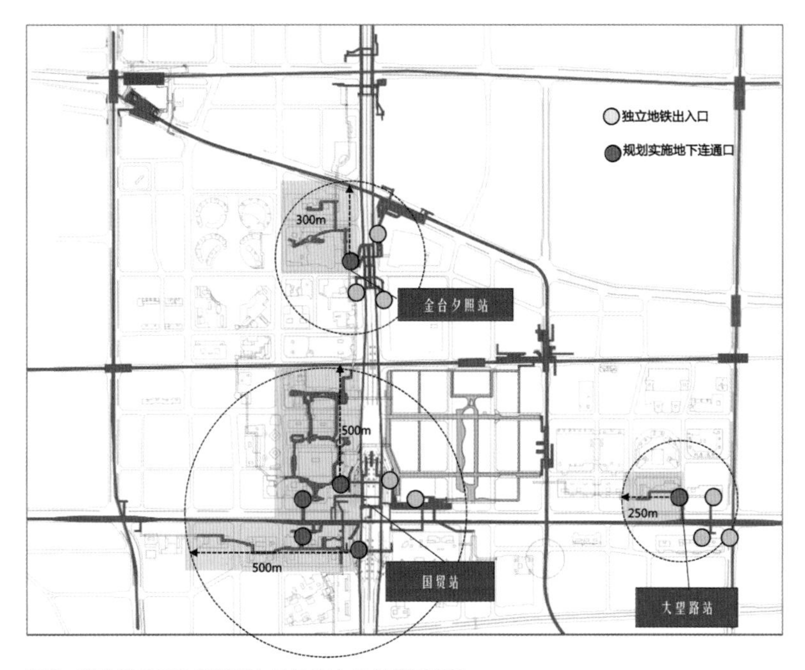

图 5　已实施地下步行通道与地铁出入口关系示意图

2.3　地下步行系统与轨道站域的关联性分析

已实施的地下步行系统主要分布在地铁出入口周围 300 ~ 500m 范围内，并与地铁站点直接连通，其中地铁换乘站周边的辐射范围可达 500m，地铁普通站周边辐射范围约 300m（图 5）。未实施的步行系统通常位于地铁站点外围的“末梢”区域，与地铁站点缺乏直接连通。

3　规划实施的关键性问题与应对策略

3.1　城市道路地下空间的规划协调

跨越城市主干道的地下连通道建设涉及与道路下各类功能设施的空间协调问题，规划协调难度大、工程建设成本高。银泰至航华地下连通道跨越东三环路，须避开轨道 10 号线区间、市政管线、桥桩等各类地下建（构）筑物，建设难度大。为推动地下连通道建设，由北京商务中心区管理委员会作为项目投资建设主体，先后会同多个相关部门就地下通道规划方案、设计方案、施工方案等组织了十几次专家论证会，协调

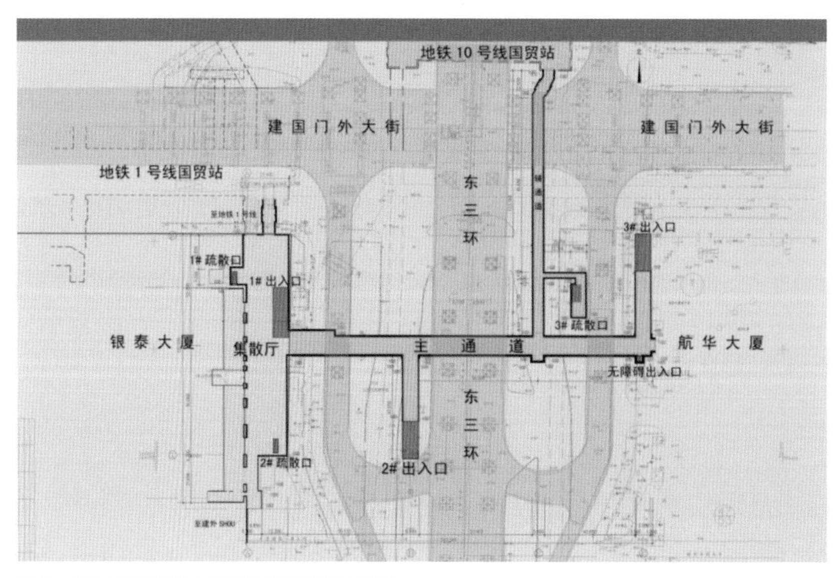

图 6　跨东三环地下人行通道工程平面示意图

通道与各类设施的空间关系，最终形成了城市主干道之下联系多座楼宇、公交首末站、地铁出入口的地下过街系统，有效缓解地面交通空间压力与人车矛盾（图 6）。

3.2　与轨道交通的协调发展

轨道接驳通道是地下连通的重要推动因素，然而由于缺乏轨道交通与地下空间的一体化规划引导，轨道站点在规划建设中难以提前预留与周边地下空间的连通及一体化建设条件，导致后期连通难度大、实施成本高。为改善站点与周边地下空间的接驳条件，《规划》以点带面，结合既有站点和项目用地改造，加强轨道交通与用地的一体化建设，其中比较典型的是地铁国贸站结合周边地块改造契机增设地下换乘中庭，实现地铁站点与周边地下空间的无缝连接，提高换乘空间的舒适性，创造舒适安全的地下公共空间环境（图 7）。

图 7　国贸地铁换乘大厅效果图

3.3 公共绿地地下空间利用

项目地块之间的地下连通道建设往往受两侧项目地块连通意愿、连通条件及建设时序等外部条件的制约，建设实施周期长。为提高地下连通的实施效率，北京商务中心区在商业楼宇较为集中的区域改变地块之间简单串联的模式，探索结合公共绿化带建设连续的地下公共步行通道，通道沿线预留与项目地块的连通接口，并与地铁站点连通，较好地保障了地下步行系统的连续性和实施效率，目前相关规划研究尚在推进过程中。

3.4 公共用地地下空间的统筹建设

集中新建地区往往有条件开展地下空间的整体规划建设。为促进北京商务中心区核心区地下空间的高效集约利用，由北京商务中心区管委会主导，对区域内公共用地地下空间进行统筹部署，结合公共绿地与城市道路建设大型地下综合体与立体环廊，统筹各类公共设施的竖向分层布局，并与开发地块预留接口，形成公共先行、整体实施的地下空间整体开发模式（图 8）。

图 8　CBD 核心地区地下空间统筹建设示意图

4　地下空间发展启示与展望

地下步行系统的规划实施是一个综合性工程，既有规划技术层面的空间统筹与精细化设计，也需要从立法、管理、政策等层面寻求突破。通过北京商务中心区地下步行系统规划的实施评估与经验总结，可以得到以下启示，以期为未来城市地下空间发展提供参考。

4.1　完善地下空间与轨道交通的规划衔接机制

建议在轨道线网规划阶段开展地铁沿线土地资源梳理，明确一体化站点及开发模式；车站初步设计阶段应开展车站周边一体化设计，特别是加强一般轨道站点周边300m、换乘轨道站点周边500m范围内的地下步行系统建设，并将设计成果融入轨道和地下空间规划方案中，为轨道交通与地下空间的协调发展提供规划技术支撑。

4.2　加强公共用地地下空间的统筹规划建设

建议由政府部门作为绿地、道路等公共用地地下空间的产权和建设实施主体，统筹公共用地地下空间布局与各类设施的空间关系，构建高效集约的地下公共空间与功能设施系统，并预留与开发地块的连通接口。在政府持有产权的前提下，政府可委托社会主体负责公共用地地下空间的投资、建设与运营，提高地下空间的社会经济效益。

4.3　允许地下连通道设置一定比例的经营性空间

建议公共用地下的地下连通道在满足通行要求的基础上，可设置一定比例的配套经营空间，提升地下连通道的经济效益及环境品质。为保障地下连通道的基本通行功能，地下连通道配建经营性空间宜设置合理的规模上限①，以保障地下连通道的公共优先使用。

① 根据日本经验，地下街内商铺、公共通道、设备及其他的面积比例一般为42%、37%、21%，如日本福冈地下街总长度590m、总宽43m，其中商业空间面积占42%。

4.4 完善地下连通建设的资金补助政策

地下连通建设面临建设成本较大、直接经济效益有限等问题，制约了社会投资建设地下连通道的积极性。为进一步鼓励地下空间的互联互通，可对规划明确的地下连通道设置专项拨款，为社会投资建设地下连通道提供一定比例的政府补助资金，缓解地下连通道建设压力（表 1）。

新加坡地下连通道建设补助表　　表 1

拨款政策	从属国家的土地	从属私人的土地	地下人行步道建筑面积	地下商业面积
2001 年	全额拨款（最高每平方米 14400 新币，约合人民币 77000 元）	50% 拨款（最高每平方米 7000 新币，约合人民币 37460 元）	不计算	大厦业主和开发商可获得属于自己步道内的商业活动区面积。 若地下的商业活动区在已有的建筑物范围外，则不算到地下总建筑面积里
2012 年（修订）	全额拨款（最高每平方米 28700 新币，约合人民币 153600 元）	50% 拨款（最高每平方米 14400 新币，约合人民币 77000 元）	不计算（包括国家和私人的土地）	最高可获得地下总建筑面积 10% 的商业经营面积奖励

作者简介

赵怡婷，北京市城市规划设计研究院，高级工程师。

吴克捷，北京市城市规划设计研究院公共空间与公共艺术设计所所长，教授级高级工程师。

多维统筹　立体营城

——站城一体化视角下的城市立体发展思考

王志刚　张　玥　赵怡婷

Multidimensional Planning and Stereoscopic Urban Management:

Research on Urban Vertical Development from Integration of Urban and Station

摘　要：随着我国城市化进入后半程，高质量发展、稳中有进、城市更新成为未来城市发展的基调，需重新审视城市拥堵、用地紧张、环境污染、无序蔓延等一系列城市问题。在此背景下，“站城一体化”迎来了新的发展和机遇，其在协调人地关系、优化沿线用地、缝合城市空间、改善城市环境方面发挥着重要作用，在国内外城市已有较为成功的实践经验。本文聚焦城市轨道交通在城市立体发展方面的促进作用，从体制机制、设计规划、管理机制、政企协调等方面提出站城一体化发展策略，旨在为城市空间重塑、品质提升、立体可持续发展提出新的思路。

关键词：站城一体化；立体发展；策略建议

1　轨道交通建设为城市空间立体发展带来新的契机

随着城市化发展，大城市、特大城市面临的交通拥堵、人口膨胀、环境恶化、资源紧张等问题越来越严重，蔓延式发展、城市割裂等城市病越来越受到关注，而通过城市空间的竖向拓展和地下空间的综合利用缓解城市发展中空间与交通的矛盾正得到越来越多的重视。特别是伴随我国大规模的轨道建设，轨道车站将大量人流带入地下，为城市空间的立体发展和地下空间综合利用带来了新的动力。

1.1　土地价值的需求

由于大城市产业、人口的聚集，产生了对大运量轨道交通的迫切需求，而在轨道交通提供便捷交通出行环境的基础上，产业和人口又会进一步聚集。根据常规经验，地面道路交通可承载的最大容积率为 6 ~ 8。而日本的大城市核心区容积率可达到 10（图 1）。因此，轨道站点周边往往具有较高的城市功能聚集度和土地价值，站域空间的立体发展是顺应土地利用规律的必然结果。

图 1　日本涩谷站复合型高密度、高强度开发
（图片来源：本文图 1 ~ 图 6、图 8 均引自《站城一体化（TOD）理论与实践》，中国建筑工业出版社 ,2020 年）

1.2 空间缝合的需要

城市主体“人”，一方面有从一个区域到另一个区域快速移动的需求，另一方面有需要在一个区域内通过步行快速直接到达目的地的需求。轨道站域地面空间往往被机动车道路所割裂，而轨道站域地下空间则具备让城市再连通（缝合）的能力，可以帮助缓解并解决道路割裂城市造成的空间功能不合理问题（图2）。

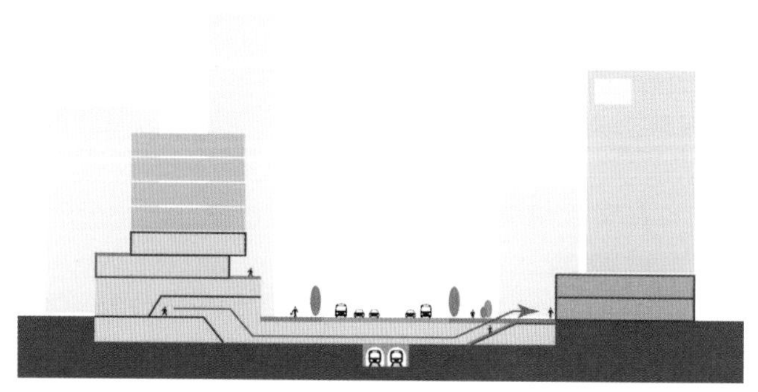
图2　地下空间缝合割裂的城市功能示意图

1.3 环境改善的需求

由于站域空间的道路、建筑物往往占据地面空间，在地面受限的情况下，充分开发地下空间，形成地下与地面连通并互动的开敞公共空间，将能很大程度地提升城市品质，为市民提供充分的活动空间（图3）。

图3　利用地下开发形成城市活力空间

2 轨道交通一体化下的城市立体发展面临的制约

轨道交通一体化建设多位于城市功能相对密集的地区，由于地上空间往往受到道路分割、规划管控和现有建成环境的影响，结合轨道站点的地下空间综合利用是实现轨道站域空间立体集约发展的重要途径。然而由于地下空间自身的封闭性，地下空间相比于地面空间难于引入日照、自然通风，其整体环境品质的维护要求更高；与此同时，常规地下空间单位面积造价是地上建筑造价的3倍，在缺乏足够经济动力和规模效益的前提下，多数地下空间开发利用仅基于基本空间需求，用作设备管理用房、停车空间等简单用途；另外，由于地下空间的综合利用必然涵盖公共和经营性空间，受地面土地及规划管理机制的影响，道路与用地地下空间采取不同的土地获得和管理模式，导致两者在管理主体、利用模式和实施时序上难以一致，地下空间被迫割裂，难以实现系统性、整体性利用。

因此，加强轨道交通站域空间的立体发展，既需要技术层面的地下地上空间统筹、公共空间优化设计、工程建设协调等内容，也需要从体制机制方面进行顶层设计，从土地、规划、实施、管理等多个层面探索适宜于城市立体发展的政策保障机制，实现站域范围内各类空间资源要素的统筹协调，发挥站域空间的综合效益。

3 打破“红线”，优化用地管理机制

3.1 促进用地功能混合

轨道站域空间的立体发展必然带来用地功能在竖向层面的混合。在轨道一体化建设中，可考虑设置混合地类，进一步以指标的形式引导开发建设。如深圳前海综合交通枢纽和上盖物业地处前海深港现代服务业合作区的启动区，该开发单元在控制导则下，进一步将地块的用地性质由原先的单一性质用地调整为综合发展用地，集合居住、办公及商业等指标。根据不同配比，分为综合发展用地 (1) ~ (5) 五类用地，解放土地规划政策对站城一体化的限制。与此同时，在既定用地性质下，建筑功能的弹性使用则是用地功能混合的进一步深化和补充，包括加强结构的统一性和空间的灵活性，采取弹性的运营管理政策等（图 4）。

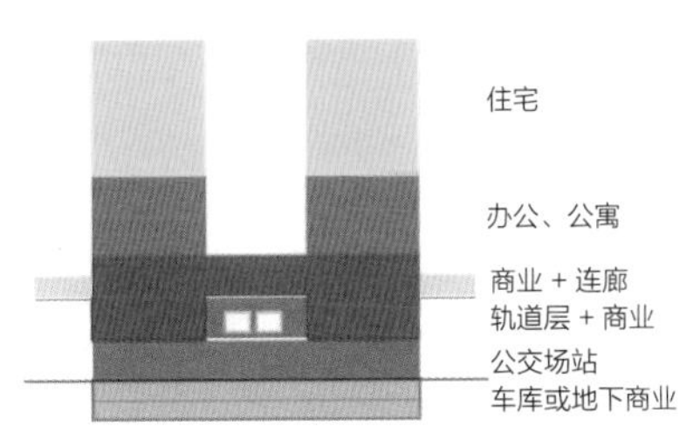

图 4 站城一体化的空间整合利用模式图

3.2 分层设立建设用地使用权

建设用地使用权的分层设置是轨道站域空间立体发展的重要保障。由于轨道站点主要位于地下，相比于地面空间，地下空间更加强调交通空间的连续性和配套功能的协调性，并在空间形态、功能业态、交通组织、经营模式等方面与地面空间具有较大的差异，需要在地上地下空间之间以及地下各竖向层次之间进行必要的权属切分。如前海综合交通枢纽和上盖物业采取“建筑功能和使用权属分层设置、同步设计、整体供地”的方式，通过立体确权，理清地下空间边界关系。枢纽建筑共有地下六层，其中上三层为轨道及交通换乘区；下三层为地下车库，设 4900 多个停车位；地上部分定位为集商业、甲级办公、国际星级酒店及服务式公寓、商务公寓于一体的超级枢纽城市综合体（图 5）。

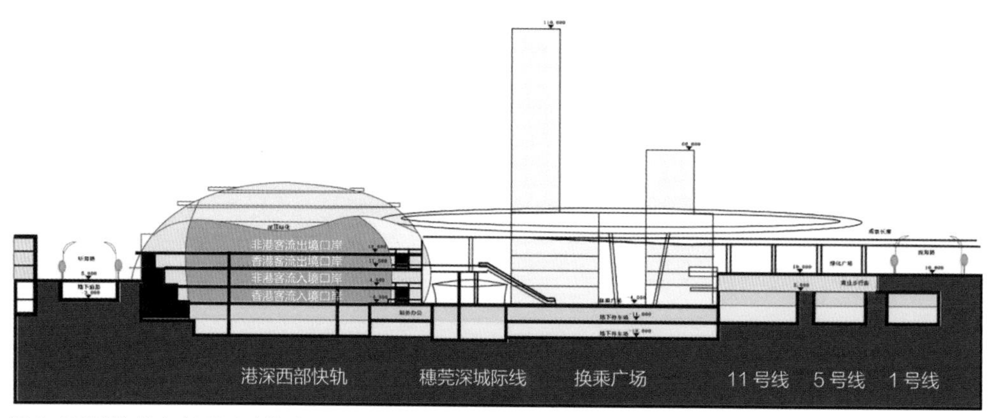

图 5　深圳前海综合交通枢纽某概念设计方案换乘大厅剖面图

3.3 统筹土地权属获得机制

轨道站域空间的综合利用既包括地下交通空间（非经营性），也必然涵盖一定的配套服务空间（经营性）。根据目前的土地政策，轨道交通、道路地下空间采取划拨方式供地，无法兼容经营性功能；轨道站域的经营性空间则必须通过“招拍挂”，在土地成本、实施周期等方面无法与轨道建设同步。因此，在土地权属获得机制方面应客观看待轨道接驳空间的综合社会效益，突破经营性与非经营性必须严格区分的体制机制壁垒，以空间使用效率和人的使用感受为出发，将轨道接驳空间作为“附着于地下交通设施且不具备独立开发条件的经营性地下空间”，通过协议方式出让给轨道公司，便于轨道与接驳空间的统筹安排和同步实施，其经营性收益也可以反哺轨道建设投资（表 1）。

各地关于可协议出让的轨道交通附属设施的表述　　表 1

城市	相关表述
上海	附着于地下交通设施等公益性项目，且不具备独立开发条件的经营性地下建设项目
深圳	附着于地下交通设施等公益性项目，且不具备独立开发条件的经营性地下空间
广州	与城市地下公共交通设施配套同步建设、不能分割实施的经营性地下空间
成都	不能独立开发利用，但因公共或功能性需求，确需与毗邻地块整合使用的地下空间
南京	与城市基础设施和公共服务设施配套同步建设且不能分割的经营性地下空间

4　缝合空间，加强立体协同设计

4.1　地上地下交通协同

合理的地上、地下慢行交通组织是站域空间活力的保障。地铁车站将大量客流带入地下，如何延伸并利用地下空间实现站与城在地上、地下的便捷连通，是实现站城一体化的关键。地上、地下的交通协同包括两大要点，一是要强化地上与地下步行体系的连续性和便捷性，使得人们方便、舒适地进出各个地块，并到达目的地，如一般认为地铁站点周边 500m 半径范围是步行适宜区域，因此在此范围内构建互联互通且业态丰富的地下空间系统；二要强化地上与地下转换节点的设置，包括位于市政路上的地下空间出入口、地铁站出入口、建筑内部的出入口等（图 6）。

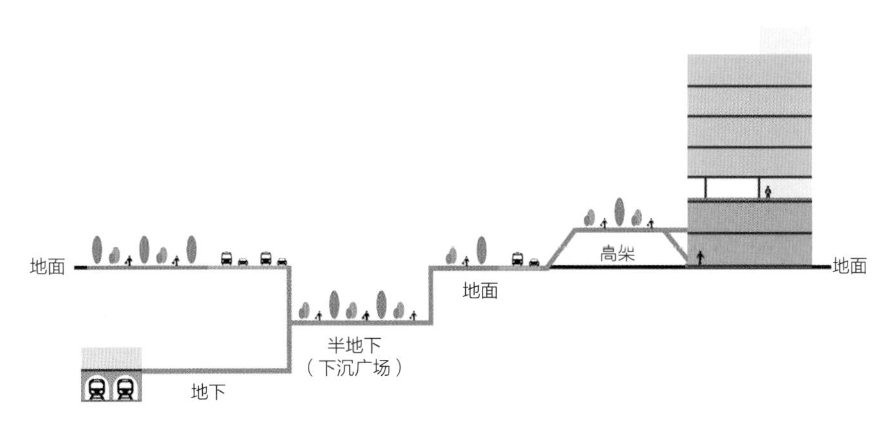

图 6　立体步行空间打造

4.2　地上地下业态协同

依托站域慢行交通网络进行有序的地下空间商业开发，可以充分吸引人流，提升站域空间活力和经济价值。地下空间开发规模和业态是基于区域整体定位、地面开发量与性质、地下通廊客流量、地块与地铁站距离、地下交通组织便利性等综合因素确定的。地下空间业态开发需要与地上空间业态统筹考虑，重点结合地上空间功能和通过客流特征来选择地下空间的业态。若地上空间业态为大型商场集群，则地下空间的使用者多为休闲娱乐人群，其业态选择应以餐饮、服饰配饰、娱乐休闲等为主；若地上空间业态为商务办公集群，则地下空间的使用者多为商务通勤人群，其业态选择应以快餐、便利店、健身等为主，满足上班人群的需求（图7）。

图7　北京CBD商务办公楼地下商业、餐饮及超市

4.3　地上、地下空间协同

站域空间需要通过地上与地下空间的协同营造，实现更具活力的复合式城市环境。地上、地下空间协同可以从空间交叉点设计、双首层设计、空间融合设计三方面来重点塑造。首先，空间交叉点设计即在地上、地下空间交叉节点处设置下沉广场、下沉庭院等，将阳光、空气和城市活力引入地下空间，打造舒适、安全、人性化的地下内部环境，并与地面无缝衔接（图8）；其次，双首层设计即地下步行街区与地面步行街区形成一体，使得地下环境地面化，具备地面一层的属性，增强地下与地面的使用频率和经济效益；最后，空间融合设计即地下街从部分建筑内部穿过，在建筑内部打造良好共享空间，实现地上、地下空间的自然融合。

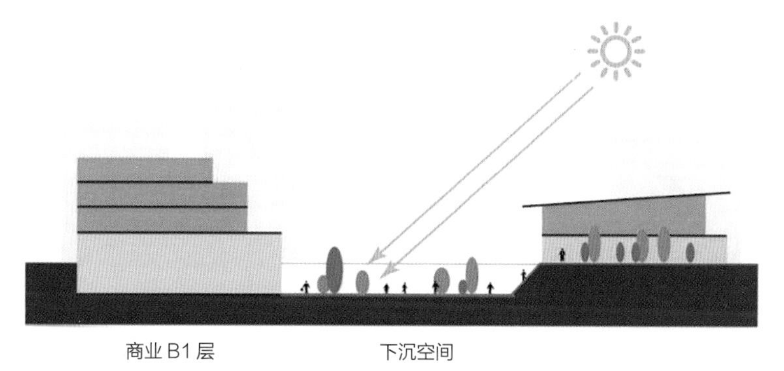

图 8　下沉广场引入自然光

4.4　地上、地下工程协同

要实现站域空间的统筹立体发展，地下 10m 以上浅层空间的各类工程协调是关键，其中需要特别关注市政管线。市政管线往往敷设在浅层空间，尤其是雨水、污水这类重力流管线，常占据 -3m 至 -8m 的地下空间。此类管线应在规划阶段提前做好协调，尽可能留出地下连通或综合开发空间，保障地下空间的整体实施（表 2）。

地下空间竖向分层利用示意表　　表 2

地下空间分层利用深度	市政道路地下空间功能建议	建设地块地下空间功能建议
浅层地下空间 地下 0 ~ 10m	地下市政管线、综合管廊支线、地下轨道接驳空间、地下过街通道、地下交通环隧等	地下公共活动、地下公共服务、地下停车、人防工程等
次浅层地下空间 地下 10 ~ 30m	地下市政干管、综合管廊干线、地下轨道交通、地下过境道路等	地下公共服务、地下停车、地下市政场站、人防工程等
次深层地下空间 地下 30 ~ 50m	地下物流运输通道、地下轨道交通等	人防工程、地下大型市政场站、地下物流仓储设施等
深层地下空间 地下 50m 以下	深层地下铁路、地下雨洪调蓄廊道等	地下战略储备、城市重要安全设施（如大型数据中心）等

5　政府主导，建立多方协调机制

5.1　建立多方协调机制

随着城市发展进入“存量”时代，轨道交通一体化建设面临的环境和利益关系更

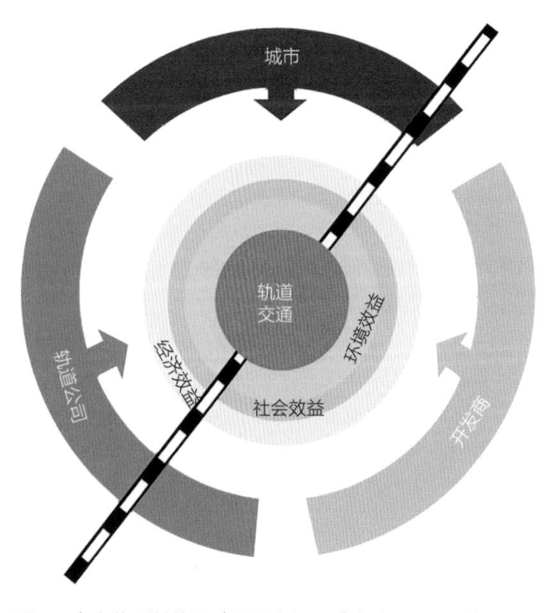

图9　多主体利益协调（图片来源：《大陆 TOD 政策法规研究及落地路径探索》）

加复杂，须发挥政府的统筹主导作用，积极牵头策划、协调、推进、监管，优先保障城市发展和公共利益；与此同时，相关政府部门、各设计方、专家顾问、开发商等共同建立联合体式的项目统筹平台，既发挥政府主导作用整体协调推动，又借助市场力量提升专业性和商业价值，实现利益共享和共赢（图9）。上海莘庄 TODTOWN 是城市建成区轨道站点及周边一体化开发的典型案例，该项目既涉及区域交通环境的整治，同时也需要借助土地功能的复合化利用和地区更新转型。项目中，上海闵行城市建设投资开发有限公司、新鸿基地产发展有限公司、上海城开（集团）有限公司三方共同组建项目公司联合体“上海莘天置业有限公司”：上海闵行城市建设投资开发有限公司代表区政府，重点关注项目的交通功能、城市功能以及其他工艺问题；新鸿基地产发展有限公司具有丰富的 TOD 商业开发经验；上海城开（集团）有限公司作为国企开发商，充当政府与市场沟通的媒介。通过建立联合体机制，该项目较好地平衡各方利益和专业诉求，实现复杂环境和多元利益下的发展共识和统筹实施。

5.2　加强规划刚性管控

轨道站点一体化建设虽然具有相比其他地区更有利的开发环境，但对于前期的功能定位、空间组织和实施协调具有较高的要求，需要全盘、统筹、前瞻考虑，因此在线网和线路层面开展一体化规划研究和管控就尤为重要。在新加坡，轨道一体化开发并没有盲目追求高密度开发，而是通过整体性规划研究，结合站点区位和城市发展诉求，明确各类站点的适宜开发模式、功能业态和强度。为进一步规范轨道站点周边建设行为，新加坡的轨道一体化开发要求已融入城市总体规划中取得法定定位，并纳入城市设计导则等政府文件而成为行政管理依据。

6 总结与展望

“种一棵树最好是十年前，其次是现在。” 随着城市发展进入“减量提质”阶段，城市发展更加注重高效的空间产出、便捷连续的出行体验以及充足的开敞空间。结合轨道交通建设开展站域空间的综合利用，对于实现城市的节约化、内涵式、高品质发展具有重要意义。目前，北京市已经依托一体化重点站划定“轨道微中心”，以实现城市用地与轨道交通站点的充分融合、互动，但要更加充分做好轨道交通与城市空间的协同建设，促进城市空间的立体、集约、可持续发展，仍需要从理念认知、规划设计、制度建设等方面开展进一步工作。

6.1 加强顶层设计，将轨道站域空间作为城市高品质发展的重要资源

轨道交通站域空间综合利用不仅仅是车站周边综合开发，更是实现城市交通、产业、空间协同的系统工程，是优化城市功能空间、实现城市可持续发展的重要途径。因此，应结合轨道站点建设，从顶层设计层面加强对站域空间的统筹部署和具体安排，从站点、线路、城市等多个层次梳理站域空间资源，明确站域空间应该承担什么城市功能、解决哪些城市问题、采取哪些投融资模式、实现哪些城市空间效益，对接融资、规划、实施和运营等全过程管理流程，实现从规划思路到城市发展模式以及价值趋向上的转变。

6.2 衔接规划体系，从不同空间层面推动站域空间的科学规划管控

轨道交通站域空间综合利用的主要目标是实现轨道交通与城市的协同发展，这便涉及宏观层面轨道线网与城市总体发展结构的契合、中观层面轨道线路与城市重点发展区域的协同以及微观层面站点周边城市空间的融合发展。因此，需要进一步完善轨道交通规划与城市规划体系之间的衔接关系，建立涵盖轨道线网、轨道沿线、轨道站域等多层级的站城一体化规划管控和设计体系，并将相关刚性管控内容纳入相应层级的法定规划中，实现对轨道站域地下空间资源的前瞻性布局和科学预留，保障一体化实施条件和重要公共空间的落实。

6.3 完善制度建设，推进立体分层发展下的站域空间相关政策制定

轨道站域空间的综合利用是实现城市空间立体集约发展的重要途径，因此应积极探索与立体分层发展相适应的制度建设。由于轨道站点往往位于地下的特征，一方面可通过制定地下空间综合性立法，明确轨道站域地下空间的权属范围界定、权属获得机制、综合管理机制、规划编制要求及一体化建设要求等，从制度层面保障轨道站域地下空间的统筹建设和分层发展；另一方面可结合具体问题和实践经验开展针对轨道站域交通组织、功能业态、空间环境、防灾安全、工程协调等方面的规范性文件制定，打破相关专业壁垒，为站域空间，尤其是站域地下空间的统筹规划布局形成技术支撑。

参考文献

[1] 王志刚，吴学增．站城一体化（TOD）理论与实践 [M]. 北京：中国建筑工业出版社 ,2020.

[2] 任利剑，运迎霞，全海源．基于“节点 – 场所模型”的城市轨道站点类型及其特征研究——新加坡的实证分析与经验启示 [J]. 国际城市规划，2016（1）：109–116.

[3] 陆钟骁．东京的城市更新与站城一体化开发 [J]. 建筑实践，2019（3）:42–47.

作者简介

王志刚，北京市市政工程设计研究总院有限公司， 规划院副院长，总工程师。

张玥，北京市市政工程设计研究总院有限公司， 规划院城乡规划设计师。

赵怡婷，北京市城市规划设计研究院， 高级工程师。

轨道车站一体化建设带动城市更新的实施路径探索[①]

邓　艳　吴克捷　孟令君

The Exploration of the Implementation Path for the Integration of Subway station and Urban Renewal

摘　要：减量提质发展阶段，城市更新成为适应首都发展新形势、优化首都功能结构、推动首都高质量发展的重要途径。轨道交通作为解决超大城市通勤的主要公共交通，始终是政府重点投资的基础性设施。城市更新工作中要抓住轨道建设机遇，贯彻“一体化”统筹思路，加强轨道交通与周边用地的协同建设，带动区域功能提升，改善民生环境，提高城市空间品质。本文结合近年开展的系列轨道车站一体化项目，总结经验、梳理问题，从顶层设计、规划审批标准、协作机制、制度保障4个方面提出意见建议，为轨道建设带动城市更新的实施路径提供参考。

关键词：城市更新；轨道交通；一体化；实施路径

① 本文已发表于《城市发展研究》2021年第6期。

1 轨道交通建设是城市更新的重要机遇

城市更新背景下，轨道交通不仅是解决超大城市交通出行的工具，更是带动城市土地再开发、重塑城市活力的重要引擎。纵观世界城市的更新历程，轨道交通周边地区均是城市重要的更新机遇区，伦敦以轨道交通为骨架，将沿线棕地划定为机遇性增长区域，国王十字车站地区、滑铁卢车站地区已经成为轨道带动城市更新的样本；东京在 1988 年将铁路、港口等周边低效用地划定为再开发促进区，推动了东京车站、二子玉川等地区的更新。

2 北京轨道交通迎来快速发展时期

北京经过 60 余年的轨道建设，全市轨道交通格局已基本形成。截至 2020 年底，北京市已开通 24 条地铁和 4 条市郊铁路，车站 405 座，运营里程达到 1092km，目前新建及在建轨道车站 140 座，其中 115 座位于中心城，49 座结合既有车站进行改造[①]。为推动轨道交通与城市一体化发展，北京市政府批复了《北京市推动轨道交通与城市更新一体化有关政策措施落地工作方案》和《北京市轨道微中心名录（第一批）》，全市第一批轨道微中心[②] 71 处，将借助轨道建设，将其打造成为城市功能复合、高品质、服务人民的活力中心。轨道微中心建设的关键在于处理好轨道交通与周边资源的关系。如何结合车站建设对城市各类要素进行高质量整合，撬动市场主体参与城市更新的主动性和积极性，塑造新的城市活力点是现阶段城市更新需要重点关注的内容。

3 北京轨道车站一体化带动城市更新实践探索

3.1 机场线西延北新桥站[③]

2013 年，为提升机场线服务水平，北京市政府决定西延机场线至北新桥，与既有

---

① 数据来源：北京市基础设施投资有限公司。

② 轨道微中心：与轨道交通站点充分融合、互动，可达性高，土地集约化利用程度高，具有多元城市功能，具备场所感和识别性的城市地域空间。

③ 北新桥站一体化设计团队包括北京市城市规划设计研究院、北京市市政工程设计研究总院有限公司、华通设计顾问工程有限公司。

5 号线北新桥站换乘。原工程设计方案站台选址于东直门内大街地下，车站及附属设施占用西南街头公园，约 3000m^2 的小公园容纳了 7 个车站附属设施，街头公园用地所剩无几；车站内部空间局促，进出站流线曲折不便，仅设置垂直电梯疏散人流，公共区域人均面积不足 1.5m^2，虽满足规范最低要求，但不符合机场线客流集中、携带大件行李的特征需求，存在安全隐患。

北新桥车站一体化的初衷是解决车站建设空间局促的问题。首先是系统梳理车站周边地上、地下空间资源，将西北象限原临时停车场腾退为轨道设施用地，车站可建设范围由原来的 0.03hm^2 扩大至 0.28hm^2，从而将原设置于道路下及占用公园的部分附属设施调整至西北象限，为扩大地下站厅、保留公园绿地提供条件；摸清地下管线铺设情况，为站厅层的建设增加 15m 净高空间，通过设置集中站厅层、缩短流线、增设扶梯等一系列措施，极大地改善了乘车便利性和舒适度（图 1）。

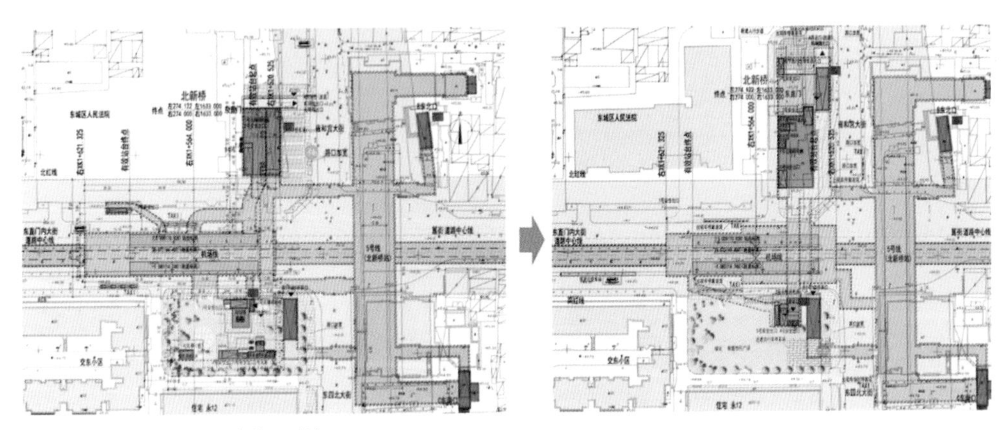

图 1　北新桥站一体化方案前后对比
（图片来源：北京市市政工程设计研究总院有限公司）

同时，考虑北新桥站位于首都功能核心区，周边集聚了大量的居住区，一体化团队组织与乘客、居民和街道办事处广泛的座谈，了解百姓对配套设施的需求，结合车站综合利用空间设置社区服务中心、邮局和地下停车等功能，弥补街区配套不足问题（图 2）。

通过一体化规划与设计，在核心区空间资源极为紧张的情况下，北新桥车站一体化不仅保留住了市民难得的街头绿地，更是借助车站建设为周边居民提供急需的生活配套设施。

图 2　北新桥站西北象限效果示意
（图片来源：华通设计顾问工程有限公司）

3.2　19 号线平安里站[①]

19 号线平安里站位于赵登禹路与平安里西大街交叉路口北侧，与现状 6 号线、4 号线和规划 3 号线平安里站形成 4 线换乘，是首都功能核心区内唯一的 4 线换乘车站。沿平安里西大街为 6 号线车站建设扩拆的遗留用地，长期被地铁施工围挡，街道景观欠佳，原工程设计方案缺乏对周边用地和城市环境的考虑，出入口、风亭等附属设施散乱布局于平安西大街沿线，进一步导致街道景观的恶化（图 3）。

平安里车站的一体化工作主要从两个方面着力，一是理顺周边用地及交通，织补老城风貌。通过对现状权属和规划用地的梳理，将东南角闲置的 0.5hm^2 区属用地规划为轨道设施用地，用于设置车站外挂厅，改通道式换乘为厅式换乘，提升乘车舒适度。结合外挂厅建设，对地铁附属设施进行整合消隐设计，采取四合院、坡屋顶等形式组织车站上盖建筑，使之与核心区风貌相协调。进一步对地铁扩拆范围提出空间织补方案，近期为公共绿地，远期结合周边平房院落的改造进行整体设计，完善平安里西大

① 平安里一体化设计团队包括北京市城市规划设计研究院、北京城建设计发展集团有限公司、中国建筑设计研究院。

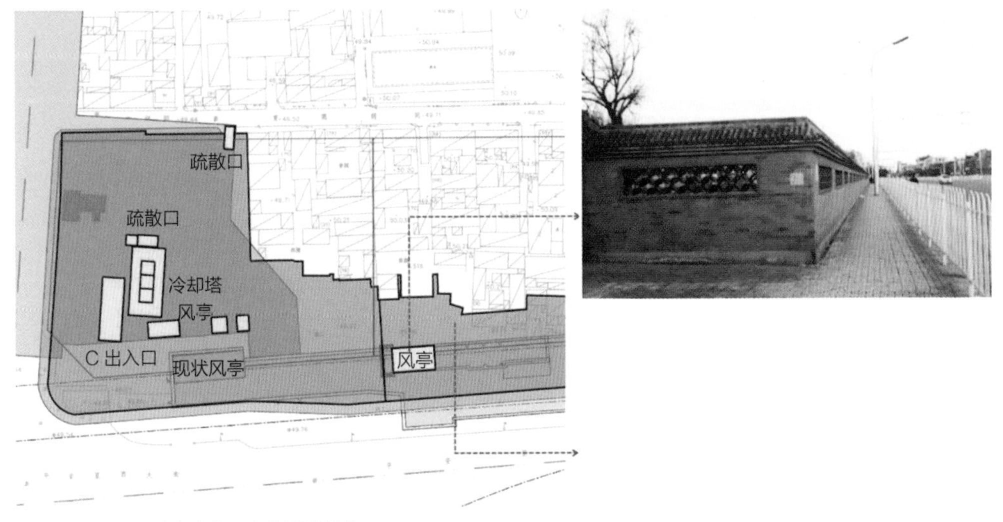

图 3　原工程设计方案中无序的附属设施

街沿线功能和风貌（图 4）。二是结合外挂厅打造市民家园中心，兼有公共服务和地铁便民服务功能，轨道车站不再是单纯的交通“中转站”，成为一处具有复合多元功能的目的地，为当地居民创造更多的公共活动场所，以点带面激发老城活力（图 5）。外挂厅上盖建设由西城区政府联合京投公司作为实施主体开展相关工作，保证项目的公共服务属性。

图 4　平安里西大街沿线空间织补效果示意
（图片来源：中国建筑设计研究院）

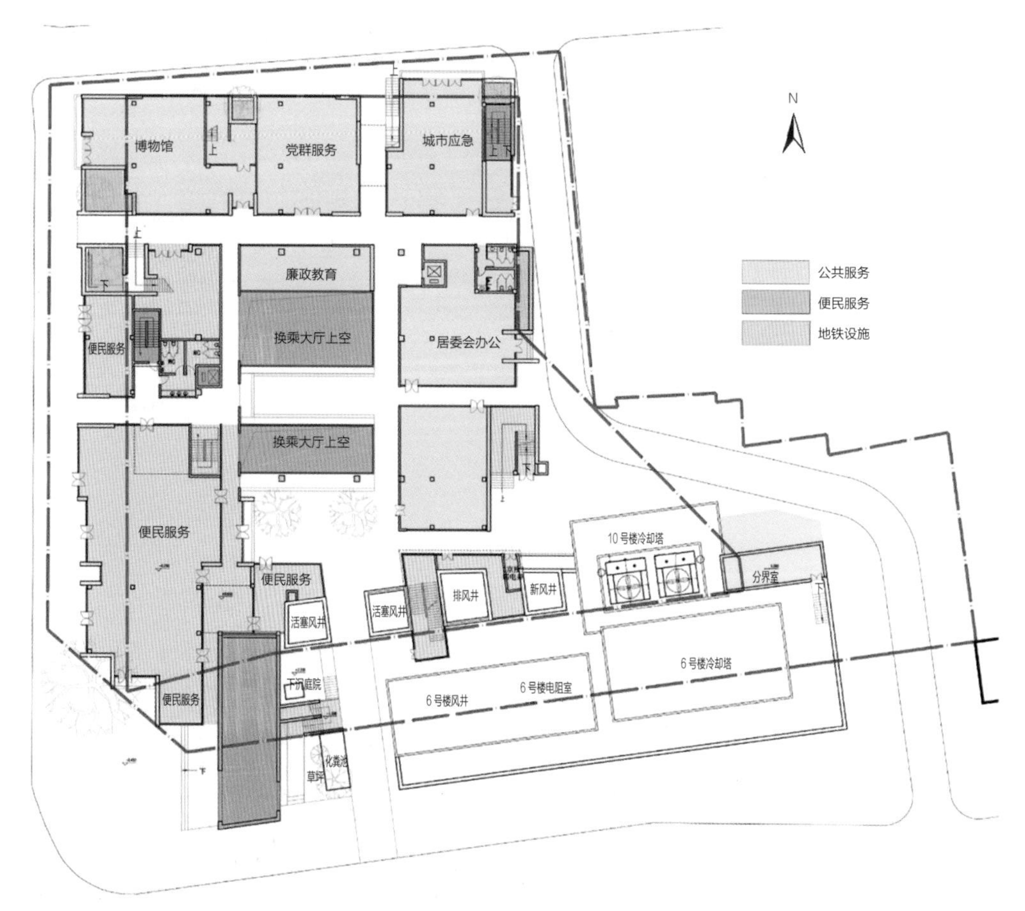

图5　东南外挂厅首层平面示意图
（图片来源：中国建筑设计研究院）

4　轨道车站一体化实施成效与面临的问题

4.1　实施成效

4.1.1　促进轨道建设理念的转变

通过持续的一体化工作，逐步引导轨道建设从早期的“工期导向”向“社会综合效益导向”转变，推动管理者、建设单位、设计团队对轨道建设带动城市更新达成共识、形成合力；同时，引导轨道建设从“规范思维”向“精细化思维”转变，坚持以人为本的发展理念，更多关注乘客感受，而不仅是满足规范的最低标准。如北新桥站一体化设计中，为提高舒适度，将换乘通道宽度由6m增加至8m，是规划师与工程师、投资方多方博弈的结果，“通道宽度 8m”成为后续轨道车站一体化的“惯用”标准。

4.1.2 促进轨道交通与城市更新的融合

轨道交通作为带动城市更新的重要引擎，车站的一体化建设除了提高轨道交通乘车效率外，还在弥补城市短板、优化地区功能、改善城市风貌等方面发挥重要作用。通过立足交通设施本质，提升服务水平；聚焦民生诉求，弥补城市短板；围绕服务保障“四个中心”，优化地区功能；落实城市风貌要求，提升地区品质。轨道交通成功转型为城市更新发展引擎，形成以“轨道周边一体化”为途径的城市更新发展范式。

4.1.3 形成以规划为纽带的一体化工作机制

在城市存量发展阶段，轨道车站的建设不得不与周边已建成用地协同发展，工程项目面临相关规划要求多、利益主体多、需要整合的专业多等诸多挑战，协调工作成为一体化项目实施的关键环节。一体化项目中，规划师需要采取“陪伴式”工作模式，全流程、深度参与规划、设计、审批和实施环节。首先倾听乘客和居民需求，了解开发单位利益诉求，研判地区更新需求“菜单”；其次整合空间资源，为车站建设和城市更新提供资源“清单”。合理匹配需求“菜单”与资源“清单”的关系，协调用地、交通、市政、工程、建筑、景观等各专业之间的矛盾，促成相互协调的一体化设计方案；同时，规划师还需要起到“预警”作用，全过程参与工程落地实施，保障一体化方案“不走样”。

4.2 面临的问题

4.2.1 缺乏协同的工作机制

目前的轨道车站一体化工作主要采取“一事一议”的方式，缺乏系统性的协同工作机制。在时序方面，往往是工程设计方案到一定深度，甚至是方案获得批复或已经开工建设后开展“亡羊补牢”式弥补工作；在空间层面，轨道车站一体化项目的实施范围大多局限于附属设施涉及的用地，且由于轨道与用地之间的责权利关系不清晰，导致一体化项目推进缓慢。

4.2.2 缺乏相应的政策支撑

周边权属单位参与轨道车站一体化建设的意愿不强，除部分商业设施有意向与车站连通外，大多数产权单位不愿意与之连通；部分单位以安全为由拒绝车站选址于用地周边，导致新建车站与既有车站之间的换乘距离人为加大。此外，国有土地如调整土地使用功能和开发强度，需重新上市招标、拍卖、挂牌等土地出让制度的局限一定程度上抑制了权属单位参与城市更新的动力。

4.2.3 缺乏规划和审批标准

轨道车站一体化的规划编制标准、审批流程尚未形成制度化，尤其是涉及对既有工程改造的相关要求不足。一体化项目的范围、与周边用地协同的程度都取决于规划师的决策，一体化设计内容也因人而异，导致审批过程中缺乏依据，审批部门需要针对每个一体化项目开展多次协调工作，通过专家评审的方式层层把关。

5 轨道车站一体化与城市更新融合发展建议

5.1 建立轨道与用地融合更新捆绑机制

为统筹开展轨道车站周边城市用地更新，建议以轨道交通为核心划定城市更新机遇区，纳入全市城市更新专项规划，建立轨道与用地融合的更新捆绑机制，在改造既有车站的同时，要求对车站周边用地联动更新，对于不符合地区发展定位的用地进行整合、置换和改造，打通周边用地与车站的联系，促进地区活力和品质提升。

5.2 明确一体化规划和审批标准

建立与国土空间规划体系相衔接的轨道车站一体化工作体系，明确不同层面轨道车站一体化规划内容，并纳入相应的法定规划（图6）。总体规划层面，明确与城市发展定位相匹配的轨道车站一体化建设目标，以轨道线网为单元梳理车站周边用地资源，建立可利用空间资源库，提出分级分类管控要求。详细规划层面，综合分析车站所在区位关系、周边用地情况，以及在线网中的功能定位、客流量级等，划定轨道车站一体化范围，对车站周边用地的主导功能、建设强度、实施时序等提出管控和引导要求。综合实施方案层面，细化周边用地性质和相关指标，明确各类配套设施布局、空间形态等内容；细化交通组织，明确内部换乘及与城市其他交通方式接驳等内容；细化城市设计，明确建筑风貌、建筑材质、建筑色彩、公共空间的限制性要求和引导性要求；细化一体化项目的实施主体、供地方式、合作模式、资金测算和实施时序。

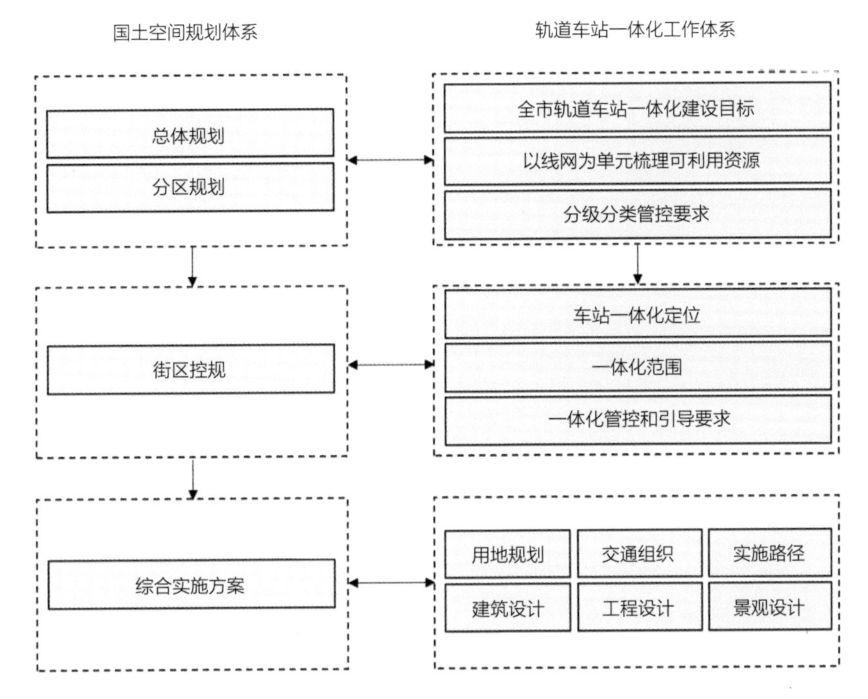

图 6　轨道车站一体化工作体系示意图

5.3　建立政府、轨道、企业协同的工作机制

厘清政府、轨道建设主体和企业（产权单位）三者之间的投资、收益、产权和管理界面，与政府主导的城市公共用地衔接，主要解决轨道车站建设空间局促问题，为车站建设提供良好条件，并借助车站综合利用空间提供公共服务设施，弥补城市设施短板；与企业主导的开发地块衔接，主要处理好出入口、附属设施与开发地块的关系，为城市提供高品质公共空间。搭建一体化协作平台，建立三者之间的协商机制，发挥规划的统筹和纽带作用，有效集成政府、市场、民众对城市建设的认识和期望，共治共洽，形成轨道与城市之间良性互动的更新（图 7、图 8）。

5.4　加强制度保障

5.4.1　促进用地功能兼容

受制于当前土地单一用途供应制度，轨道设施用地不得兼容经营性功能。平安里站在轨道车站一体化设计方案中，综合设置了商业服务、文化、停车等功能，在土地

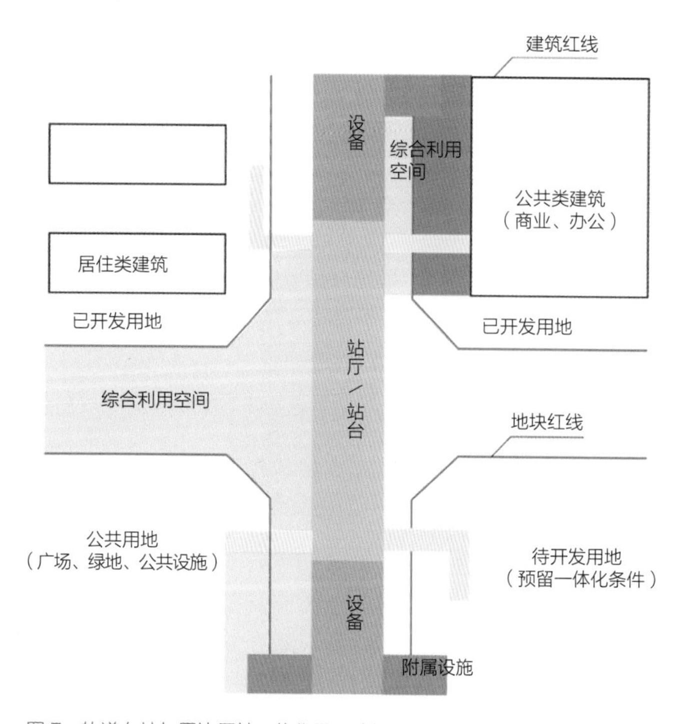

图 7　轨道车站与周边用地一体化界面分析

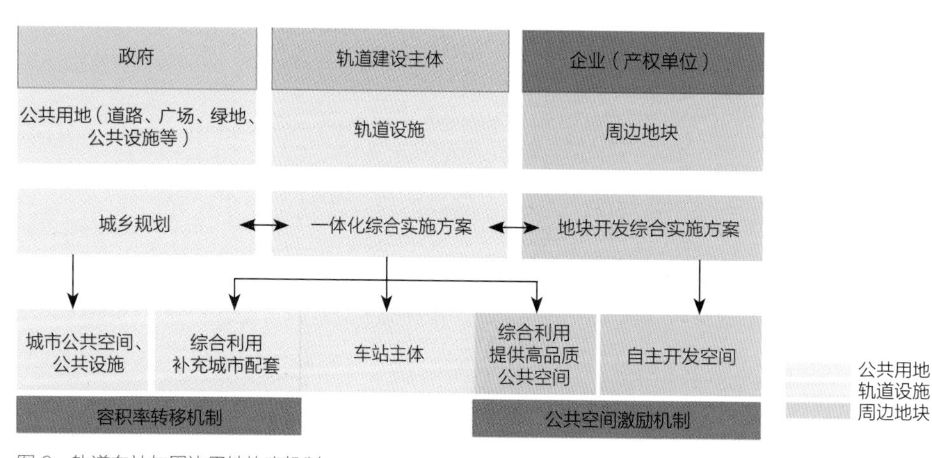

图 8　轨道车站与周边用地协商机制

出让环节只能将经营性空间和非经营性空间进行拆分，背离了一体化综合利用的初衷。北新桥站通过“轨道设施”用地兼容“配套便民服务设施”的方式，为车站综合利用提供了条件，也为后续轨道车站一体化项目的规划条件提供了通用模式，但允许兼容的设施仅为非经营性配套设施。建议一体化范围内的地上、地下建设空间可以合理匹配一定比例的经营性空间，如南京市在轨道建设中允许经营性用途面积的总和不超过宗地面积的 20%，以促进轨道车站多元化发展。

5.4.2 明确激励机制

在建筑规模总量管控的前提下，建立容积率转移机制，引导城市资源向轨道车站周边合理集聚，对于结合轨道车站一体化提供公共空间、完善街区公共服务设施、基础设施和公共安全设施的更新项目，允许适当增加建筑规模，激发属地政府的积极性；建立公共空间激励机制，如结合地上、地下空间安排轨道交通附属设施、集散、换乘、接驳等功能的部分可不占用地块的建筑规模，鼓励周边用地与车站连通。

5.4.3 突破技术壁垒

受消防、人防等相关现有技术规范的制约，一些高品质的空间形式在北京轨道车站中难以实现，以人防标准为例，北京地铁人防标准较广州、上海等国内其他大城市高，在某些特定情况下，满足现有技术规范的方案会导致乘客使用不便。目前，个别一体化项目在满足安全要求的前提下，对既有规范进行了突破，比如换乘通道的加宽、站台层与站厅层之间开敞式的中庭设计等，并取得了较好的实施效果。研究建议针对城市更新地区的轨道车站一体化开展相关技术规范的更新工作，如对消防、人防、日照、绿地率等方面的技术规范在满足必要的安全要求基础上可作适当的修订和更新，以满足高品质空间的建设需要。

6 结语

存量更新背景下，轨道车站与周边用地的协同发展成为必然趋势，本文结合实际案例的不断探索，总结已形成的可复制的工作模式。然而城市更新工作任重道远，还需进一步围绕轨道车站一体化深入研究城市更新相关规则，制定相关激励政策，鼓励产权人在政府引导下主动更新、自主改造；引入社会资本，多元主体开展以轨道车站为核心的区域性城市更新，明确轨道交通与城市更新相融合的投融资模式、管理运营模式及收益分配制度，调动属地政府及市场主体的参与积极性，在更大范围内激发城市活力。

参考文献

[1] 申红田，严建伟，邵楠 . 触媒视角下城市快速轨道交通对旧城更新的影响探析 [J]. 现代城市研究，2016（9）：89–94.

[2] 王腾，曹新建 . 轨道交通站点地区的城市更新策略——基于中外大城市实践的横向比较 [J]. 城市轨道交通研究，2010（3）：33–56.

[3] 任利剑，运迎霞，全海源 . 基于“节点 – 场所模型”的城市轨道站点类型及其特征研究——新加坡的实证分析与经验启示 [J]. 国际城市规划，2016（1）：109–116.

[4] 周梦茹，高源，胡智行，等 . 基于经验类比的轨道一般站容积率量化研究 [J]. 城市规划，2019（5）：87–97.

[5] 白韵溪，陆伟，刘涟涟 . 基于立体化交通的城市中心区更新规划——以日本东京汐留地区为例 [J]. 城市规划，2014（7）：76–83.

[6] 阳建强 . 走向持续的城市更新——基于价值取向与复杂系统的理性思考 [J]. 城市规划 2018（6）：68–78.

[7] 阳建强 . 中国城市更新的现况、特征及趋向 [J]. 城市规划，2000（4）：53–55.

[8] 陆钟骁 . 东京的城市更新与站城一体化开发 [J]. 建筑实践，2019（3）：42–47.

[9] 邓艳，吴克捷 . 北京旧城地铁车站规划设计模式新探 [J]. 北京规划建设，2016（2）：74–79.

[10] 南京地铁用地物权研究课题组 . 空间建设用地物权研究：南京地铁建设用地物权权属调查与土地登记 [M]. 南京：江苏人民出版社，2015：60.

作者简介

邓艳，北京市城市规划设计研究院。

吴克捷，北京市城市规划设计研究院公共空间与公共艺术设计所所长，教授级高级工程师。

孟令君，北京市城市规划设计研究院，工程师。

大型交通枢纽地区的地下空间概览（日本篇）

胡　斌　赵怡婷　吴克捷

Overview of Underground Space in Large Transportation Hub Areas (Japan)

摘　要：日本地下空间开发利用与地下交通枢纽关联紧密，涵盖了枢纽车站、地下街道、地下车站、地下铁道、地下商场、地下共同沟等多样化的功能设施与空间形态。日本交通枢纽地区的地下空间发展主要包括3种模式：基于原有地下空间的更新改造、构建互联互通的地下空间网络、站城一体化整体发展模式。其中大阪梅田站、东京站以及涩谷站地区是3种类型的典型代表。本文聚焦日本大型交通枢纽地区的地下空间规划经验，对涩谷站、东京站、大阪梅田站3个典型交通枢纽地区从地下空间功能、空间组织、环境营造、功能设施布局等方面进行分析，提炼了“基于原有地下空间的更新改造”“构建互连互通的地下空间网络”“站城一体化整体发展”3种典型发展模式，希望能为我国交通枢纽地区的城市发展，以及开展面向站城一体的地下空间规划、公共空间营造、功能设施统筹等相关工作提供有益借鉴。

关键词：日本；交通枢纽地区；地下空间；发展模式

大型交通枢纽地区作为城市的门户，功能复杂、空间资源紧张，需要通过空间立体拓展和横向连接缝合被道路交通分割的城市空间，实现枢纽地区各类功能空间的统筹布局与高效运行，提高空间利用效益。目前，我国大型交通枢纽建设正处于快速发展阶段，与之相应的地下空间开发利用需求与日俱增。本文通过对日本大型交通枢纽地区地下空间开发利用典型案例的系统梳理，探索立体、可持续的城市空间发展范式与关键方面，为国内大型交通枢纽地区的高品质发展提供有益借鉴。

日本大城市的发展普遍面临用地不足、交通拥挤、环境污染等一系列问题，因此其地下空间开发利用起步早，积累了丰富的经验。日本地下空间开发利用与地下交通枢纽关联紧密，涵盖了枢纽车站、地下街道、地下车站、地下铁道、地下商场、地下共同沟等多样化的功能设施与空间形态，形成了政府、民间机构、市民三方合作的日本式政府民众合作模式，为实现功能高度复合的立体城市发展奠定了基础。日本交通枢纽地区的地下空间发展主要包括 3 种模式：基于原有地下空间的更新改造、构建互联互通的地下空间网络、站城一体化整体发展模式。其中大阪梅田、东京站以及涩谷站地区是 3 种类型的典型代表。

1　涩谷站地区——基于原有地下空间的更新改造

涩谷地区是东京最具代表性的商圈之一，拥有“音乐之街”“年轻人之街”等美称以及众多服装店、歌厅、游艺场等商业休闲场所，吸引着数以万计的年轻人来此聚会、购物和娱乐。同时，涩谷地区也坐落有通往首都圈东南郊区的重要交通枢纽——涩谷站，各类商业、商务办公等就业场所高度集聚。涩谷站始建于 20 世纪 20 年代，拥有 9 条轨道线路（JR 山手线、湘南新宿线、琦京线、东急东横线、田园都市线、京王井之头线、东京地铁银座线、半藏门线、副都心线），设有 5 座轨道站点，是东京都内最大的枢纽站之一（图 1）。

1.1　发展概要

自 20 世纪 90 年代开始，涩谷站地区的发展竞争力逐渐处于劣势，且存在地面交通拥堵严重、步行体验差、换乘联系不便等问题，亟待更新改造。2002 年日本《城市更新特别措施法》颁布，旨在如何通过轨道交通促进城市更新、提升城市竞争力，以

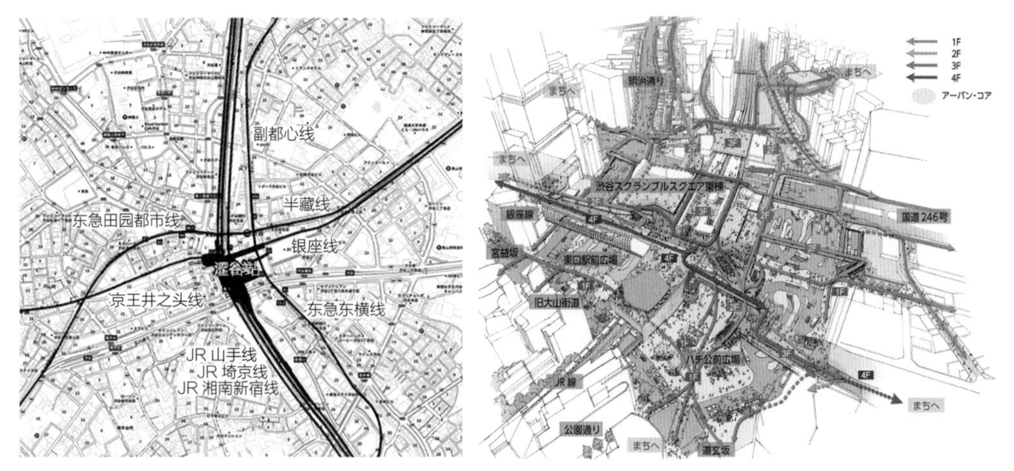

图 1　涩谷站线路图及站点区域流线示意图

此为基础出台了《涩谷站整备计划（2005—2027 年）》，更新范围涉及涩谷站街区及其后边关联区域。2005 年，涩谷站地区的更新改造成为日本城市更新特别委员会项目，并构建了公私合作、多元主体复合开发模式，以刺激和推动涩谷站地区更新改造的实施（图 2）。

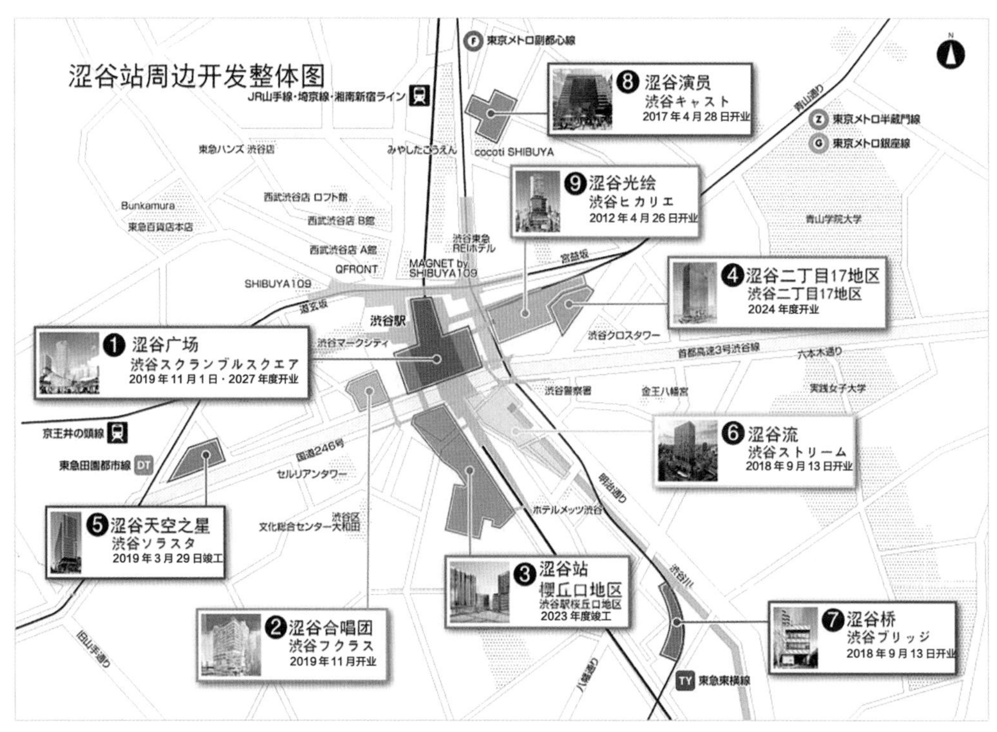

图 2　涩谷站周边开发项目简介图

1.2 地下空间

涩谷站地区更新改造项目位于车站周边 500m 范围内，以办公写字楼和独栋住宅、商业功能为主，酒店公寓、行政办公类等分散布局。项目范围内汇集了东急百货店东横店、东急百货店本店、涩谷 Mark City、涩谷地下街、109-2、MARUI CITY 涩谷、涩谷 Hikarie、QFRONT 等多个商业开发项目。

涩谷站地区更新改造是东京大规模 TOD 开发项目之一，从空间集约、公共空间营造、地下空间利用、垂直开发等方向着手，通过高层建筑集约开发、站点“城市核”引入、基础设施提升、地下空间拓展等方式，打造更加便利、可达性强、行人友好尺度的站城一体街区。在地下空间方面，通过推进建设地铁检票口、地下通道、站前广场等系列措施，加强车站与周边城市区域的地下连接，植入多元化城市功能，打造更具活力的地下城市空间。

涩谷站地区的地下空间以地下一层开发为主，局部可达到地下七层，地下空间功能以商业、停车、地铁换乘、地下连通等功能为主。整个地区的轨道线路由下到上分别为副都心线、半藏门线、银座线。涩谷站地区的地下一层和地下二层以步行和商业空间为主，不同的出入口连接不同的商业街和办公楼，其中地下二层地下步行与商业空间覆盖范围较大，整体呈 T 形空间形态，将枢纽地区的人流快速便捷地引导到周边城市区域（图 3）。

涩谷站地区采用垂直交通核方式解决谷底形车站的交通连接问题，垂直交通核贯穿地下三层到地上四层，在地上四层设置转换平台和建筑间连廊，地下街则是把主要的地下轨道站点连接起来，构建多层次立体人行交通系统，实现地上、地下空间的整体连通，并将地面的广场绿地、公共空间还给城市（图 4）。

涩谷站地区的功能业态呈现年轻化、快时尚等特点，地下街聚集了潮流动漫、时装专卖店、歌厅、饮食店、咖啡店、游艺中心、风俗设施等各类娱乐购物场所。在文化特色方面，涩谷站地区拥有 PARCO 剧场、Club Croisee、CINESAISON 涩谷、Studio PARCO 等多元化的展演空间，以及举办各类文化、时尚、艺术展览的特色空间与博物馆设施。

涩谷站地区的地下空间整体突出年轻、时尚、富有科技感的环境特点，并通过不同的色彩及标志引导人流，在需要长距离步行的区域增加步行传送带，提高地下步行舒适度。为提高地下空间的视觉引导效果，涩谷站地区以不同颜色线条装饰通道墙面，

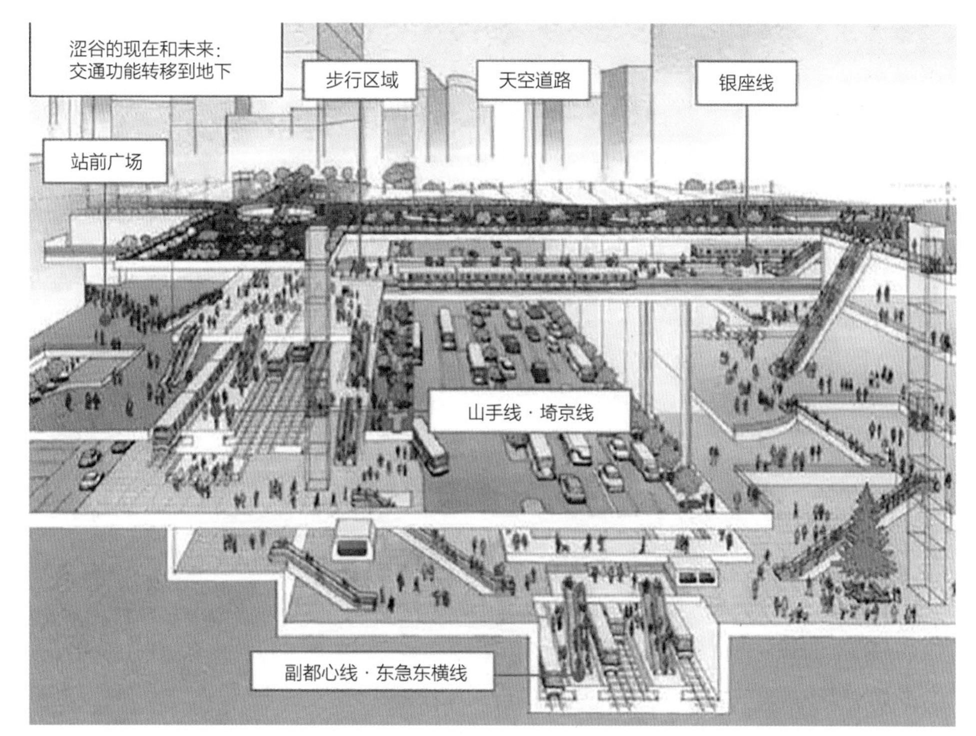

图 3　涩谷站地区竖向剖面示意图

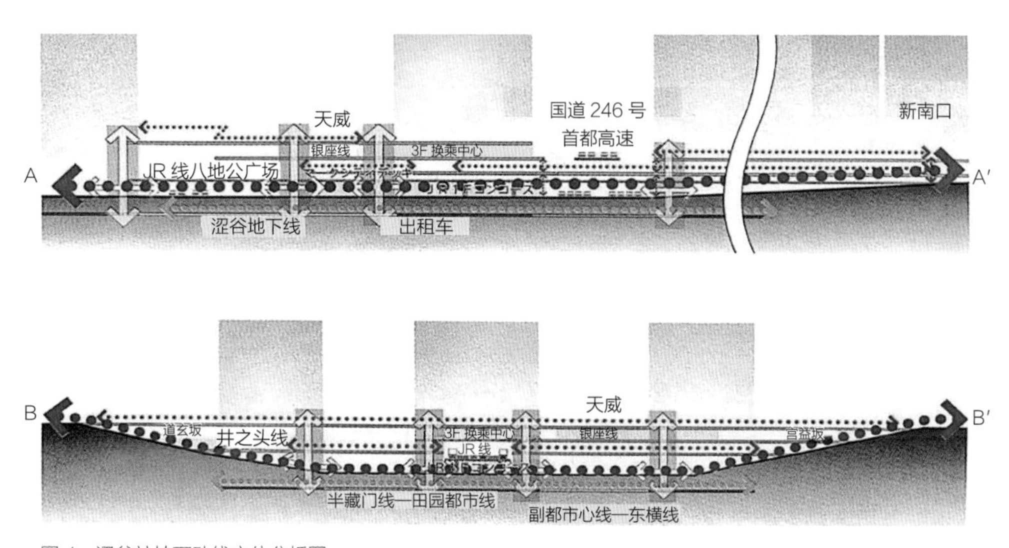

图 4　涩谷站地下动线立体分析图

并通过不同的彩色灯光效果提醒人群前往不同的方向，快捷高效地引导地下空间的人流疏散（图 5 ~ 图 7）。

图 5　涩谷之光城市核

图 6　涩谷马克城

图 7　东急田园都市线、东京地铁半藏门线方向

2　东京站地区——构建互连互通的地下空间网络

东京站依托纵横交汇的地下街连通八重洲及丸之内商业区，紧密衔接地面各类商业开发项目，形成整体地下空间网络。地下空间网络将地下轨道交通、地下步行系统、地下商业设施、地面建筑进行整体连接，形成了立体多维的城市空间网络，有效提高了城市运行效能。

2.1　发展概况

东京站被誉为东京的“表玄关”，日客流量 89 万 ~ 90 万人次，虽不是日本全国

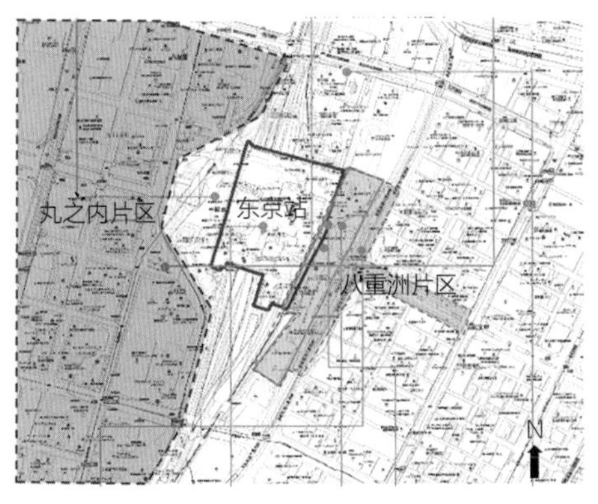

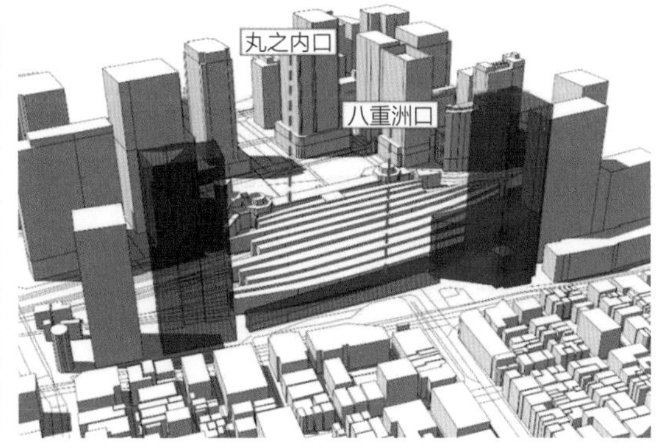

图 8　东京站与丸之内、八重洲区域关系示意图

新干线路网（九州新干线除外）最重要的列车始发站，但却是东海道本线、中央本线、东北本线等日本东部在来线的起点站（“在来线”是日本铁路用语，意指新干线以外的所有铁道路线），被誉为“首都中央车站”。东京站包含在来线 9 座 18 线（地上 5 座 10 线、地下 4 座 8 线）、新干线 5 座 10 线，以及地下铁 1 座 2 线，并在其东西两侧发展形成了八重洲、丸之内 2 处地上建筑密集、地下空间发达的城市开发区域。

以东京站为中心的 500m 辐射范围内分布有 16 座大型公共建筑、4 座轨道站点、八重洲与丸之内两大地区（图 8），均由地下步行网络互相连通，实现了枢纽地区车流与人流的有效分离，不仅缓解地面交通压力，同时也实现了高密度城市区域的高效率通勤。尽管东京站日客流量高达 80 万 ~ 90 万人，但站前广场和主要街道上的人行和车行交通井然有序，展现出现代大都市门户地区的繁华与秩序。

2.2　地下空间

2.2.1　八重洲

八重洲地区的主体地下步行系统共 3 层，整体空间布局呈 T 字形。地下一层由站厅、站前广场地下街、150m 长的八重洲地下街三部分组成（图 9）。其中站前广场地下街由东西向 3 条横向通道组成，将人流快速引导到不同的出入口，南北方向的八重洲地下街包括两条并行的竖向步行通道。步行系统的地下二层包括两个地下停车场，可容纳车辆 570 辆；步行系统的地下三层含高压变（配）电室、市政管线和廊道，4 号高速公路也由此穿过，车辆可直接进入公路两侧的公共停车场，减少地面交通压力。

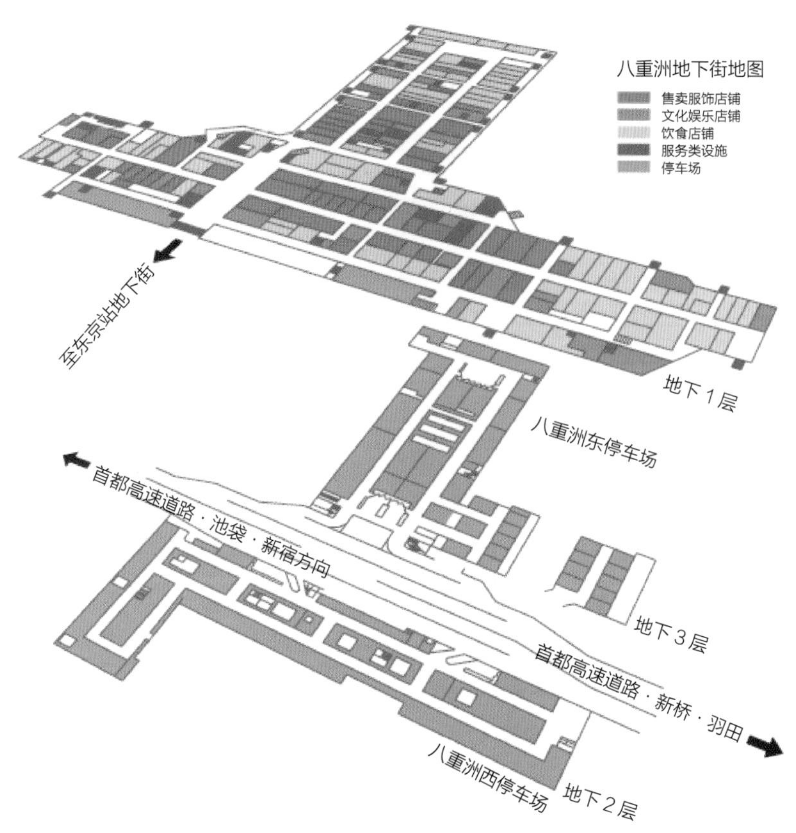

图9　八重洲地下空间商业业态分布图

2.2.2　丸之内

东京站、有乐町、日比谷、二重桥前、大手町等13座轨道站点及20多条轨道路线在丸之内地区交会，形成了四通八达的重要交通节点。为了保障轨道站点之间的便捷换乘，丸之内地区以数条位于道路下的地下街为主干，连接周边商业设施、楼宇地下空间及各座轨道站点，形成了覆盖丸之内并向大手町、有乐町地区延伸的大型地下步行网络。

东京站地下商业主要由八重洲地下街、TOKYO STATIONCITY、东京站一番街、大丸百货B1等部分组成，依托轨道交通枢纽，实现了八重洲及丸之内两大区域的紧密连接，并有机整合各个地下商业开发项目，形成规模效益（图10）。

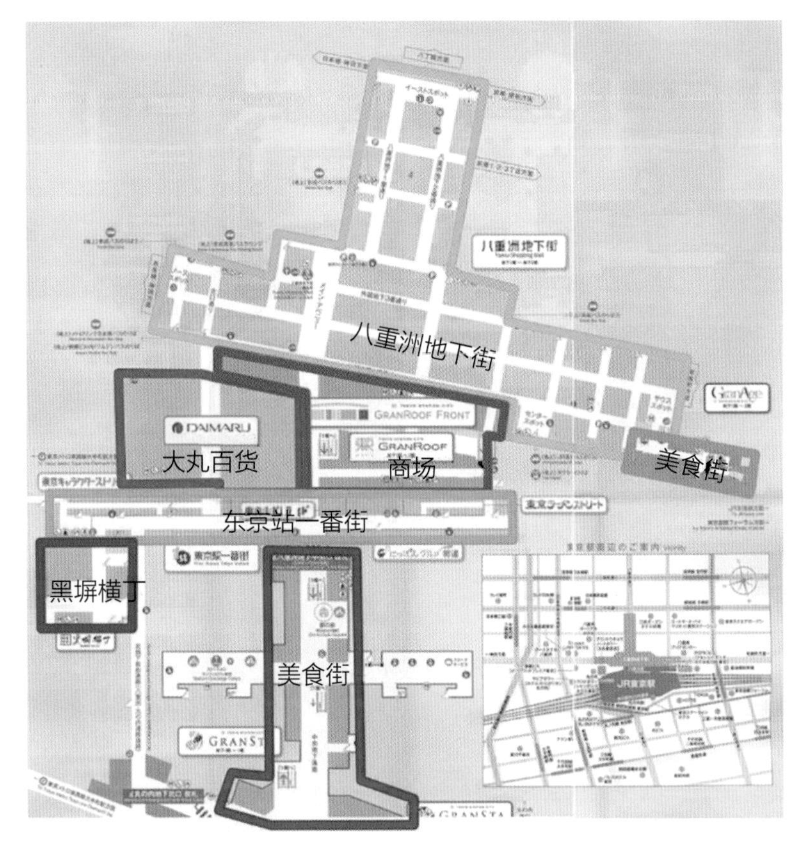

图 10　东京站地区地下空间功能分区图

3　大阪梅田站地区——站城一体化整体发展

大阪梅田站地区从多个维度将轨道交通车站与城市空间进行整合，形成“站城一体”发展模式，在轨道交通设施、商业服务设施、公交换乘设施等城市要素之间实现多维连接，提高了区域的整体步行可达性，不仅解决大量人流集散与交通换乘问题，还促进了轨道交通与城市空间的融合共生。

3.1　发展概况

大阪梅田站地区位于大阪市北部的梅田商务区内，包括 7 条地铁线路的 7 座站点（图 11），有 JR 大阪站、阪急梅田站、阪神梅田站、地铁御堂筋线梅田站、地铁谷町线东梅田站、地铁四桥线西梅田站和 JR 东西线北新地站，并通过堂岛地下街、阪急三番街、

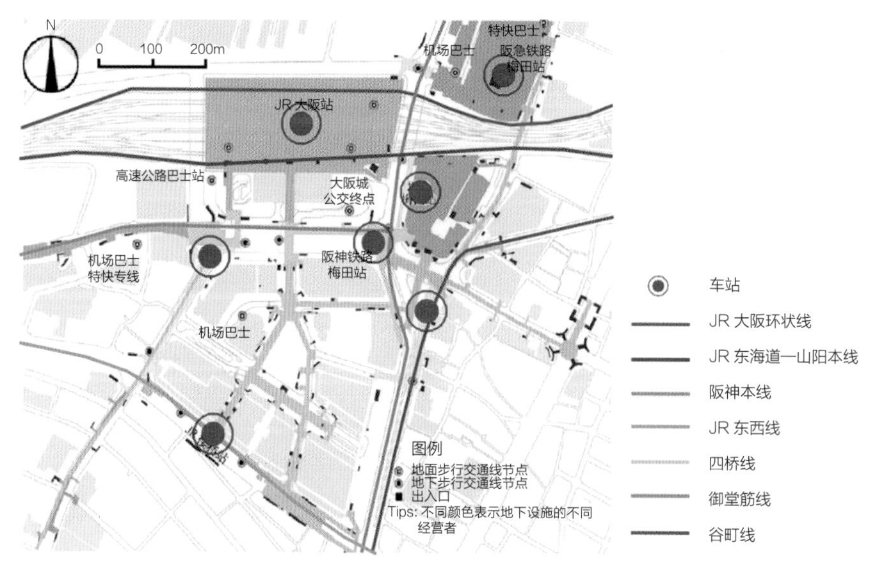

图 11　大阪梅田站地区地铁及主要街区分布示意图

白梅田地下街构成的庞大地下步行网络，将 7 座轨道交通站点连接为一个整体，形成了站城融合的“地下城市空间”。

3.2　地下空间

大阪梅田站地区的地铁于 1933 年正式开通，并在 1963 年建成梅田地下街。1950 年后，大部分放射线路汇聚在梅田地区，人流量增长迅速，并带动地区商业发展。伴随着大阪梅田站地区的城市发展，有限空间内的功能发展诉求和空间联系需求不断增加，城市空间呈现立体互联的发展态势。大阪梅田站枢纽采用了叠层错位型的空间组织方式，将枢纽北区的三层平台与南区的四层通过联络桥相连；枢纽北区的五层与南区的四层通过时空广场相连；枢纽南区首层、北区二层分别设置地面与空中步道，与周边城市区域相衔接，形成了灵活的空间组织与丰富的空间体验。与此同时，大阪梅田站枢纽通过竖向交通核串联各层连通空间，城市居民可以从地面上的公园、广场、空中连廊快速进入地下街与轨道空间，商业、公共活动、文化娱乐等各类公共空间紧密衔接，形成了地下地上一体、功能高度复合的立体城市形态（图 12、图 13）。

大阪梅田站地区的地下步行系统主要集中于轨道站点密集的大阪梅田站东部和南部商业区。从 20 世纪 60 年代开始，大阪梅田站地区经过了“点—线—网”的漫长发

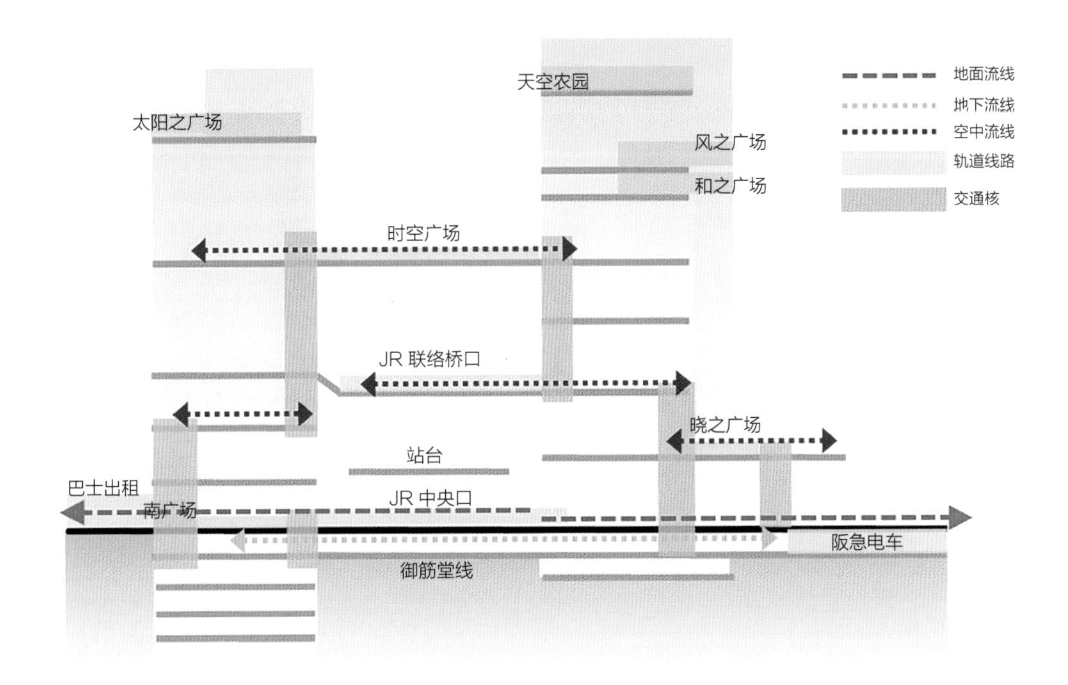

图 12　大阪梅田站竖向空间分布示意图

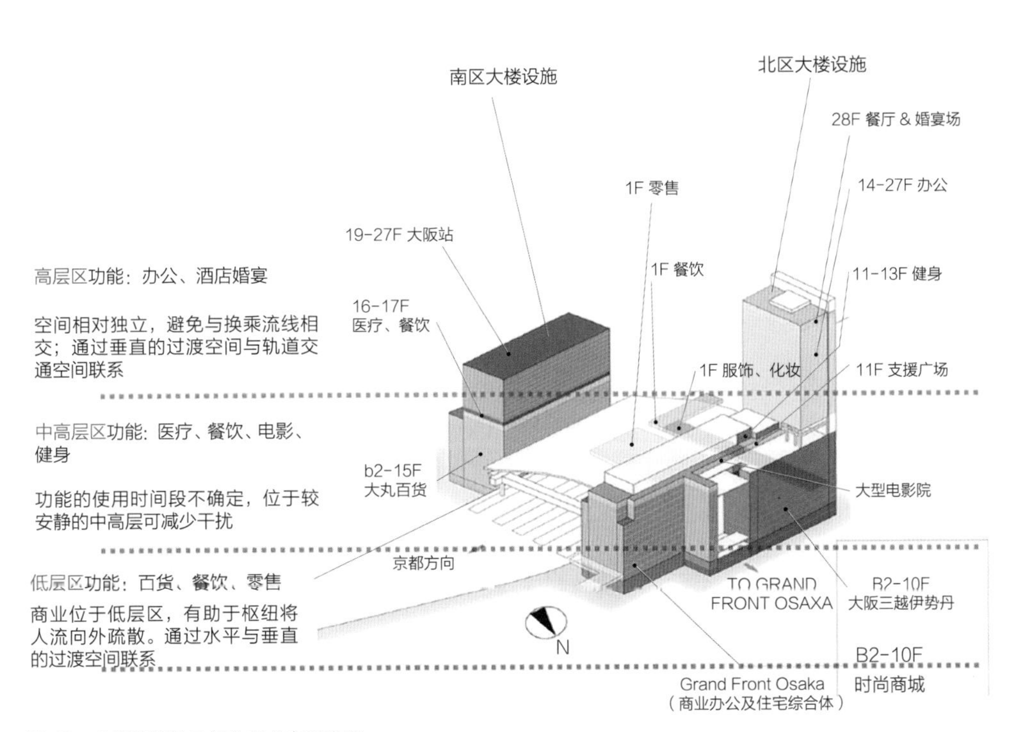

图 13　大阪梅田站功能业态分布示意图

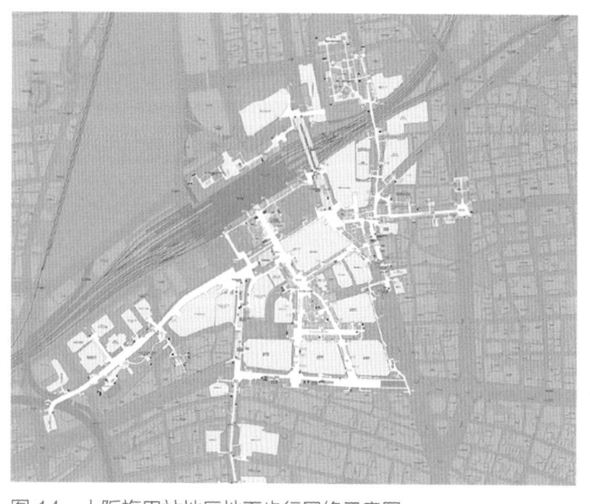

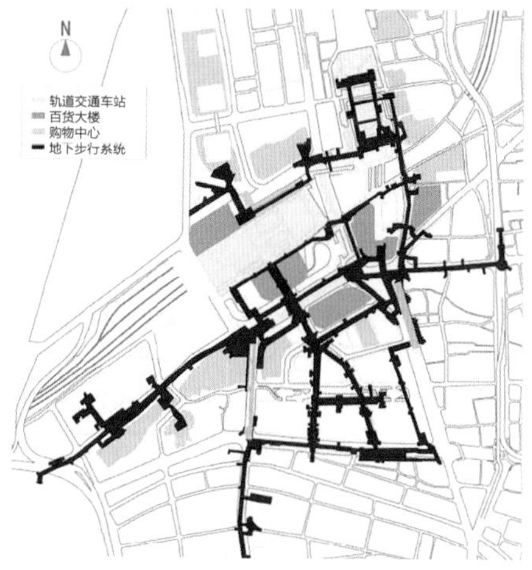

图 14　大阪梅田站地区地下步行网络示意图

展过程，形成了主要位于道路下方的大规模地下步行街系统（图 14）。大阪梅田站地区地下商业街主要由 Whity 梅田、Diamor 梅田、堂岛地下中心 3 条商业街组成，不仅有效衔接各座轨道车站，也与周边酒店、办公楼、百货公司、剧院等，如大丸、阪急百货、阪神百货、梅田艺术剧场、四季剧场、蓝天大厦等多种商业、办公、文娱、公共服务设施便捷连通，在方便乘客换乘的同时，营造了多元、舒适、愉悦的购物休闲环境，彰显出现代化都市门户形象。

大阪梅田站地区的地下空间不仅承担交通通行功能，更是一种生活环境的建立。一方面，城市居民可以从地面上的公园、广场、过渡空间等各类公共空间被引导进入地下街与地铁空间；另一方面，地下街内的各类商业、活动空间通过下沉广场、地下中庭等多样化的公共空间与地面城市空间相互渗透、无缝衔接，为居民就近提供各类城市生活服务（图 15）。

图 15　大阪梅田站地区地下商业街公共空间

4 结语

本文聚焦日本大型交通枢纽地区的地下空间规划经验，对涩谷站、东京站、大阪梅田站 3 个典型交通枢纽地区从地下空间功能、空间组织、环境营造、功能设施布局等方面进行分析，提炼了“基于原有地下空间的更新改造”“构建互连互通的地下空间网络”“站城一体化整体发展”3 种典型发展模式，希望能为我国交通枢纽地区的城市发展，以及开展面向站城一体的地下空间规划、公共空间营造、功能设施统筹等相关工作提供有益借鉴。

（注：文中部分图片来源于大阪站、涩谷站、东京站官网等网络资源，并经作者加工）

参考文献

[1] 赵怡婷，吴克捷，孟令君. 国外地下空间最新理念研究——多维城市空间视角 [J]. 北京规划建设 ,2019(5):143-146.

[2] 纵旻清 . 枢纽区域地下空间城市设计控制要素与策略研究 [D]. 北京：北京工业大学 ,2020.

[3] 胡斌，周业成 . 地下步行空间公共安全设计研究 [J]. 地下空间与工程学报 ,2017,13（3）：573-578.

[4] 万汉斌 . 城市高密度地区地下空间开发策略研究 [D]. 天津：天津大学 ,2013.

[5] 邵继忠 . 城市地下空间设计 [M]. 南京：东南大学出版社 ,2016.

[6] 胡斌，纵旻清，吕元，等 . 站城一体视角下的地下遗存展示利用研究 [J]. 建筑学报，2020，（S1）：165-170.

作者简介

胡斌，北京工业大学建筑与城市规划学院地下空间规划设计研究所所长，国家一级注册建筑师。

赵怡婷，北京市城市规划设计研究院，高级工程师。

吴克捷，北京市城市规划设计研究院公共空间与公共艺术设计所所长，教授级高级工程师。

大型交通枢纽地区的地下空间概览（欧美篇）

胡　斌　赵怡婷　吴克捷

Overview of Underground Space in Large Transportation Hub Areas (Europe and America)

摘　要：欧美国家对地下空间的开发利用起步较早，从英国伦敦世界上第一条地铁开始，地下空间的开发利用逐步由单个地下空间到地下综合体再到地下城。随着轨道交通的发展，欧美国家倡导通过轨道交通与地下商业空间、地下步行空间协同建设，有效提高城市活力。本文聚焦欧美大型交通枢纽地区的地下空间规划经验，对伦敦金丝雀码头地区、纽约哈德逊广场、纽约世贸中心站地区3个典型交通枢纽案例，从地下空间功能、空间组织、环境营造、功能设施布局等方面进行分析，归纳了“整体系统开发”“立体竖向拓展”“枢纽辐射发展”3种地下空间发展模式，希望能为我国轨道交通带动下的城市地下空间开发利用提供些许借鉴与思路。

关键词：欧美国家；交通枢纽地区；地下空间；发展模式

欧美国家对地下空间的开发利用起步较早，从英国伦敦世界上第一条地铁开始，地下空间的开发利用逐步由单个地下空间到地下综合体再到地下城。随着轨道交通的发展，欧美国家倡导通过轨道交通与地下商业空间、地下步行空间协同建设，有效提高城市活力，有代表性的地下空间发展模式包括：整体系统开发、枢纽辐射发展、立体竖向拓展。其中伦敦金丝雀码头地区、纽约哈德逊广场、纽约世贸中心站地区是 3 种模式的典型代表。

1　伦敦金丝雀码头地区——整体系统开发

金丝雀码头（Canary Wharf）是伦敦一个重要的金融区和购物区，坐落于伦敦道格斯岛（Isle of Dogs）的陶尔哈姆莱茨区（Tower Hamlets），位于古老的西印度码头（West India Docks）和多克兰区（Docklands），距离金融城约 6km，自 20 世纪 80 年代后逐渐发展新兴金融商务功能。金丝雀码头在东、西两侧与泰晤士河直接相接，其内有 3 条轨道交通线路经过（Crossrail 地铁线、Jubilee 地铁线、DLR 轻轨线），共设有 5 个站点。

1.1　发展概要

金丝雀码头曾经是伦敦东部重要的港口，随着经济转型，码头区伴随着企业倒闭、环境恶化，并逐渐没落。1980 年起，英国政府启动金丝雀码头区域的再生计划，由 SOM 开展城市规划设计，码头区 28.7 万 m^2 的用地被分为 26 个地块，其中 3 个地块建设地标性的超高层办公楼，其余为中、高层办公建筑和酒店，规划总建筑面积约 230 万 m^2（图 1）。伴随着 DLR 轻轨线、Jubilee 地铁线和 Crossrail 地铁线 3 条轨

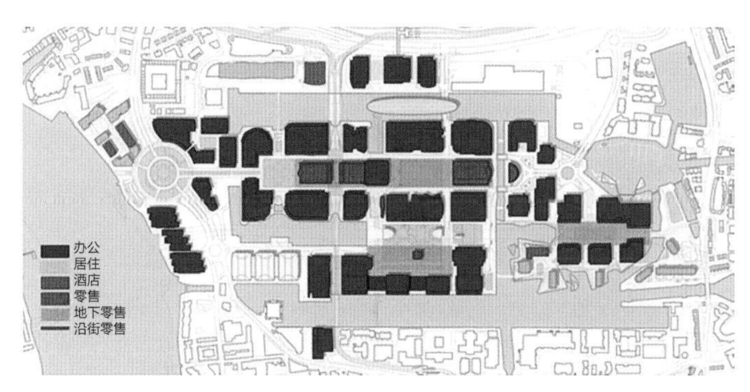

图 1　伦敦金丝雀码头功能分布概况图

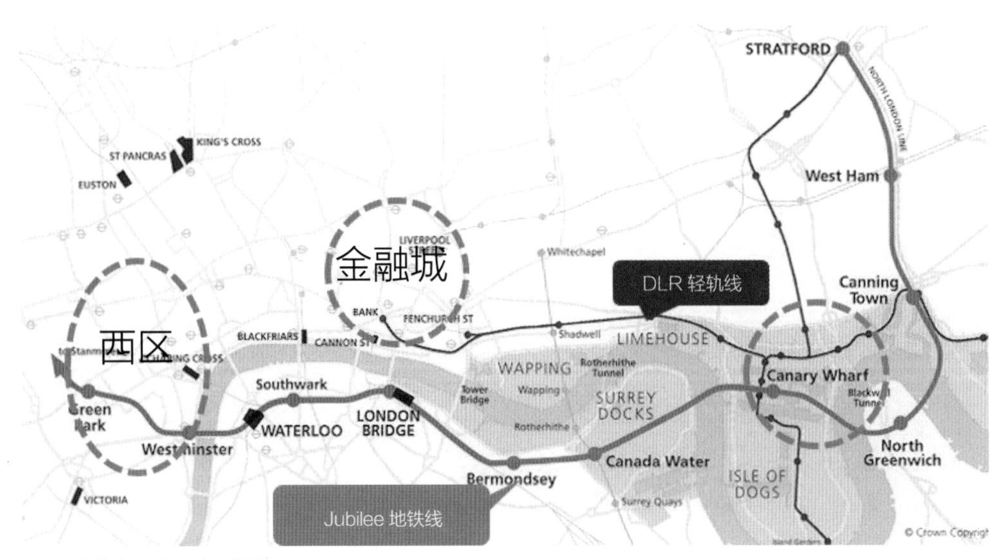

图 2　伦敦金丝雀码头区位图

道交通线路的引入，码头区的交通便捷度大幅提高，逐步成为伦敦重要的国际金融中心。

金丝雀码头采用立体交通组织模式，既在地下空间形成完整的系统，又将地下与地上空间有机结合起来，提高了区域交通条件的整体均好性。DLR 轻轨线、Jubilee 地铁线及 Crossrail 地铁线的建成使得金丝雀码头到伦敦内城的时间缩短到 8 分钟，并与希斯罗机场和城市机场便捷连接。交通条件的改善同时也带动了整个地区的活力，其中人流量最多的金丝雀码头站成为伦敦东部地区重要的交通换乘节点（图 2）。

1.2　地下空间

金丝雀码头地下空间由商业街和步行体系联系，并以轨道交通站点为核心形成 3 处公共空间节点。由于建设时序的不同和水系的分割，金丝雀码头地区地下空间分为南、北两个带状空间，并与地面道路空间正交，整体空间的识别性与导向性较强。在南北两条商业街之间设置了 3 条步行通廊，形成三纵两横的整体空间布局。地下步行通廊沿线设置小型零售商业空间，主要服务于区域内的商务人群。地下商业街较好地将沿线办公楼宇的地下空间联系在一起，并与轨道交通站点连接，形成了整体地下空间网络。与此同时，金丝雀码头地区的地下空间和地面空间有着便捷的联系，通过三维流线组织形成丰富的路径体验和便捷的交通接驳环境（图 3 ~ 图 5）。

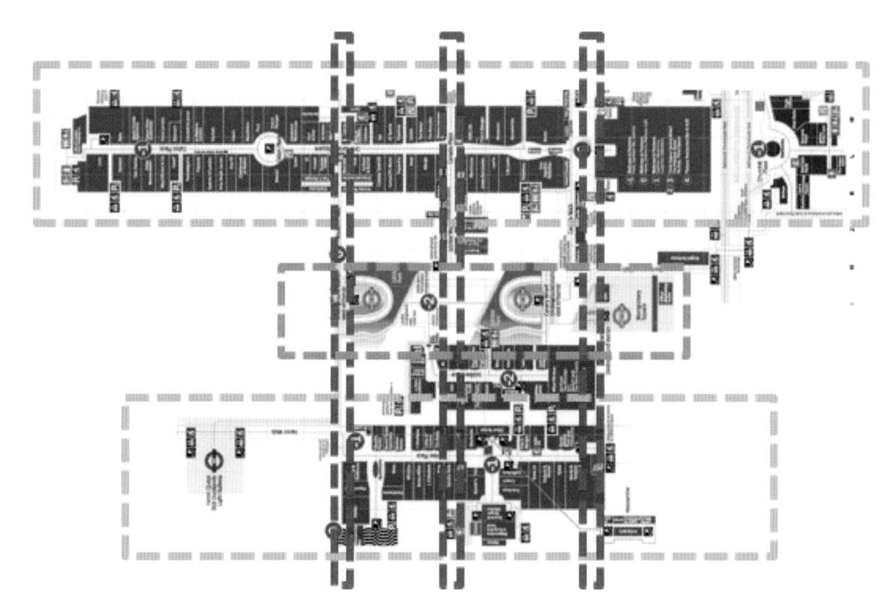

图 3　伦敦金丝雀码头地下空间结构分析图

图 4　伦敦金丝雀码头站剖面图

金丝雀码头地下空间内商业、休闲、服务、地铁站和停车场功能综合为一体，竖向分层布局。其中地下一至地下二层以商业、休闲、娱乐功能为主，包括两条主要商业街和地下停车场及辅助空间，是地下空间网络的主体部分；地下三层为地铁站厅，地下四层为地铁站台，主要承担轨道客流的集散与换乘功能。与此同时，地面除地表公共活动空间外，还依托轻轨站厅形成抬升基面，并结合配套服务设施及屋顶公园形成空中城市公共空间，实现城市公共空间的三维立体化（图 6）。

金丝雀码头区域围绕 Cabot Place、Jubilee Park 和 Elizabeth Line 车站（金丝雀码头站）形成了 3 处公共空间节点，并通过具有标志性的站厅、室内外空间设计和丰富的服务设施为穿梭其中的人群提供良好的出行与服务体验。

（1）Cabot Place 节点：以轻轨 DLR 线的金丝雀码头站为中心，复合商业办公

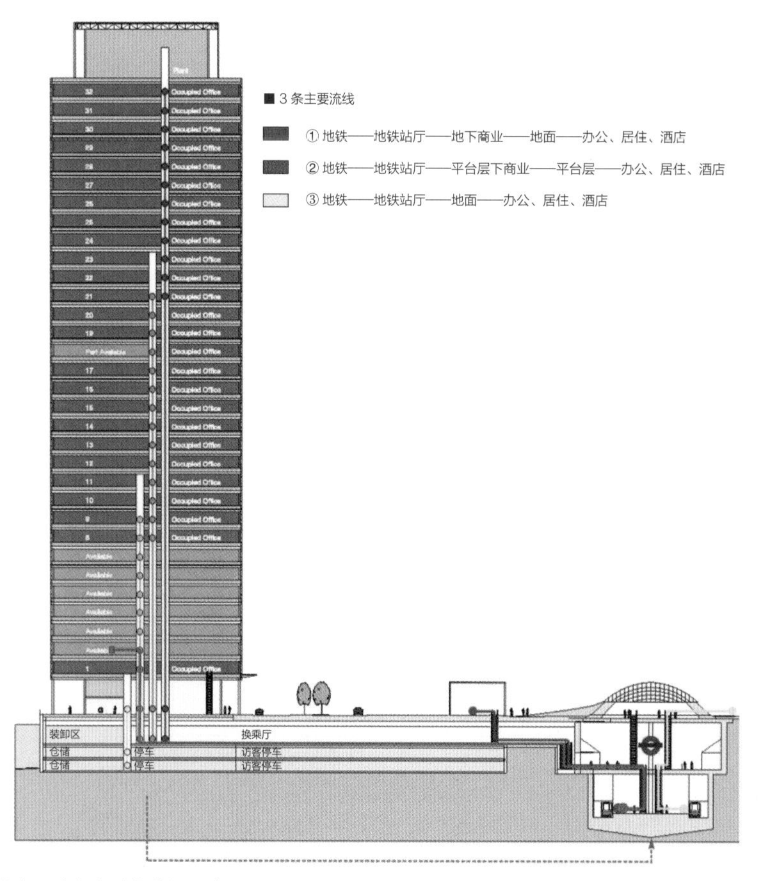

图 5　伦敦金丝雀码头竖向动线分析示意图

功能，主要解决城市汽车交通和轻轨的换乘需求，并依靠便捷的步行系统连接商业会议厅和周边服务设施，形成码头区建设初期的主要公共交通换乘地。

（2）Jubilee Park 节点：以 Jubilee 地铁线的金丝雀码头站为中心，结合城市公园，主要解决地铁与轻轨的换乘需求（图 7）。Jubilee Park 节点将轨道交通与商业设施结合设置，在地面空间整合了公园、滨水空间和水景，形成大面积公共绿地，不仅改善了周边整体环境，同时也提供了更加人性化的场所空间体验。

图 6　伦敦金丝雀码头站竖向分层布局示意图

（3）Elizabeth Line 车站：以 Elizabeth 地铁线的金丝雀码头站为中心，结合零售购物与屋顶花园，主要解决地铁与火车的换乘需求。Elizabeth Line 车站将商业设施、绿色景观空间和轨道交通换乘相结合，形成功能综合的城市交通节点（图 8）。

图 7　Jubilee 地铁站大厅的自动扶梯

图 8　伦敦金丝雀码头主要公共空间节点分析图

金丝雀码头地下空间的出入口独具特色，室外出入口均结合地面公共广场、滨水下沉广场设置（图 9），室内出入口均结合交通站点、室内中庭设置。由各具特色的玻璃顶覆盖的地下中庭空间在金丝雀码头地区地下、地上空间的整合中起到至关重要的作用。地下中庭空间不仅通过玻璃顶提供自然采光，同时也使位于地上、地下不同空间的地铁站和轻轨站连为一体，将人们的步行范围延展至周边的公共空间和商业空间，促进地下空间融入区域整体公共空间与公共设施体系。

图 9　伦敦金丝雀码头地下空间出入口

2 纽约哈德逊广场——立体竖向拓展

哈德逊广场（Hudson Yards）位于纽约市曼哈顿西区，项目占据 6 个街区，占地 10.5hm^2，西邻哈德逊河，北侧与南侧临 34 街和 30 街，东边界与西边界为第十大道和高速公路。整个项目建设于铁路场站上方，包含了住宅楼、办公室、广场、购物中心和餐厅等功能设施，总造价约 250 亿美元。

2.1 发展概况

哈德逊广场所在地曾是纽约铁路车场，落后的公共基础设施导致该地区日渐衰落。但由于其临近曼哈顿中城区（Midtown Manhattan），且是最后一块可供开发的片区，因此具有得天独厚的地理优势和商业开发价值。哈德逊广场再开发项目于 2005 年正式启动，经过一系列竞标，最终由瑞联集团（Related Companies）获得开发权。项目第一期于 2012 年破土动工，2019 年 3 月 15 日开始运营，第二期预计 2024 年完成（图 10）。项目分为东广场和西广场两个部分，东广场以商业开发和公共广场为主，西广场以住宅开发和绿地为主（图 11）。总建筑面积超过 167 万 m^2，并有近 5.7 万 m^2 的公共开放空间，每天预计人流量达 12.5 万。

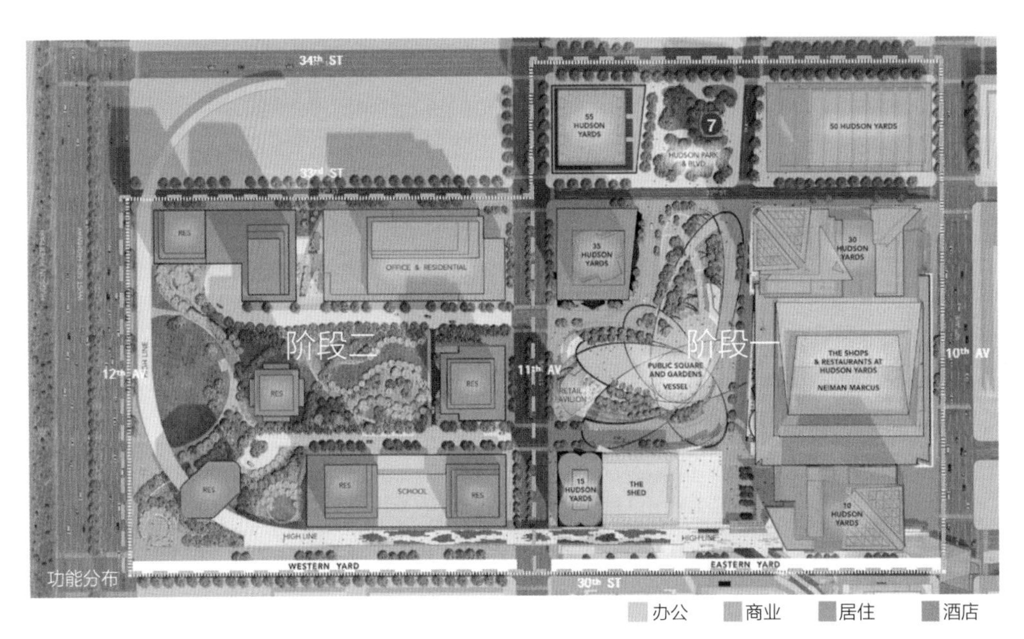

图 10 纽约哈德逊广场分期开发功能分区示意图

图 11　纽约哈德逊广场

图 12　纽约哈德逊广场承重平台示意图

哈德逊广场与其他交通枢纽不同的是整个项目由于用地的特殊性，必须架设在 30 条现役火车轨道、3 条铁路隧道和 1/4 Gateway 隧道之上，可称之为超级上盖开发项目。为此，工程师设计了两个平台作为支持，不仅承载哈德逊项目 3/4 的重量，同时也承载特殊的通风、冷却、雨水滞留和植物友好型“智能土壤”等配套功能（图 12）。整个项目保留地面铁路系统，在架空平台上建设所有开发项目及配套设施，因此有了纽约“天空之城”的美名。

2.2　地下空间

哈德逊广场涉及地铁 7 号线、地铁 ACE 线、地铁 123 号线、地铁 BDFM 线、地铁 NRQ 线等多条轨道线路，将哈德逊广场和纽约市其他区域连接起来，极大地提升了区域交通可达性。

哈德逊广场主要包括 4 个竖向层次。自下而上的第一层为站台层、下层夹层，承接和输送大量来自地铁的人流；第二层为上层夹层，提供信息、零售服务；第三层为公共活动空间，以地面为依托；第四层为地面层以上的 High Line Park，包括高架桥上的绿道和带状公园（图 13、图 14）。

位于 34 街的哈德逊站（Hudson Yards Station）是大都会运输署（MTA）地铁 7 号线的终点站。该站专门为哈德逊广场项目而新建，到开发区域的步行时间不超过 10 分钟，40 分钟通勤圈可辐射纽约 500 万人口。该站于 2015 年 9 月 13 日正式投入使用，高峰期可容纳 42000 多名通勤者。站点深度达 125 英尺（38m），面积 33816m^2，直接服务于其上方的哈德逊广场大型开发项目，站域步行范围内均设有地下商业空间。该站沿哈德逊林荫大道设有两个入口，即第 34 街以南的主要入口和第 35 街以南的次要入口，地下出入口作为独特的视觉要素，显著提高了地下空间的视觉辨识度（图 15）。

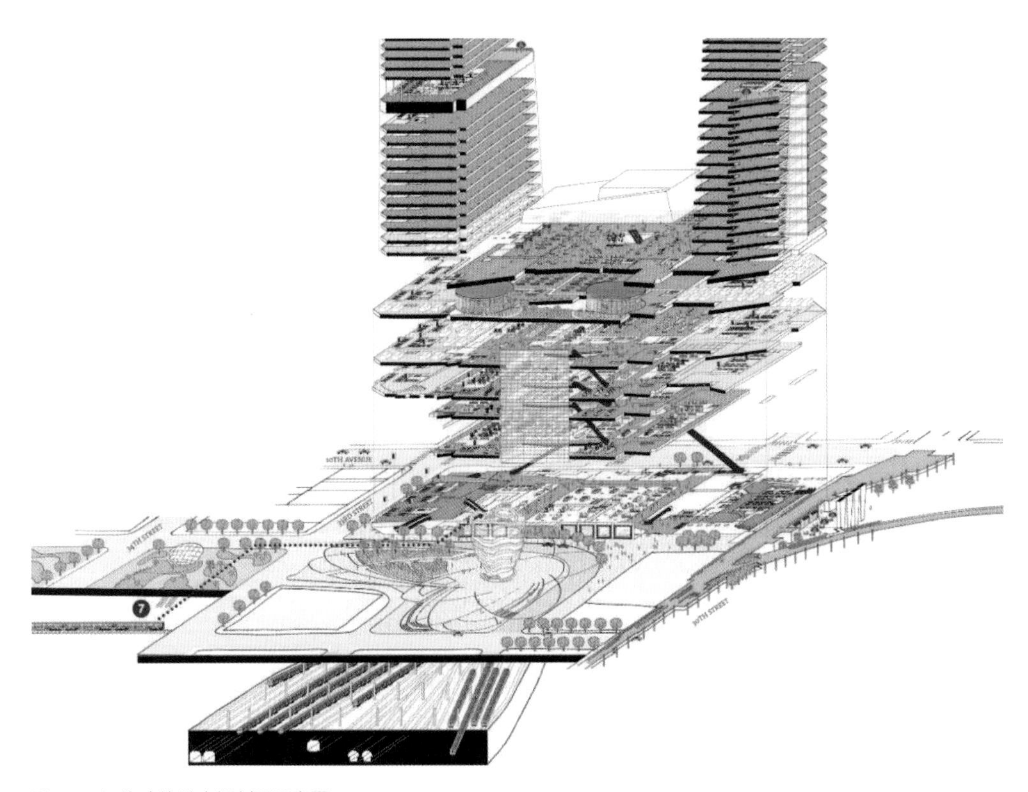

图 13　纽约哈德逊广场剖面示意图

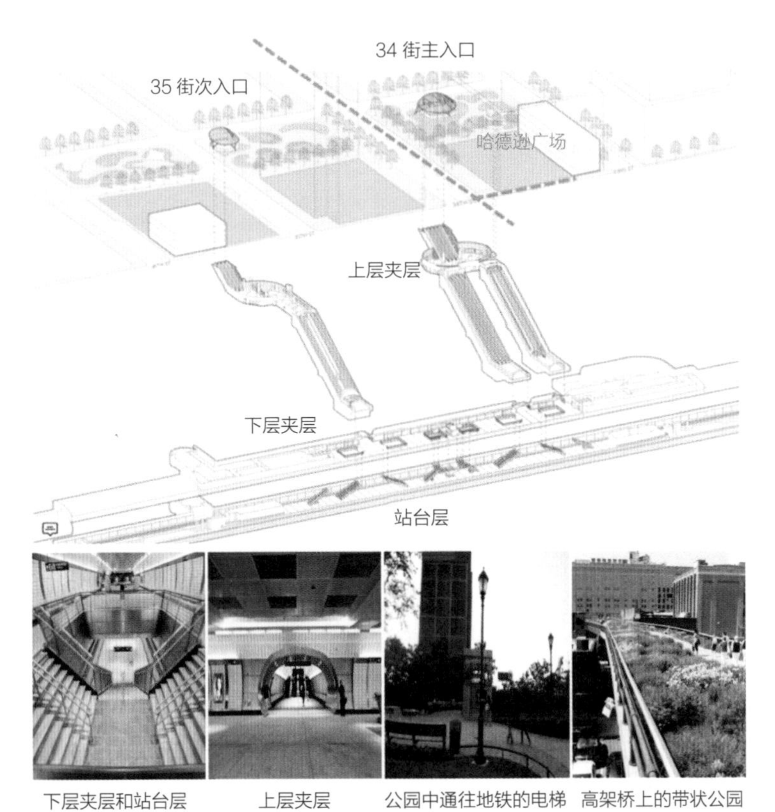

图 14　纽约哈德逊广场地下空间多层基面示意图

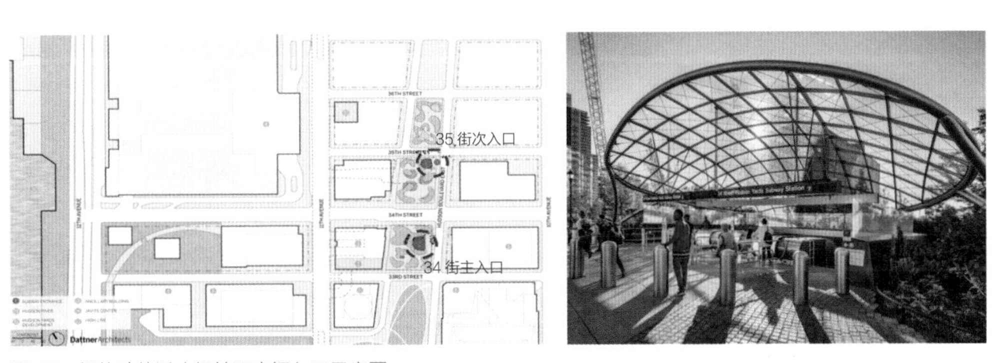

图 15　纽约哈德逊广场地下空间入口示意图

哈德逊广场引入了独特的车站艺术，车站设有 2 个马赛克艺术穹顶，分别位于地下自动扶梯上方以及中层夹层区域的中央（图 16）。车站内设置气温调节系统，可保持全年 21~25℃的温度。

图 16　纽约哈德逊广场地下公共空间

3　纽约世贸中心站地区——枢纽辐射发展

纽约世贸中心位于曼哈顿下城中心地带，周边摩天大楼鳞次栉比。世贸中心站（WTC hub）是在“9 · 11”事件之后重建的城市枢纽站点，由西班牙建筑师圣地亚哥 · 卡拉特拉瓦（Santiago Calatrava）设计。车站与纽新铁路及纽约地铁系统连接，是一座集购物中心（名为 Oculus）、轨道转乘站和人行步道网络于一体的枢纽综合体。

3.1　发展概况

纽约世贸中心站属于世贸中心建筑群的一部分，是纽新航港局通勤铁路系统（Port Authority Trans-Hudson，简称 PATH）过哈德逊河后的东端终点站，也是 PATH 系统的纽华克宾州车站—世贸中心、霍博肯—世贸中心两个运行线路的端点站（图 17）。其前身是哈德逊总站，“9 · 11”事件

图 17　纽约世贸中心站外观

之后，它是世界贸易中心重建计划中的重要规划站点，计划将曼哈顿下城与大都市地区紧密相连。车站从 2005 年开始修建，历经 11 年，于 2016 年正式向公众开放，耗资近 40 亿美元，是预算的 2 倍。车站占地面积约 7 万 m^2，是纽约市的第三大交通枢纽，为 25 万纽约新泽西铁路线的日常通勤者和来自世界各地的数百万访客提供服务。

3.2 地下空间

纽约世贸中心站主要功能空间集中在地下，地上只设置少量交通设施。车站上盖建了两层商业空间——西城购物中心，这也是纽约市首个地铁上盖购物中心项目。它以宽敞明亮的集散大厅为中心，通过步行系统向周边辐射，与周边大楼地下空间、富尔顿转运中心衔接，并与炮台公园客运码头、国家 911 纪念馆和博物馆，世贸中心 1、2、3 和 4 号塔，以及设有冬季花园的布鲁克菲尔德广场相连接，形成纽约市最完整的地下步行网络（图 18）。

车站标志性的大鸟形状屋顶下方为车站主体空间——转换大厅（Transit Hall），其室内空间长 107m，最宽处 35m，建筑深度 18m，地下共 4 层（图 19）。地下一层可通往纽约地铁 1、N、R、W 线，并且设有西田购物中心（图 20）；地下二层可

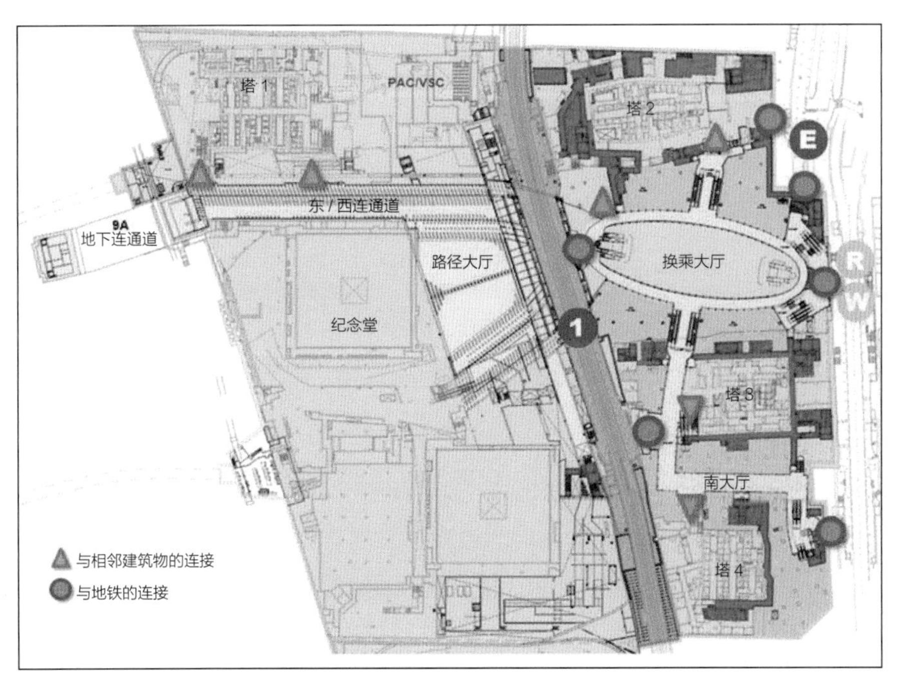

图 18　纽约世贸中心站地下空间总体布局示意图

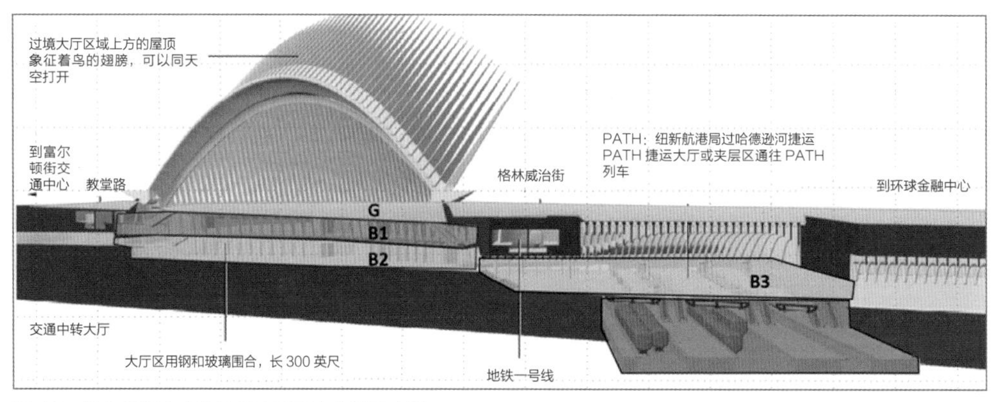

图 19　纽约世贸中心站地下空间竖向布局示意图

图 20　西田购物中心室内场景

通往富尔顿转运中心 2、3、4、5、A、C、J、Z 线及转乘纽约地铁 2、3、A、C、E 线；地下三层为月台转换层，设置有少量商业设施，并且可以通过西大堂去往布鲁克菲尔德广场；地下四层是月台，共设有 11 条火车和地铁铁轨，乘坐 PATH 系统到达世界贸易中心站的乘客可直接在此换乘 MTA 纽约地铁。

转换大厅主空间环境以白色为主基调，与建筑外观相呼应，一方面象征着和平，另一方面为在此换乘的乘客提供干净、舒适的室内环境体验。地下步行路径沿线设置灯带，不仅提供了明亮的购物环境，同时也在顶面设置指向性装饰，在不同店铺增加环境装饰，提高了地下空间的方向辨识度和环境丰富性，使人在地下街行走时不会感到沉闷乏味（图 21、图 22）。

世贸中心站地下空间主要为周围商务人士及地铁乘客使用，地下空间将西田商业中心一部分商业设施包含在内，功能业态以服装配饰为主，并设置少量咖啡及冷饮店，无大面积餐饮设施。

总体看来，世贸中心站地下空间竖向布局清晰合理，商业与交通功能各司其职、互不打扰，并通过高效的换乘空间组织为从新泽西州乘坐 PATH 系统的乘客提供了更多的换乘选择，加强了世贸中心的综合枢纽功能。世贸中心站的地下空间平面布局则利用辐射状的步行系统并充分与城市空间、高层建筑融合，使得出站人群可以较快疏散并便捷地到达目的地。

图 21　纽约世贸中心站天窗

图 22　纽约世贸中心站大堂

4　结语

本文聚焦欧美大型交通枢纽地区的地下空间规划经验，对伦敦金丝雀码头地区、纽约哈德逊广场、纽约世贸中心站地区 3 个典型交通枢纽案例，从地下空间功能、空间组织、环境营造、功能设施布局等方面进行分析，归纳了“整体系统开发”“立体竖向拓展”“枢纽辐射发展”3 种地下空间发展模式，希望能为我国轨道交通带动下的城市地下空间利用提供些许借鉴与思路。

参考文献

[1] 赵怡婷，吴克捷，孟令君．国外地下空间最新理念研究——多维城市空间视角 [J]. 北京规划建设，2019(5):143-146.

[2] 纵旻清．枢纽区域地下空间城市设计控制要素与策略研究 [D]. 北京：北京工业大学，2020.

[3] 胡斌，周业成．地下步行空间公共安全设计研究 [J]. 地下空间与工程学报，2017,13（3）：573-578.

[4] TOD 都市开发研究所．TOD 全球城市实践 —— 纽约世贸中心站域城市更新 [Z/OL].（2022-03-09）[2023-11-27]. https: // mp.weixin.qq.com/s/kecazzlfiwfjg H0HXJdcJA.

[5] 万汉斌．城市高密度地区地下空间开发策略研究 [D]. 天津：天津大学，2013.

[6] 邵继忠．城市地下空间设计 [M]. 南京：东南大学出版社，2016.

[7] 胡斌，纵旻清，吕元，等．站城一体视角下的地下遗存展示利用研究 [J]. 建筑学报，2020，(S1):165-170.

作者简介

胡斌，北京工业大学建筑与城市规划学院地下空间规划设计研究所所长，国家一级注册建筑师。

赵怡婷，北京市城市规划设计研究院，高级工程师。

吴克捷，北京市城市规划设计研究院公共空间与公共艺术设计所所长，教授级高级工程师。

The Dimensional City

Urban Renewal and Environmental quality improvement

5

城市更新与品质提升

城市更新是我国新时期城市建设的一个新课题。随着城市从增量扩张转向存量更新发展阶段，城市地面空间资源愈加紧张，向下纵深发展成为城市更新的重要途径。本章聚焦城市更新背景下的地下空间利用模式，结合经济价值评估和社会需求分析，深入探讨地下空间存量资源的激活与更新。以城市高质量发展为目标，关注地下轨道交通站点周边地区、老旧居住区等城市更新的典型区域，从政策法规、技术标准、规划指引以及实际运营等方面综合分析，促进地下空间资源有效利用，提升地区活力，补足设施短板，提高土地利用效率。

北京城市地下空间存量资源利用

吴克捷 陈 钦 高 超

Research on the Utilization of Existing Underground Space in Beijing

摘 要：当前，我国特大城市逐步进入了更新时代，合理利用城市存量地下空间对构建立体紧凑型城市，提高城市运转效率，实现高品质发展具有重要作用。本文针对北京城市地下空间存量资源利用，参考已进行的众多实践案例，明确本底条件，对接使用需求，结合不同类型，提出了资源分类评估、补充公服缺口、设置安全设施、加强互联互通、关注设施改造五大方面策略，助力推进北京存量地下空间的更新利用。

关键词：城市更新；地下空间；存量资源利用

1 存量地下空间是城市的宝贵资源

《北京城市总体规划（2016 年—2035 年）》提出：“坚持集约发展，框定总量、限定容量、盘活存量、做优增量、提高质量。”当前，北京城市发展方式正从增量扩张向减量提质转变，城市发展与城乡规划逐步走进存量时代。在严控增量、抑制城市无序蔓延的背景下，城市可供建设的新增土地愈发紧张。同时，为了满足人民群众日益增长的物质文化需求，城市功能需求愈发丰富多元。此时，存量资源就显得尤为重要，利用好城市存量空间成为城市可持续发展的重点。

城市地下空间是重要的国土空间资源，也是存量资源的重要组成部分。北京成规模的地下空间建设始于新中国成立初期，伴随着城市的发展，地下空间已经达到上亿平方米规模。在 70 多年的建设中，北京地下空间存量资源具有规模大、分布广、类型多等特点，是城市更新的宝贵资源与重要载体。随着城市功能需求的不断丰富以及轨道建设的快速发展，北京地下空间存量资源迎来了新的契机，如何有效盘活这部分空间资源，补足城市功能短板，科学统筹地上地下空间发展值得深入研究。

2 存量地下空间利用的迫切需求

城市存量地下空间利用是城市建设从水平扩张向垂直拓展、从增量发展向存量更新转变的重要体现。近年来，北京的地下空间利用在传统停车库、地下设备等基础上，又涌现出了众多新的案例，为地下空间存量资源的优化利用提供了思路。

“地瓜社区”项目利用小区居民楼下的闲置地下室，改造成为社区文化活动场所。项目通过空间与功能的精心设计，打造了图书馆（图 1）、影院（图 2）、健身房（图 3）、玩具屋等多种活动空间，为周边居民创造了时尚、共享的公共客厅，受到了广泛好评。

“美家美库”项目将闲置人防地下室改造成为社区仓储设施。人防工程有其特殊的安全要求，项目在不降低人防工程功能与保障战备需求的前提下对地下空间进行装修改造，以合理的价格为社区居民提供家庭储藏服务，使用效果良好。

类似的案例还有不少，可以看到，随着城市空间资源的日益紧张，存量地下空间资源具有重要的经济效益与社会价值，利用好这部分资源可为城市更新发展提供有效的空间保障。但需要引起注意的是，长期未用的存量地下空间也面临各种安全隐患，

图 1　设计巧妙前卫的“地瓜社区”图书馆

图 2　“地瓜社区”的放映厅可以为每个人打造专属私人影院

图 3　“地瓜社区”内的健身房成为社区年轻人新的聚集地

其改造再利用需要多方的共同努力以及相关建设、维护费用的支持。目前，北京市对存量地下空间资源的利用仍多为自下而上的探索，在实施过程中也遇到了很多问题，有必要及时总结和研究相关政策机制，明确发展思路与方向。

3　北京存量地下空间利用条件

北京城市地下空间经历了漫长的建设时期，形成了大量地下空间存量资源。这些地下空间存量资源既是城市更新发展的重要空间载体，同时也面临着众多制约和挑战。总结来说，北京地下空间存量资源主要有以下特点：

（1）规模大。伴随着城市的快速发展，北京地下空间已经从早期以人防地下室建设为主的初期发展阶段转变为围绕轨道交通和重点功能区的立体、网络、多元化发展阶段，地下空间占城市空间资源的比例持续上升。截至目前，北京市现状地下空间（地下室类）建设总规模已达上亿平方米级别，人均地下空间面积超过 5m^2，居全国首位。

（2）分布广。从空间区域看，北京绝大部分建成地区都会结建有普通地下室或人防地下室，但从总量分布来看，地下空间存量资源主要集中于中心城区，其规模占比超过 60%（图 4），且主要分布在轨道站点周边及城市重点功能区，如王府井—东单地区、北京商务中心区（CBD）、中关村地区、奥林匹克森林公园中心区等地区形成集中连片的地下空间网络。

（3）闲置率较高。全市近 1/4 的已建成地下室目前处于闲置状态，在用的地下空间中近一半为停车库，近八成的地下空间为单一使用功能。这些尚未充分利用的地下

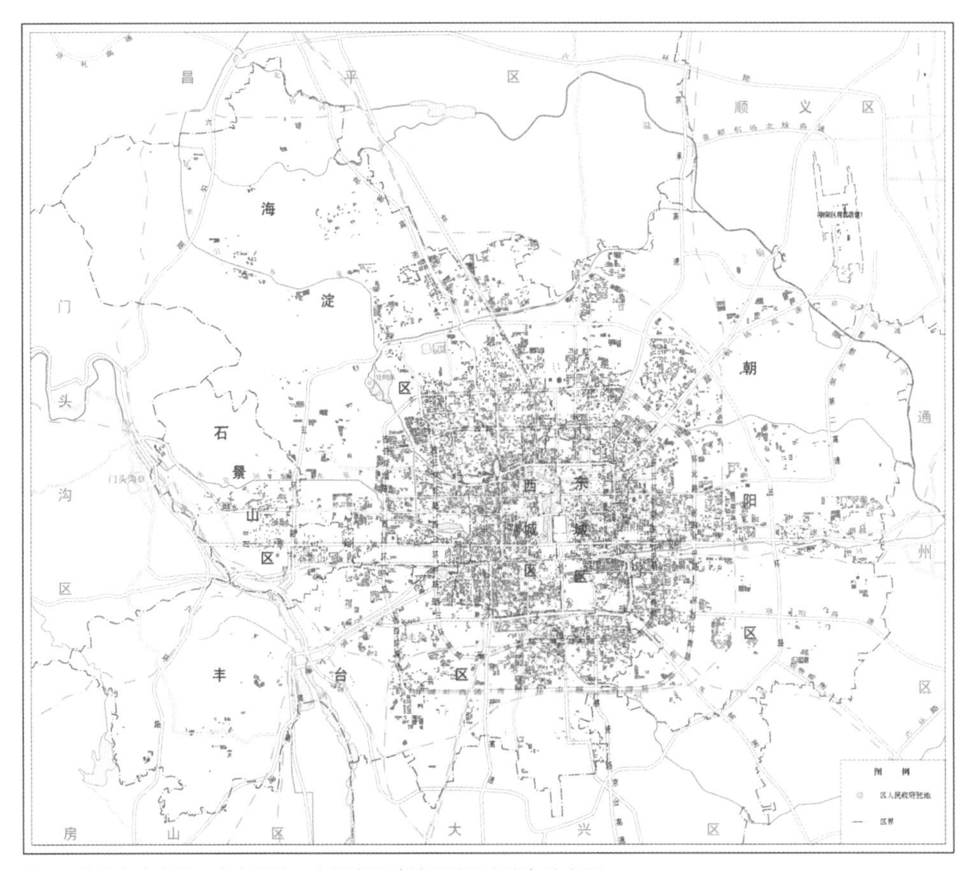

图 4　北京市中心城区内存量地下空间资源（普通地下室类）分布图

空间存量资源具有较大的改造利用前景。

（4）早期工程存在安全隐患。北京已建成的地下室中有相当一部分为早期人防工程，普遍存在“风、水、电”等配套设施陈旧以及建筑结构有待加固等情况，这些早期工程在改造利用的同时也要注意防范安全隐患。

（5）空间利用存在制约。北京已建成的地下空间建筑面积多在 1000m^2 以下，尤其是早期工程面积普遍较小，且空间分割多、开间小、结构复杂，空间利用制约较大；另外，北京已建成的地下室多数无电梯接入，可达性差、空间封闭性强，增加了改造工程量。

（6）配套管理机制滞后。因缺乏必要的政策支持和机制保障，地下空间存量资源再利用也面临诸多管理难题，对于谁投资、谁建设、谁使用、谁运营都缺乏明确的政策指导，导致部分清退地下室仍然空置和缺乏必要的维护。

4 存量地下空间利用的策略和思路

随着北京城市建设进入存量发展时代，利用好地下空间存量资源是实现城市减量提质发展的重要途径。结合北京的实际情况，未来地下空间存量利用应关注以下几个方面。

4.1 摸清存量资源，分类指导实际工作

地下空间存量资源根据其建成年代、建筑质量、设施设备、出入条件等实际情况应采取差异化的利用措施。对于建成年代在 2000 年之后、建筑质量较好、有电梯接入、设备配置较为齐全的地下空间，应优先进行改造利用；对于建成年代较早、改造成本高、施工难度大的地下空间，可暂作为远期利用对象；针对一些条件较差的早期地下工程，必要时还可以进行工程回填，以消除安全隐患。

4.2 优先补充公共服务缺口，提升城市宜居水平

居住区内的地下空间存量资源应坚持公共优先使用，优先用于补短板的公共服务设施，如便民商业、菜站、物流配送网点、社区仓储、社区文化活动场所、阅览室等，

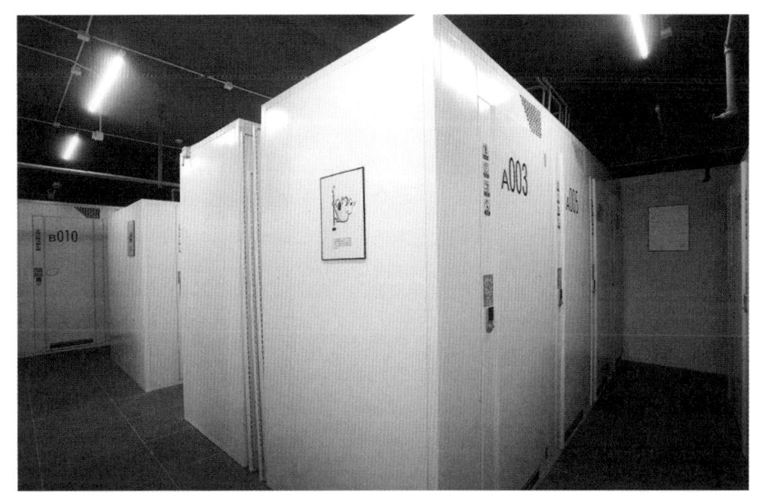

图 5　利用地下室改造的“交大嘉园”自助智能化存储仓大大地方便了社区居民

图 6　建于地下的“读聚时光”青少年阅读基地弥补了老旧社区公共文化资源的短板

提升社区公共服务品质（图 5、图 6），为居民的日常活动和交往提供良好的空间载体。在利用过程中还应及时征求居民的需求意向，有针对性地补充公共服务设施类型。

4.3　发挥地下环境优势，加强地下空间防灾安全

地下空间具有环境稳定性、防护性强等特点，这些优势为防灾安全、数据存储、战略储备等战略性使用需求提供了有利条件，如利用地下空间设置平灾结合、平战结

图 7　地下空间里建农场，可以不受天气与季节影响，充分发挥地下空间优势

合的城市应急防灾避难场所、应急物资储备库、医疗救护等防灾减灾设施；随着工程技术的进步，存量地下空间可为实验室、数据中心、指挥中心、战略储备库等新型设施提供节能、稳定、环保的整体环境（图 7）；另外，位于公共服务与商业办公用地下的地下空间存量资源，可改造为办公室、会议室等办公配套设施，为小型科创公司提供生长土壤。

4.4　加强地下互联互通，营造便捷的公共活动空间

互连互通是提高地下空间利用效率的关键。商务办公区、商业中心区、大型文化体育场馆等人流密集地区的存量地下空间，应鼓励与周边地区的地下连通，提高步行便捷性，保障人流快速疏散；与此同时，应加强存量地下公共空间与轨道站点的连通，提高地下空间的可达性与潜在商业价值。

4.5　加强“风、水、电”设施改造，提升地下空间环境品质

环境的舒适性是影响地下空间使用的关键。地下空间利用应着重关注“风、水、电”设施条件的改善，并根据实际使用需求采取不同的改造方式。如人员活动较频繁的地

图 8　运用采光井将自然光线引入地下，同时还可兼具通风与景观的作用

下空间应关注通风、采光、照明、上下水设备的改善，增强空气流通，通过引入自然光源或布置照明设施改善室内光线，让空间环境更加舒适（图 8）；仓储设施、实验室、数据中心等人员活动频率较低的地下空间应根据设备空间需求，采取有针对性的环境改善措施，发挥地下空间环境稳定性强、密闭性好等优势。

作者简介

吴克捷，北京市城市规划设计研究院公共空间与公共艺术设计所所长，教授级高级工程师。

陈钦，北规院弘都规划建筑设计院有限公司，规划师。

高超，北京市城市规划设计研究院，高级工程师。

城市更新视角下的日本地下空间利用与增效

赵怡婷　吴克捷

Utilization and Efficiency of Underground Space in Japan from the Perspective of Urban Renewal

摘　要：随着经济增速放缓、人口出生率下降、人口老龄化等社会经济形势的变化，日本城市正面临城市更新和功能升级的迫切需求。2001 年日本开始提出“都市再生”（Urban Renewal）计划，次年出台了《城市再生特别措施法》并进行一系列都市整备再开发。在这种情况下，城市地下空间既是城市发展的重要增量空间资源，同时也包含了大量待更新的存量空间资源。本文介绍了日本城市更新背景下的地下空间利用实际案例，以及地理信息技术在存量地下空间增效中的实际运用，以期为更好地利用地下空间，助力国内城市更新发展提供有益参考。

关键词：日本；城市更新；地下空间利用；存量增效

1 发展背景

2002 年日本政府出台了《都市再生特别法》，确定了都市再生紧急整备地区 65 个，土地面积 9092hm^2，其中，特定都市再生紧急整备地区 13 个，土地面积 4110hm^2。根据该法律，纳入都市再生特别地区享有比都市开发制度更宽松政策，可以打破原来的设计限制（如指定容积率、土地用途等），根据城市更新开发需要重新设计容积率、土地用途等条件。2013 年，日本政府修订《都市计划法》，确定了以轨道交通枢纽站点为核心的都市再生特别地区，主要包括以东京都市圈为主的关东地区。以此为基础，东京都政府以 2020 年东京奥运会的准备为契机提出以 7 个都心站点周边区域为主的“东京大改造”计划，通过提高轨道站域的开发强度、构建高质量的立体步行网络与基础设施网络、引入多元化的功能业态、改善地区防灾韧性等规划途径，有效改善地区城市空间品质，提升地区经济社会活力（图 1）。

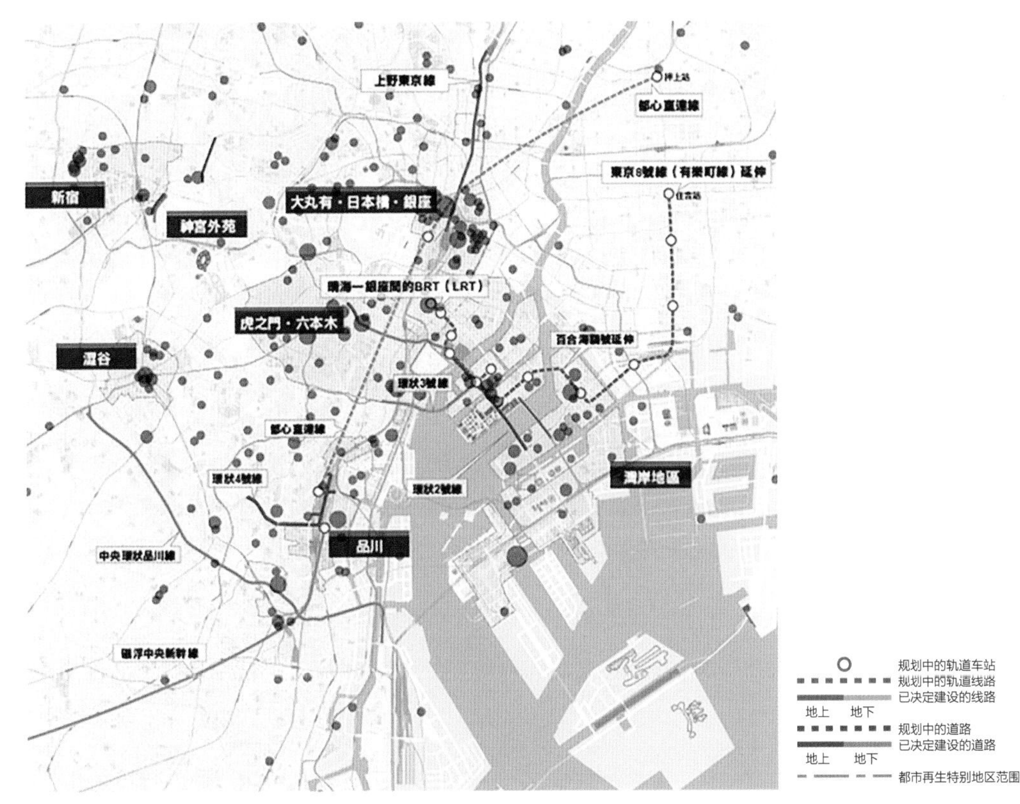

图 1 “东京大改造”计划的 7 个重点地区示意图
（图片来源：2020 东京大改造计划）

2　城市更新下的地下空间建设

在日本的大都市圈中，以轨道交通为主的地下交通网络具有重要地位，而围绕轨道交通枢纽站点的站城一体化开发则是日本城市更新的重要实现途径。在轨道站域城市更新过程中，地下空间不仅仅是城市功能空间的重要补充，同时也通过打破地上地下空间界限，创造多首层空间效益，成为立体城市发展的重要组成部分，促进城市功能迭代与空间提质（图 2）。

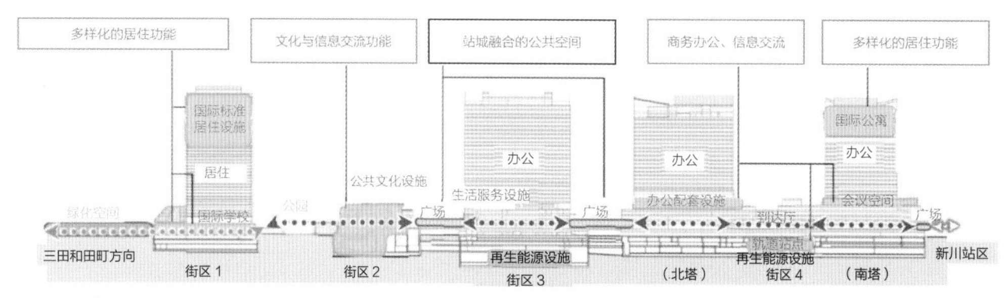

图 2　东京北品川城市更新示意图
【图片来源：图 2 ~ 图 4 均引自：都市再生特别地区（品川駅北周辺地区）都市計画（素案）の概要】

2.1　东京虎之门山（Toranomon Hills）地区改造

2020 年 6 月，随着东京地铁日比谷（Hibiya）线虎之门山站的开通，该地区成为靠近东京市中心的新交通枢纽。为促进新交通枢纽地区的城市更新发展，虎之门山地区作为都市再生特别地区编制了都市更新计划，通过构建了三维立体的站前广场将新旧站点、公交总站以及周边城市区域有机联系起来，强化交通枢纽功能；与此同时，通过串联地上地下空间形成无缝衔接的连续步行网络以及引入商业、文化、展览、生活服务等多元化功能，形成了舒适便捷的城市步行环境，营造出充满活力的城市环境（图 3、图 4）。根据规划，虎之门山地区将建设成为站城一体发展的新一代国际商务交流中心。

2.2　东京涩谷站地区

东京涩谷站地区作为都市再生特别地区之一，正面临着一次较大的转型，不仅车

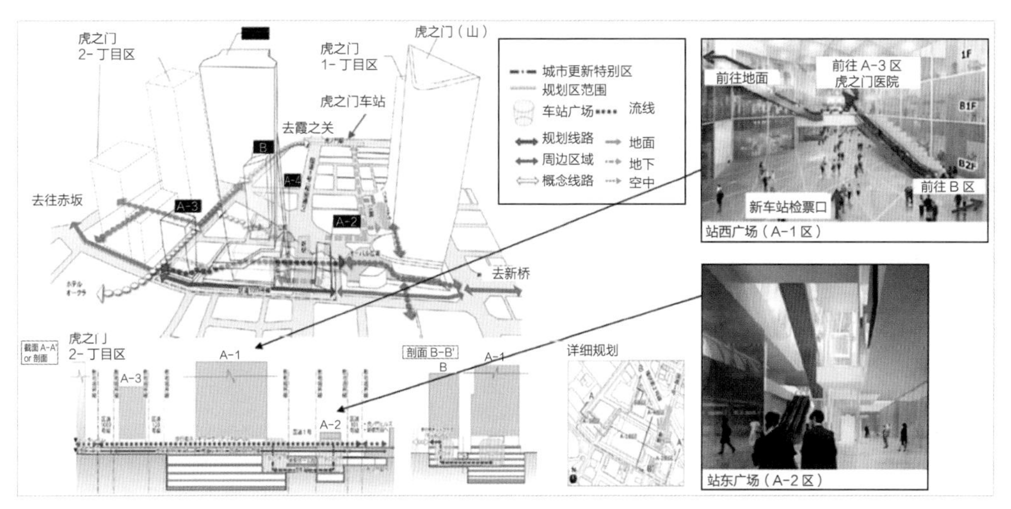

图3 虎之门山地区立体步行网络布局示意图

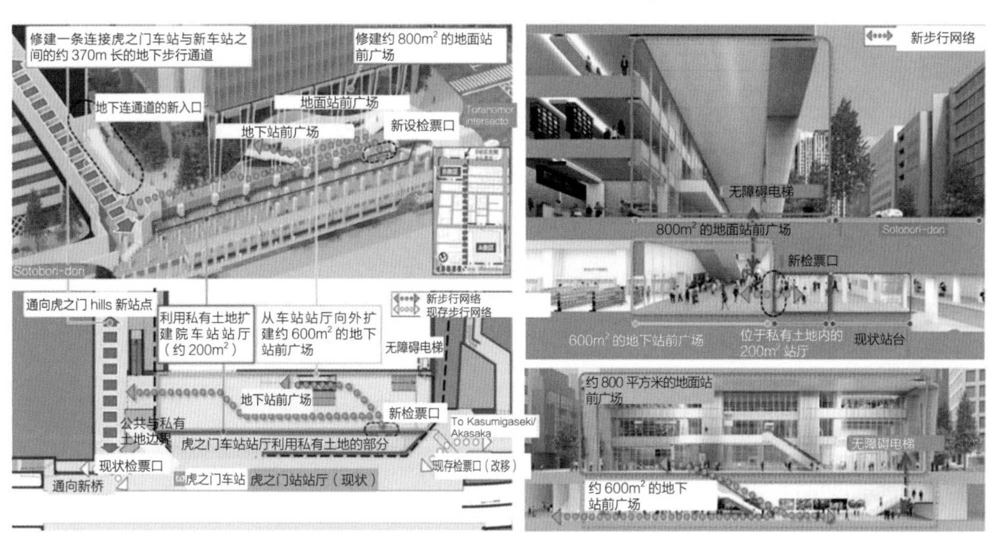

图4 虎之门山站地上地下步行网络的扩建方案示意图

站设施需要进行更新和功能重组，车站与周边城市区域的发展也需要进一步地协调和融合。如何在保留和传承涩谷站地区自身特色的同时，促进区域再生和可持续发展成为涩谷地区城市更新的主要挑战。根据涩谷站地区都市更新规划，通过扩建连接车站东西两侧广场的步行通道进一步加强车站交通枢纽功能；与此同时，为提高行人的便利性，车站区域建造了立体空间步行系统，通过连续的城市公共空间将不同竖向层次的各类设施连在一起，并在不同竖向空间之间构建立体城市核（由电梯和自动扶梯组成的开放式垂直交通空间），将车站与周边城市区域连接为一个整体（图5、图6）；

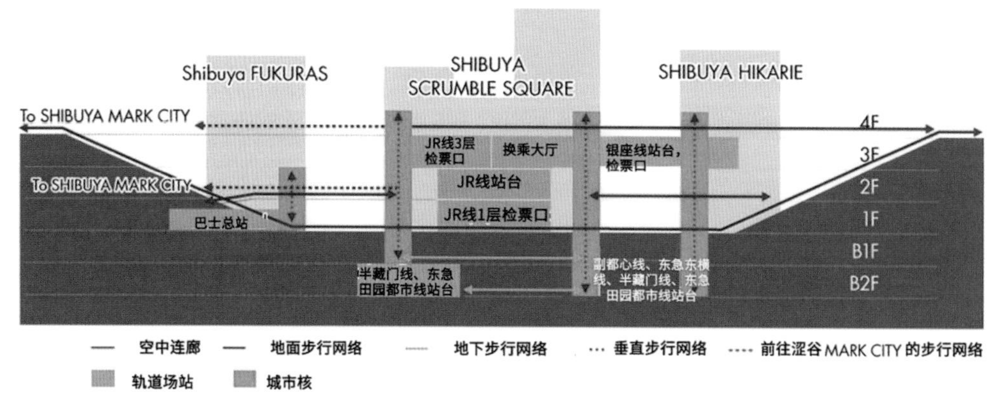

图 5　涩谷地区立体空间结构示意图
（图片来源：网络）

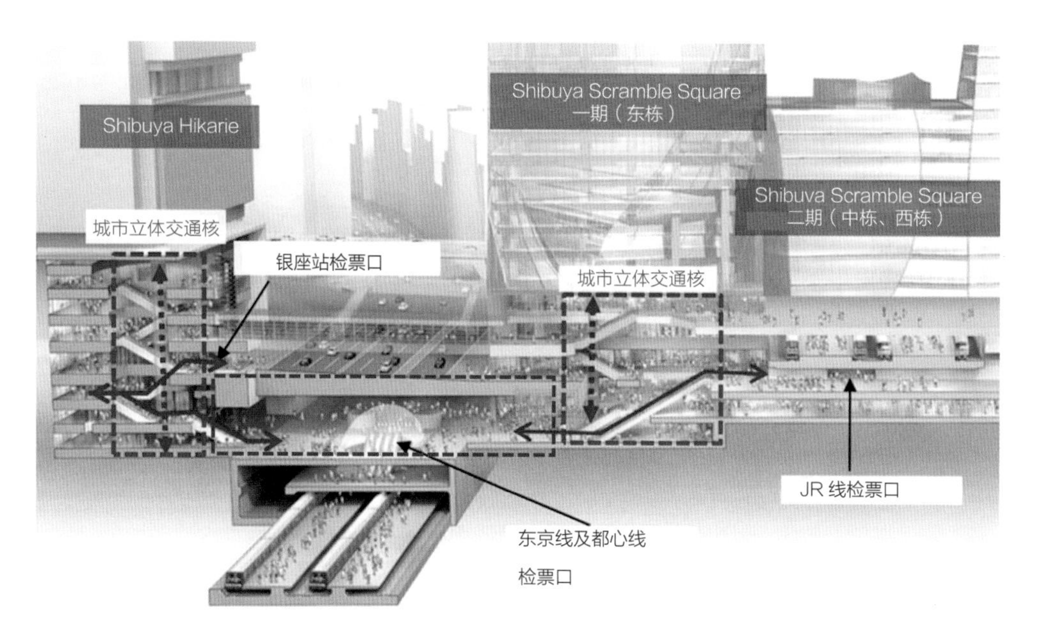

图 6　涩谷站东出口地区的立体城市发展示意图
（资料来源：谷駅周辺地区における都市計画の提案について）

另外，为提高车站地区的防灾韧性，规划在不同竖向层设置了临时避难空间和生活配套设施，并与周边开发地块预留连通接口，为灾害时大规模人流的有效疏散提供支持。通过强化交通节点功能、提高行人的便利性、增强防灾功能，涩谷地区按照都市再生特别地区的相关规定也得到了一些容积率奖励，如未来之光项目容积率由过去的 8.1 提升到 13.7。

2.3　东京站八重洲地区

东京站八重洲地区位于东京站的东大门，由于开发年代较早，八重洲地区面临着设施陈旧、功能单一、环境品质不足等问题，与站西区的现代化城市环境形成较为明显的反差。为促使地区更新发展，八重洲地区编制了都市更新计划，主要措施包括加强东京站前交通调节功能，将分散在人行道上的高速巴士车站集中在新建的公交终点站，扩充步行空间，提高换乘便利性；优化东京站和周边市区的步行联系，构建连接东京站、八重洲地下街、京桥站等地区的地上、地下步行网络，通过增设地上、地下广场提高城市活力；引进具有国际竞争力的城市功能，包括增设国际教育设施、公寓酒店等；通过增设可再生能源网络、紧急发电设施、临时避难空间、物资储备等，加强公交设施的平灾结合利用，提高地区综合承载力和防灾韧性（图 7、图 8）。

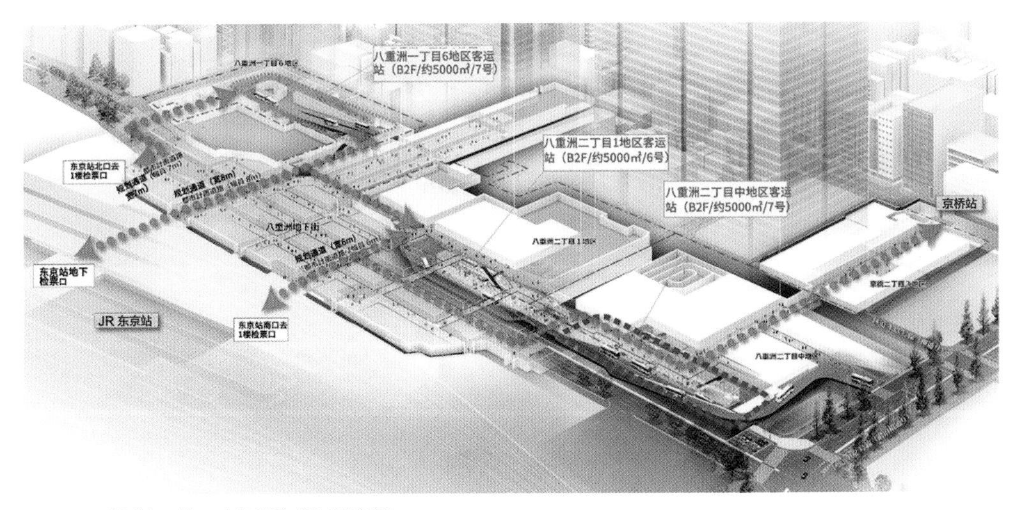

图 7　八重洲地区地下步行网络规划示意图
[图片来源：图 7、图 8 均引自：都市再生特別地区（八重洲二丁目中地区）都市計画（素案）の概要]

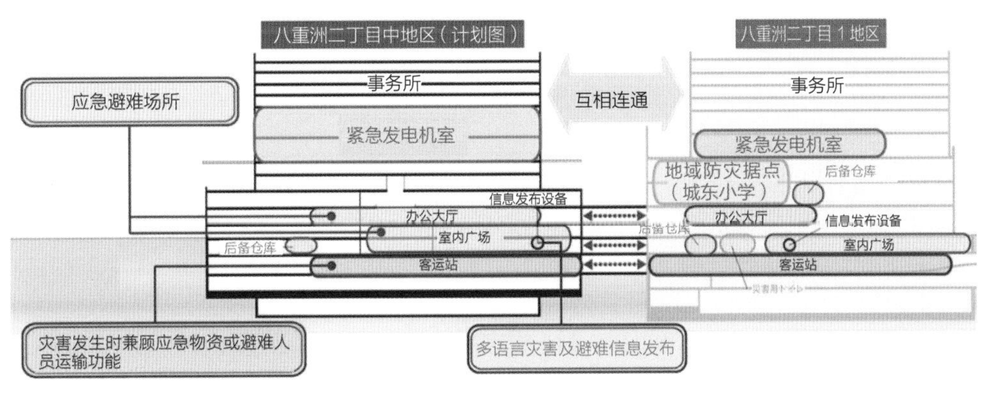

图 8　八重洲地区防灾设施布局示意图

3　利用地理信息技术助力存量地下空间增效

在经济高速增长时期，日本利用轨道枢纽站点周边的道路和站前广场建设了大量的地下商业步行街，不仅改善城市步行环境，也有效补充城市服务功能。然而，随着时间的推移，日本 80% 以上的地下商业街已经运营了 30 多年，这些老旧地下空间场所的安全隐患和防灾问题日益突出（图 9）。为此，日本正在推动地理信息技术在地下空间中的运用，通过地下空间管理的数字化赋能，系统、稳步地改善地下空间的使用效能。

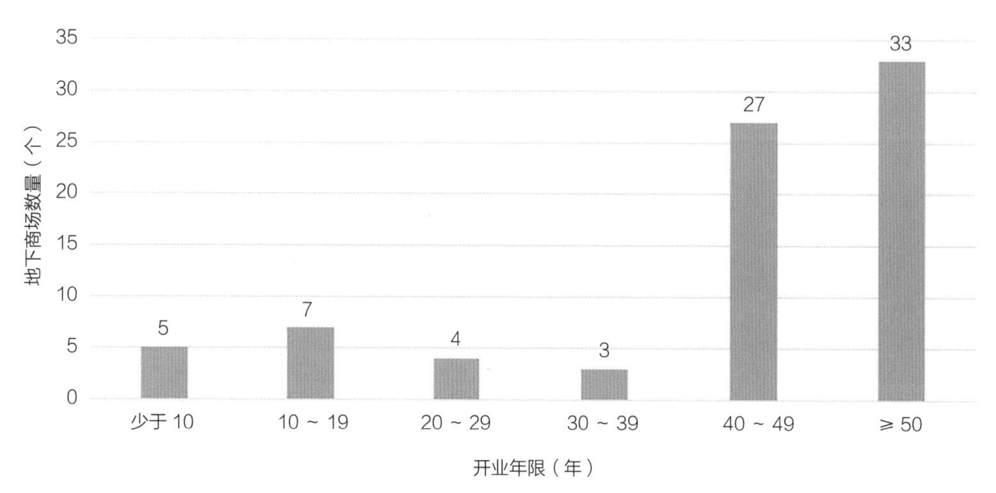

图 9　日本地下商场开业年限（统计截至 2019 年 3 月）
（图片来源：日本土地、基础设施、交通和旅游部门数据）

3.1　地下空间数字地图

日本政府正在研发针对室内的地理空间信息技术，以实现包括地下空间在内的室内空间导航，其中一项工作是通过地理空间信息中心发布室内数字地图。地理空间信息中心是一个一站式平台，汇集和处理来自公共部门和私营部门的各种地理空间信息，并为用户提供可搜索、下载和利用的空间位置信息。开发室内地理空间信息平台的一个挑战是缺乏统一的电子地图标准。为此，地理空间信息中心根据日本地理空间信息局 2018 年 3 月发布的“室内地理空间信息等级数据规范”，创建了室内数字地图，共涉及以东京站为中心的东西约 1km、南北约 2km 的区域及其中 7 个轨道站点，是日本最大地下空间数字地图（图 10）。地下空间数字地图的数据信息包括步行通道的

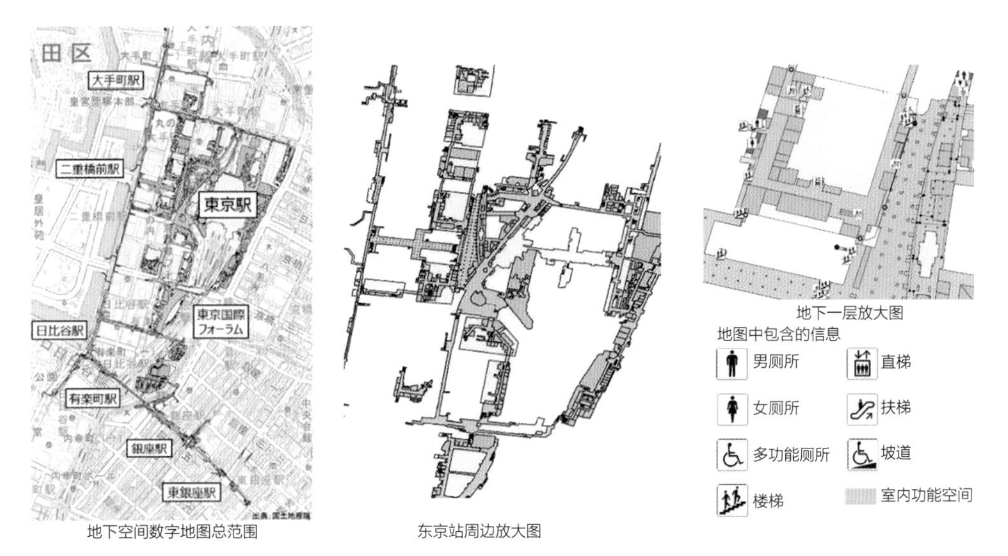

图 10　地下空间数字地图（东京站周边）
（图片来源：日本最大級の地下空間のデジタル地図を初公開）

地下层数、坡度以及其他常规地图信息。在地下空间数字地图的基础上可进一步开发地下空间导航系统，为人们提供定制化信息服务，比如为行动不便的用户提供无障碍路线，为灾时就地疏散人群提供临时避难场所的位置、使用情况和路线等，并可根据路线拥堵情况提供备选路线引导。

3.2　东京站灾害信息平台

东京站周边的大田町丸内—玉乐町区域（以下简称 OMY 区域）占地 120hm^2，该范围内有 28 条轨道线路以及 13 个车站，拥有包括地下空间在内的多层步行网络。为配合全区的城市更新计划，该地区的地下空间网络正在不断升级和扩展，以有效连通每幢建筑物的地下室。目前该地区正在研发涵盖地下空间的“灾害信息平台”（Disaster Dashboard），作为该地区的防灾措施之一。灾害信息平台可以实时收集、分析人员的流动、发生拥挤和事故的相关数据，并形成可视化图像，为灾难响应机构和使用者提供必要的疏散线路支持。与此同时，通过将室外数字地图与上述室内数字地图相结合，可以有效查看每个设施内部的实时信息、公交车辆位置信息以及受伤人员运送信息等，为灾害应对提供全面的信息支持。目前该系统已经进行了几次试运行，在正式实施之后，可以通过地区数字标牌和互联网进行访问。

3.3 札幌地下空间感知技术

札幌市正在建设札幌市 Ekimae Dori 地下步行系统，这个全长 520m、宽 20m 的空间连接着整个中央商务区的地下空间，其中的一段通过改造增加了自然采光（图 11），为市民提供宽敞舒适的城市活动空间。札幌 Ekimae Dori 地下步行系统内安装了传感器，可以实时感知和显示地下通道内的人数和行进方向，这些数据主要用于防灾措施。此外，札幌市地下空间的大部分地区安装了信标，可以收集智能手机用户的移动和路径信息，并运用于防灾和区域管理。

图 11　札幌市地下步行通道采光示意图
（图片来源：札幌駅前通地下步行空間事業計画概要）

4 结语

从日本城市更新的实际经验可以看出，城市更新并不是全面铺开，而是侧重在轨道站域等人流及功能密集、改造需求迫切、发展动力强的重点区域。在这些重点区域，通过有效开发和利用轨道站域及周边地下空间资源、促进城市空间的立体发展和多层连通、引入新型功能业态、提升城市空间防灾韧性，将为地区带来新的发展活力和人气。与此同时，随着城市存量地下空间规模的不断增大，通过数字化赋能提升地下空间管理效能、改善地下空间环境可视度和空间引导性，不仅能促进地下空间存量资源的提质增效，同时也为地下空间引入新的城市功能业态提供基础。随着我国逐渐步入城市更新发展时期，合理借鉴日本的城市更新经验，从轨道站域等重点区域入手提高城市空间综合效益、释放地下空间资源红利将具有重要参考意义，后续我们还将持续关注日本城市更新视角下的地下空间开发利用政策和制度。

参考资料

1. Ministry of Land, Infrastructure, Transport and Tourism, WHITE PAPER ON LAND, INFRASTRUCTURE, TRANSPORT AND TOURISM IN JAPAN, 2019。

2. 都市再生特別地区（品川駅北周辺地区）都市計画（素案）の概要，東日本旅客鐵道株式会社。

3. 都市再生特別地区（八重洲二丁目中地区）都市計画（素案）の概要，三井不動産株式会社。

4. 都市再生特別地区（虎ノ門一・二丁目地区）都市計画（素案）の概要，森ビル株式会社。独立行政法人都市再生機構，東洋海事工業株式会社，鹿島建設株式会社，ヒューリック株式会社。

5. 谷駅周辺地区における都市計画の提案について，東京急行電鉄株式会社，東日本旅客鉄道株式会社，東京地下鉄株式会社，東急不動産株式会社等。

6. 日本最大級の地下空間のデジタル地図を初公開，日本国土交通省。

7. The birth of a landmark cultivating new dynamism in the ever-evolving town of Shibuya-The completion of Shibuya Scramble Square The First Phase (East Tower)。

8. 札幌駅前通地下歩行空間事業計画概要，札幌市政府网站。

作者简介

赵怡婷，北京市城市规划设计研究院，高级工程师。

吴克捷，北京市城市规划设计研究院公共空间与公共艺术设计所所长，教授级高级工程师。

大城市非正规居住空间更新研究
——纽约地下室包容性治理经验[1]

陈宇琳　郝思嘉

Regeneration of Informal Housing in Megacities:
A Case Study of Inclusive Governance in New York City Basements

摘　要：我国大城市长期面临人口流入带来的可负担住房供给压力，而地下空间作为潜在的可负担居住空间，多因空间条件差、安全隐患大而未得到有效利用。美国纽约市经过多年研究探索，于2019年正式通过地方建筑规范的修订，并在试点社区进行地下空间合法化改造实践。本文梳理了纽约市地下空间更新工作推进历程，归纳了地下空间合法化改造的核心策略和实施机制。研究发现，纽约地下室更新以详细的地下室空间现状调查为基础，以建筑规划相关规范的创新突破为核心，通过社会组织、研究机构、政府部门等多方推动，探索出了一条“调查研究—项目试点—全市推广”的实施路径，其经验对我国大城市开展非正规地下居住空间的包容性治理具有重要启发。

关键词：地下室；城市更新；非正规居住空间；合法化；纽约市

① 本文改自：陈宇琳，郝思嘉．特大城市非正规地下居住空间合法化改造研究——以纽约实践为例．国际城市规划，2021（6）：1-8，47。

对于以高密度为特征的特大城市而言，地下空间是十分宝贵的存量空间资源，加强对地下空间的开发利用对于提升城市功能具有重要意义。但在现实中，地下空间作为潜在的可负担居住空间，多因空间条件差、安全隐患大而未得到有效利用。美国纽约市经过多年研究探索，于 2019 年正式通过了地方建筑规范的修订，并在试点社区进行地下空间包容性治理实践。本文在梳理纽约市相关工作推进历程的基础上，对最新的地下空间正规化实施机制和关键策略进行解读，并深入分析其在法律规范修订、政府贷款支持、房屋租金控制等方面采取的具体措施和实施成效，以期为我国大城市非正规地下居住空间的包容性治理提供经验借鉴。

1 纽约地下室更新的发展历程

纽约作为全球城市吸引着大量移民迁入，2018 年纽约市人口超过了 844 万。作为一种非正规的居住形式，纽约违规租赁的地下室为 30 万 ~50 万人提供了住所，这意味着大约每 25 个纽约人当中就有 1 人居住在地下室 [1]。

2008 年，查雅社区发展公司（Chhaya Community Development Corporation）和普瑞特社区发展中心（Pratt Center for Community Development）等非营利性机构发起“面向所有人的安全地下室公寓”（Basement Apartment Safe for Everyone，BASE）项目，通过持续的社区调查摸清了纽约地下空间这类潜在住房资源的数量和分布情况，并在公开报告中论证了地下室正规化改造的可行性 [2]。2014 年，《安居纽约计划》（*Housing New York*）中明确指出，以地下室为代表的非正规住房单元需要被纳入监管 [3]。

2016 年，地下室正规化改造试点的前期研究在布鲁克林区的东纽约社区启动，参与该研究的机构既有活跃的社区组织，也包括纽约市住房保护和开发局（Department of Housing Preservation and Development, HPD）、房屋局（Department of Building, DOB）、消防局（Fire Department New York, FDNY）和城市规划局（Department of City Planning, DCP）等多家政府机构。该研究以社区的人口与建筑物调查数据为基础，通过确定可行的目标与恰当的实施机制，共同推动市议会在 2019 年通过地方法律，并批准试点项目在该社区正式实施，由住房保护和开发局与社区组织柏树山地方发展公司（Cypress Hills Local Development Corporation，CHLDC）合作管理。2020 年，《安居纽约计划》进入第三阶段 [4]，为了释放未被充分利用的可负担住房资源，地下室公寓单元正规化成为其中一项明确的政策，一系列具体举措如修改区划、简化业主申请流程、提供低息贷款等也包括在内。

2　纽约地下室更新的核心策略

纽约市的区划和建筑规范都对地下室的正规化改造形成了一定障碍。根据尽可能少地改动现行相关法规这一原则，试点项目在建筑规范方面进行了探索，通过了《纽约市地方法律 2019 年第 49 号》。首先是对于地下室“可居住”（habitable）标准的讨论。依据地下室超出地面层的高度，纽约市将地下室（一般统称为 basement）分成两类：高于该层净空 1/2 的为地下室（basement）；低于该层净空 1/2 的为地窖（cellar）（图 1）。原有法规中明确规定，任何地窖都不得用于居住。然而，相比于仅依靠高出地面的比例进行区分，更应关注消防安全和采光通风等问题。采用这一新视角，那些具备条件的地窖就可以通过改造获准合法出租。综合考虑城市地下室的普遍现状和改造所需资金，为了扩大可改造单元的范围，还需要适当降低建筑规范中对于空间条件的要求，主要从空间尺寸、采光通风和消防安全等方面对建筑规范进行了调整。

2.1　空间尺寸

根据新通过的《纽约市地方法律 2019 年第 49 号》，可供居住的房间净高度要求从 8 英尺（约合 2.44m）降低至 7 英尺（约合 2.13m），具体如图 1 所示。其中，

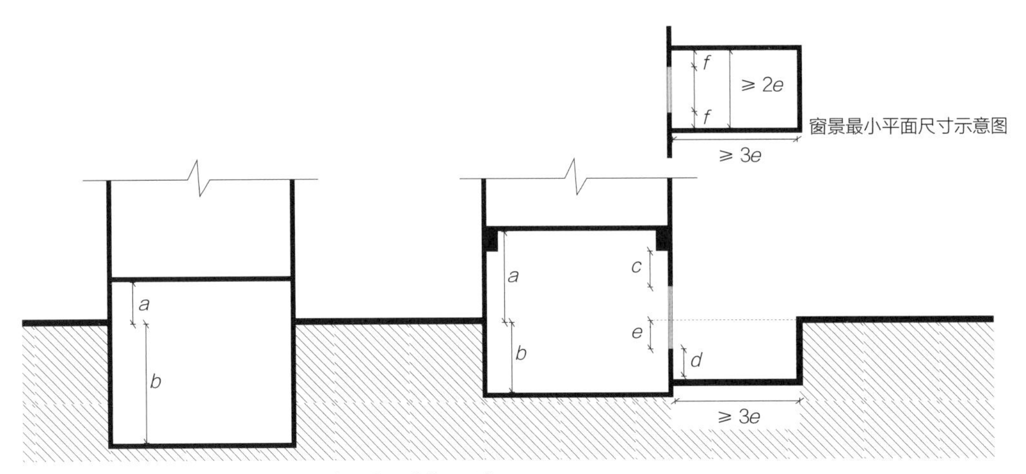

图 1　纽约市地下室主要空间尺寸要求示意图（修订后）
（图片来源：作者根据参考文献 [5] 绘制）

$a+b \geqslant 7$ 英尺，即为了保证居住的基本条件，最小净高为 2.13m。若 $a>b$，属于地下室。将窗户的地下部分计入采光面积时，需满足以下要求：① $0 \leqslant c \leqslant 6$ 英寸，即窗户上缘位于梁以下，距离不大于 15.24cm；② $d \geqslant 6$ 英寸，即窗口底部高于相邻窗井地面不小于 15.24cm；③窗井进深不小于窗户地面以下部分高度的 3 倍（$\geqslant 3e$）；④窗井水平方向宽度不小于窗户地面以下部分高度的 2 倍（$\geqslant 2e$），且窗户两侧各留出 15.24cm 宽度（$f \geqslant 6$ 英寸）。若 $a < b$，属于地窖。在符合消防和建设相关规定外，还需满足以下要求：①加设一条应急通道；② $a>2$ 英尺，即有至少 0.61m 的高度在室外地坪以上。

2.2 采光和通风

在试点项目中，每个可居住的房间必须至少有一扇窗户，且可开启部分需要达到 6 平方英尺（约合 $0.55m^2$）以提供纽约市建筑规范所要求的自然通风。对于位于地面以下的部分玻璃，在相邻可提供采光区域满足一定尺寸要求时，可计入采光面积。而在原规范中，每个可居住的房间必须有一扇采光和通风的窗户，开向同一地块内的院子或空地，且应满足更为严格的尺寸规范。

2.3 消防安全

对于地下室，消防要求需与纽约市相关规范保持一致，以确保安全。对于地窖，原有的消防规范禁止将其内的房间用于居住，但在本次试点中，为了扩大可改造的范围，允许将符合两方面条件的地窖正规化：消防方面，符合条件且增设一条直通室外的独立应急通道；建筑方面，需要满足《纽约市建筑规范》第 10 章中的建设标准，且必须有至少 2 英尺（约合 0.61m）的高度在室外地坪以上。

3 纽约地下室更新的实施路径

在前期调查和规范调整的基础上，纽约市先在试点社区进行实践，进而总结经验在全市范围推广。

纽约市地下室公寓改造试点项目（Basement Apartment Conversion Pilot Program,BACPP）于2019年3月4日正式在布鲁克林区的东纽约社区（图2）启动，具体流程如表1所示。

根据住房保护和开发局估计，该社区约有8000位试点项目的潜在参与者，柏树山地方发展公司对近3000位业主跟进调查，其中约900位表达了参与意向。到2020年5月，在提交资格审查文件的325位业主中，有240位通过初筛，其中102位通过了现场评估，最终9位业主获得了推进改造的许可[6]。

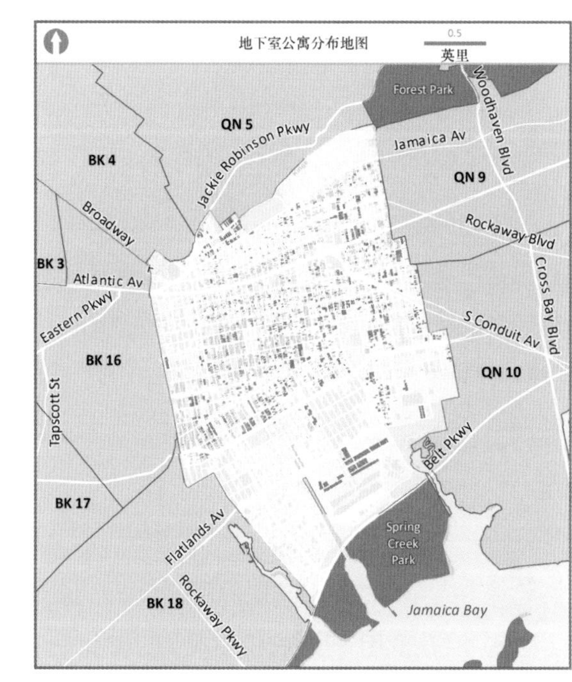

图2 布鲁克林第五街区范围内住宅地下室的分布与类型

地下室改造项目实施流程 **表1**

流程	参与主体			
	业主	柏树山地方发展公司	市政府	技术人员与施工承包商
改造项目申请	在线填写申请表	依据是否为申请人的主要居住地、房屋所有权、业主收入情况、改造可能性等进行初筛	初步评估	—

续表

流程	参与主体			
	业主	柏树山地方发展公司	市政府	技术人员与施工承包商
空间现状调查	配合踏勘；在指定日期前填表完成改造项目申请	根据现场情况判断地下室改造的可行性	—	—
经济成本测算	配合改造设计所需进行的现场测量工作	指定专业人员；根据费用预算再次筛选经济上可行的改造项目	审批单个项目的改造计划；根据费用预算发放贷款，并结合业主的收入水平和年龄确定还贷期限	提供工作说明书和图纸；获批后提供费用预算
施工验收	获得贷款后，在不超过 1 年的时间内进行施工	安置原租客；监督管理施工过程；在完成验收后协助业主从房屋局取得房屋使用证，以确认合法出租的权利	向改造后符合要求的项目颁发房屋使用证（Certificate of Occupancy）	提供工程服务

根据法案要求，在地下室改造试点启动后的 48 个月内，实施机构需要向纽约市长和市议会提交影响总结报告，作为在全市其他地区推广该项政策的基础。就目前已有的研究与实践而言，在纽约全市推广该政策前仍需应对规划层面的两项限制。

（1）地块类型。在居住用途的地块类型中，有一类只允许建设一户或两户住宅，而从三户住宅到可容纳几十户的公寓楼的建筑类型都属于另一种类型——“多户住宅”，额外受到《多户住宅法》（*Multiple Dwelling Law*）更为严格的约束。当原有的两户住宅增加一个地下室作为新的居住单元时，它会被认定为三户住宅，继而违反区划。对于这种限制，一种可能的做法是在规范中引入“附属居住单元”（accessory dwelling unit）这一概念，并以其作为附属的属性来要求不将其计入户数。这种做法虽然在美国其他城市已有先例，但修订区划决议是一项艰难的工作，所以目前试点中采取的是个案审批方式。

（2）容积率。若新增的地下室单元面积按现行规范计入总楼面面积，那么对于开发强度已达到区划上限的地块，地下室无法正规化。然而，地下室的存在与否，对于城市形态和街道界面的影响甚微。基于这一点，如果认同管控容积率的根本意图是管控空间形态而非人口密度，则有可能令地下室不受此项限制。

4　纽约地下室更新对我国的启示

对于不同的城市而言，地下空间的开发利用不宜遵循单一的模式，而是应当以自身的现实条件与发展需求为根本，广泛借鉴、多方比较，在观念、制度和技术层面上主动探索更适合的道路。借鉴国际经验，本研究对北京地下空间的更新利用提出以下建议。

4.1　转变现有认识，拓展地下空间利用方式

纽约市将地下室积极纳入保障房体系，发掘非正规存量空间的潜在价值并拓展其利用方式。近年来，北京已开展的存量地下空间更新利用实践大多致力于补充社区会客厅、自助仓储、公共文化服务、便民超市、宣传教育基地等社区公共服务功能，但对于居住功能的探索还十分有限。将地下居住空间的存量治理与城市保障性住房体系建设相结合，则有机会通过对现有地下室居住条件的改善，将其管理与运营正规化，从而以较低成本为特大城市的高密度建成区提供多元化、可负担的住房资源。

4.2　多元主体参与，开展地下空间精细调研

纽约市的地下居住空间改造试点项目得到城市住房管理部门、可支付住房领域的非政府机构以及多个社区组织的共同推动，各方的认知视角以及现状数据的获取途径相互补充，共同完善了对试点区域内地下居住空间现状的精细化调查，为后续针对性的地下空间改造提供了重要依据。目前，北京市对于地下空间的实际使用状况和相关需求的调查相对滞后，对于地下空间改造的可能性和相关方的参与意愿尚缺乏足够的了解。针对这一问题，需要在社区层面开展地下空间现状使用情况与需求的精细化调查摸底，因地制宜推进符合当地实际需求的地下空间改造实践。

4.3　更新技术规范，探索地下空间改造实施路径

纽约市通过对现有技术规范的修订，创新性地打破了地窖不能用于居住功能的固有局面，并从实际居住体验出发，为地下居住空间的更新改造提供相对低成本的技术

解决方案。在地下存量空间更新改造的过程中，空间尺度、采光、通风、消防是主要的技术考虑方面。纽约市房屋局综合了建筑、住房维护和消防等多项规范，将基本消防设施和安全出口列为地下室改造的必须项；同时，经过与设计和工程专家的研讨[7]，根据实际空间需要放宽了部分其他要求，如地面以上部分的高度比例、窗户的最小面积等。纽约市通过在小范围内设立试点项目，以相对小的实施成本检验规范修订的效果以及专项贷款、租金控制等配套措施的运行情况，从而为后续在全市范围的推广提供经验。北京市在城市更新过程中，也可借鉴这种试点推进方式，通过在小范围内对地下空间相关技术规范和使用模式的探索和突破，促进地下存量空间资源潜在使用价值的发挥，并促进项目的实施落地，从而为更大范围的推广积累经验。

4.4　完善法律政策，加强对地下空间的规范性管理

在纽约市的案例中，房屋局不仅牵头组织建筑规范修订，还对改造后的监管负主要责任。纽约市通过房屋使用证制度（Certificate of Occupancy）对改造后的地下室公寓进行监管[8]。在工程验收合格后，房屋局将签发新的许可证，使居住成为地下室单元的合法用途，并对规模和使用人数做出具体的限制[9]。由此，原本非正规的地下居住空间在法律和行政管理两方面都转化到正规状态，这也是设置租金上限以保障可支付性、要求签订租约以保护租客权益、根据房屋租赁状况确定税费以增加公共收入等后续措施的基础，使得地下室租赁的空间、经济、社会效益都被纳入城市住房的监管体系中。目前，北京的地下空间现状总量已超过 1 亿 m^2，尚存在多头交叉管理和管理空白并存的现象，在地下空间综合性立法缺位的情况下，地下空间的存量管理和监督缺乏足够的政策法律支撑。根据纽约市的经验，应尽快健全地下空间的部门管理制度，明确地下空间的主要管理部门及其责权划分，以及各部门之间的协调机制，从而有效推进地下空间管理中多部门的合作与规范化管理。

参考文献

[1] Chhaya Community Development Corporation, Pratt Center for Community Development. New York's housing underground: a refuge and resource[EB/OL]. (2008)[2020-12-13]. https://prattcenter.net/uploads/300003/1589551661571/Housing_Underground.pdf.

[2] Hafetz D, Matranga F, Reeser G, et al. Background guide on how to legalize cellar apartments in New York City[EB/OL]. (2009)[2020-12-13].https://basecampaign.files.wordpress.com/2013/06/background-guide-on-how-to-legalize-cellar-apartments-in-new-york-city-final.pdf.

[3] City of New York. Housing New York: a five-borough, ten-year plan[EB/OL].(2020)[2020-12-13].https://www1.nyc.gov/assets/hpd/downloads/pdfs/about/housing-new-york.pdf.

[4] NYC Mayor Office. State of the city 2020: legalize basement apartments and accessory units[EB/OL].(2020)[2020-12-13]. https://www1.nyc.gov/assets/home/downloads/pdf/office-of-the-mayor/2020/Legalize-Basement-Apartments.pdf.

[5] New York City Council. Local Laws of the City of New York for the Year 2019 No.49 to establish a demonstration program to facilitate the creation and alteration of habitable apartments in basements and cellars of certain one- and two-family dwellings[EB/OL]. (2019)[2020-12-13]. https://www1.nyc.gov/assets/buildings/local_laws/ll49of2019.pdf.

[6] KULLY S. City's basement apartment program buried by COVID-19 budget cuts[EB/OL]. City Limits, 2020[2020-12-13]. https://citylimits.org/2020/05/11/citys-basement-apartment-program-buried-by-covid-19-budget-cuts/.

[7] The New York City Council. Hearing testimony 11-13-18[EB/OL]. (2018)[2020-12-13]. https://legistar.council.nyc.gov/View.ashx?M=F&ID=6787560&GUID=73958BA4-9AC9-476B-9E0F-80EF58AB62B3.

[8] New York City Department of Buildings. 房屋局指南 - 房屋使用证 [EB/OL].[2020-12-13]. https://www1.nyc.gov/assets/buildings/pdf/cofo-guide-chinese.pdf.

[9] New York City Department of Buildings. Alterations: Basement/Cellar Apartments and Local Law 49 of 2019[EB/OL].[2020-12-13]. https://www1.nyc.gov/site/buildings/business/key-project-terms-basement-apt.page.

作者简介

陈宇琳，清华大学建筑学院，副教授。

郝思嘉，华润置地（北京）股份有限公司，高级专员。

看见"看不见"的城市

——北京地下空间社会需求与存量提升调查研究

陈宇琳　洪千惠　翟灿灿

Unveil the Invisible City:

A Survey on Social Demand and Spatial Improvement of Underground Space in Beijing

摘　要：随着超大城市进入城市更新发展阶段，存量地下空间综合利用的重要性逐渐提升。为了让地下空间规划精准匹配公众需求，本文引入社会学的调查方法，以首都功能核心区为研究范围，对居住、办公、购物不同街区使用人群的空间认知、使用现状和使用评价进行研究。调查发现，受访者高度认可地下空间的利用价值，普遍愿意在地下空间从事多种活动。在地下空间功能需求上，居住区迫切需要增加停车场、社区活动室等公益设施，办公区迫切需要增设健身房、咖啡茶室等休闲设施，购物区迫切需要增加停车场和餐饮、健身房、影院等商业娱乐设施。自然采光、通风、无障碍设施、网络信号是三类地下空间共同的短板，且居住区地下空间的使用充分度、整体满意度均低于办公区、购物区。最后本文提出加强公众参与、完善地下空间产权登记与管理制度、优化地下空间用途变更与改造机制、加强地下空间使用管理与安全保障等对策建议。

关键词：地下空间；社会需求；社会认知；使用评价；北京

1　开展地下空间社会调查的缘起

1.1　城市地下空间具有丰富的社会学属性

尽管不如地上空间“可见”，地下空间同样在市民生活中不可或缺（图 1）。长久以来，城市地下空间开发利用一直聚焦于各类基础设施的建设，承载着最基本的城市运行保障功能。自 20 世纪 60 年代世界各国地下铁路快速发展时期起，地下空间开始向“人性化”的方向发展，逐渐成为人们日常通勤、购物、休闲的重要场所[1]。城市地下空间不仅关乎城市功能、空间形态、环境影响等可见的物质空间问题，还包涵丰富的文化观念、生活方式、社会需求等社会学属性。地下空间的社会需求调查及其人本关注，逐渐成为推动地下空间高质量与可持续利用的重要因素之一，并与行为学、心理学、社会学等学科结合发展出丰富的新型交叉领域。

1.2　城市更新发展与精细化管理的客观需要

随着北京、上海等超大城市进入城市更新发展阶段，地下空间在提升城市防灾韧性、

图 1　清华大学南区地下学生活动中心

图 2　闲置的居民楼地下活动室
（图片来源：网络）

交通便捷度、环境品质、低碳能源等方面发挥越来越重要的作用，要实现这一目标，就必须聚焦地下空间存量资源与增量资源的精细化管理，充分发挥地下空间的经济社会综合效益。然而，截至 2019 年底，北京市整治腾退的地下空间存量资源再利用率仅为 22%，其重要原因之一是地下空间管理缺乏精细化的调查研究手段和全面谨慎的业态评估机制，导致地下空间利用未能充分结合周边居民的生活需求，造成地下空间资源闲置与利用需求得不到满足相并存的局面（图 2）。

1.3　城市地下空间中微观层面规划的重要支撑

城市地下空间规划是国土空间规划体系中的专项规划之一，传统地下空间规划主要从总体性、原则性、物质层面针对地下空间各类功能设施与功能空间进行统筹安排，对公众的地下空间使用意愿与功能需求等的关注相对不足。随着地下空间规划逐渐向中微观层面的规划管控拓展，对于地下空间使用人群的社会属性、地下空间使用意愿、使用体验等社会层面需求 [2] 的关注是支撑地下空间功能布局与精细化安排 [3] 方面的重要因素。目前，针对城市地下空间的社会学研究在物质空间层面的研究工具相对欠缺，对地下空间社会需求与地下空间物质空间的联系性研究尚显不足，制约了地下空间社会调查研究在规划编制中的支撑作用（图 3）。

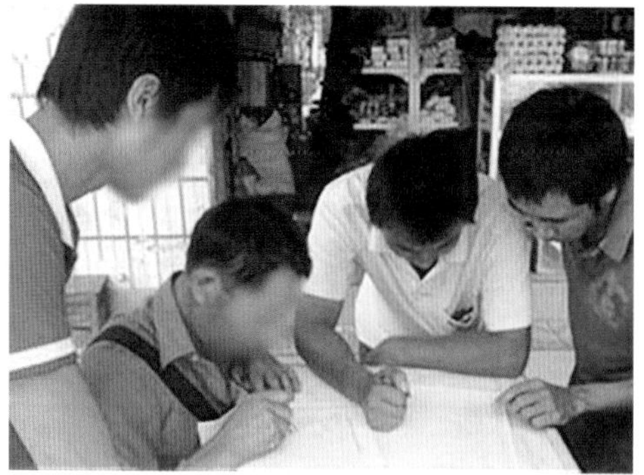

图 3　通过社会调查支撑规划编制
（图片来源：网络）

2　地下空间社会学调查实践——以首都功能核心区为例

2.1　调查研究背景

2.1.1　拓展地下空间社会调查研究维度

已有的从社会维度开展的地下空间研究多关注个人或群体对地下空间的心理认知[4,5]，为数不多的对于地下空间使用情况的研究主要聚焦于居住和办公功能，如，Huang、李君甫等对地下空间非正规居住问题的关注[6-7]，以及 Tan 等对地下办公人群的调查[8]。本次调查将面向市民的实际使用需求，将地下空间的功能界定从居住和办公进一步拓展至涵盖日常生活、购物娱乐等多样化需求，研究对象包括居民、就业人员、购物人员等各类人群，关注地下空间社会需求与物质空间的关联。

2.1.2　支撑核心区地下空间详细规划编制

本次调查研究是首都功能核心区地下空间详细规划的重要支撑，通过对地下空间的使用人群、使用行为、使用满意度等社会属性的详细摸底以及对不同人群的地下空间使用频率、使用时长、环境满意度等地下空间使用特征的详细调查，全面评价现状地下空间的安全性、可达性、舒适性、适用性并提出相关改进建议，为中微观层面地下空间控制性详细规划的编制提供具体技术支撑。

2.1.3　应对和解决地下空间发展实际问题

本次调查研究将针对地下停车、地下空间环境改善、地下空间可达性及便捷性、地下空间功能业态选择等影响地下空间实际使用的具体问题开展针对性社会调查，了解不同人群的地下空间使用行为、使用意愿、使用需求及相关改进建议，自下而上探究地下空间具体问题的改善与解决途径，提高规划编制的科学性、包容性与实效性，切实解决实际问题和需求。

2.2 调查研究方法

2.2.1 地下空间社会调查方法及问卷设计

本次调查研究主要采用问卷调查、深度访谈、数据分析等方法。根据人们在地下空间活动的主要类型，将地下空间的使用人群分为居住人群、办公人群、购物人群三类，分别调研每类人群的地下空间社会认知、使用行为、环境评价、规划建议。

地下空间社会认知分为价值认可度、功能接受度两方面；地下空间使用行为包含地下空间所在层数、使用频率、使用时长三方面；地下空间环境评价包含安全性、可达性、舒适性、适用性 4 个维度 15 项指标；在此基础上，从利用效率、功能设置、安全管理、可达连通、物质环境、空间形态等六方面提出地下空间规划建议（图 4）。

2.2.2 地下空间问卷调查人群类型及特征

课题组于 2021 年 11—12 月以线上线下相结合的方式开展问卷调查。最终共收到有效问卷 394 份，大于“95% 置信度、5% 抽样误差”所要求的最小样本量。受访

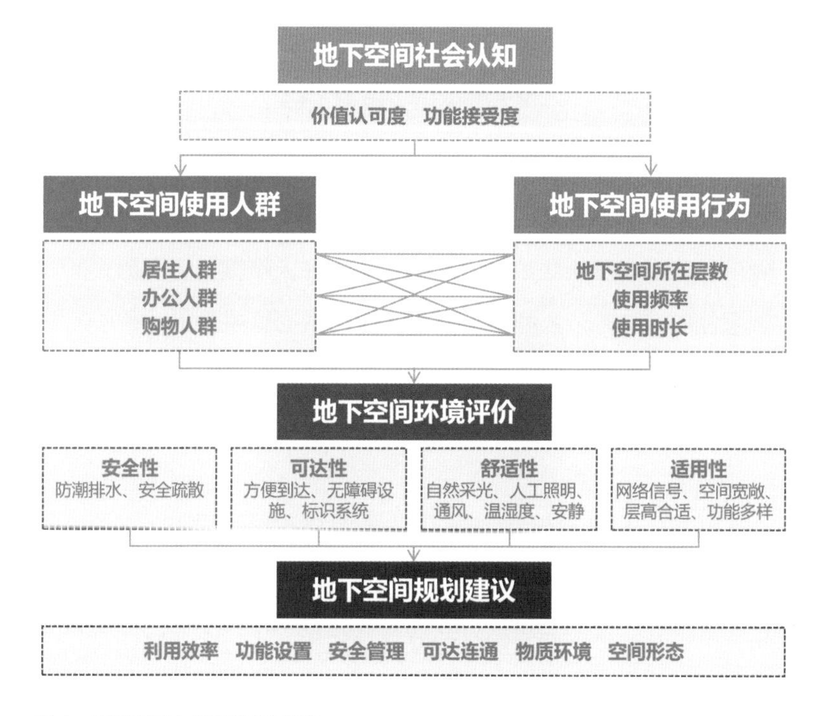

图 4 地下空间社会调查研究框架

图 5　调查受访者空间分布情况

者中，居住人群占比 37.8%，办公人群占比 15.0%，购物娱乐人群占比 22.6%，另有 97 位受访者（占比 24.6%）为其他人群（图 5）。

与首都功能核心区整体人口特征相比，本次调研受访者总体呈现年轻化、本地化、受教育程度较高等特征。受访者的空间覆盖面较为广泛，其中居住人群覆盖了平房、多层建筑、高层建筑等多种居住形态；办公人群的办公地覆盖了核心区主要的金融、政务办公场所；购物人群的活动地点覆盖了西单、王府井等核心区主要商圈。

2.3　调查研究结论

2.3.1　地下空间的使用意愿及认可度情况

本次问卷调查结果显示，受访者对地下空间的认可度普遍较高。受访者高度认可地下空间的利用价值，其中 90% 以上的受访者支持进一步加强地下空间资源的开发利

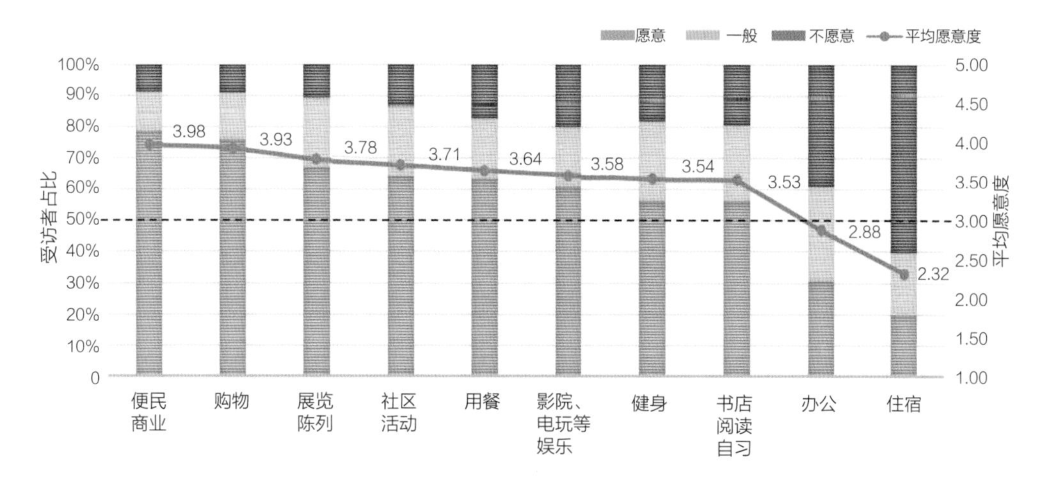

图 6　受访者在地下空间从事活动的意愿（1 分：很不愿意；5 分：很愿意）

用，以丰富城市功能、方便日常生活；90% 以上的受访者支持就近设置地下服务设施。与此同时，受访者普遍愿意在地下空间从事多种活动，包括便民商业、购物、展览陈列、社区活动、用餐观影、健身、书店阅读等，而希望从事办公或居住的接受度也达到 60% 和 40% 以上（图 6）。

2.3.2　地下空间存量利用的主要影响因素

调查结果显示，多数受访者认为地下存量空间利用不足，其中居住人群对地下存量空间利用率评价最低，其直接原因为地下室产权归属不清、业主与物业缺乏有效协调机制；办公人群认为地下存量空间利用不足的主要原因为管理规定不允许，由于受到管理规定限制，不同单位之间地下存量空间缺乏协同共享，导致地下空间利用率受限；购物人群则认为地下存量空间利用不足的主要原因为使用不便、舒适度不高（图 7）。

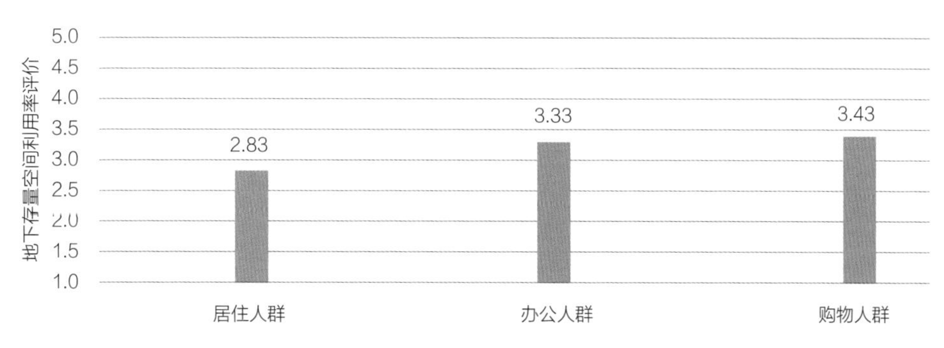

图 7　地下空间利用充分度评价（1 分：很不充分；5 分：很充分）

2.3.3 地下空间的功能需求及设施建议类型

尽管核心区各类生活配套服务相对齐全，受访者仍希望在地下空间进一步补充休闲活动、便民购物等功能（图 8）。对于居住人群而言，最迫切希望利用地下空间增设停车设施，其次希望利用地下空间增设社区活动室等公益设施，此外，还希望利用地下空间增设储藏室、健身房、菜店超市、便利店等便民服务设施。调查显示地下停车场、菜店超市已达到一定的设置率，其中 30% 的受访居民反映其住地设有地下停车场，22% 的受访居民反映其住地设有地下菜店超市，而地下社区活动室、地下健身房的设置率则不足 10%。

对于办公人群而言，最迫切希望在地下空间增设健身房、咖啡茶室等休闲设施，其次希望利用地下空间增设停车设施，再次希望利用地下空间增设食堂餐厅、储藏室、更衣盥洗等办公配套设施。目前，调查显示办公地区地下停车场的设置率已达 60%，而地下健身房、咖啡茶室的设置率仅为 16%。

对于购物人群而言，最迫切希望利用地下空间增设停车设施，其次希望利用地下空间增设餐饮、健身房、影院等商业娱乐设施，此外，还希望利用地下空间增设日用品店、超市 / 菜市场等便民购物设施。目前，商业购物地区的地下停车场、餐饮设施

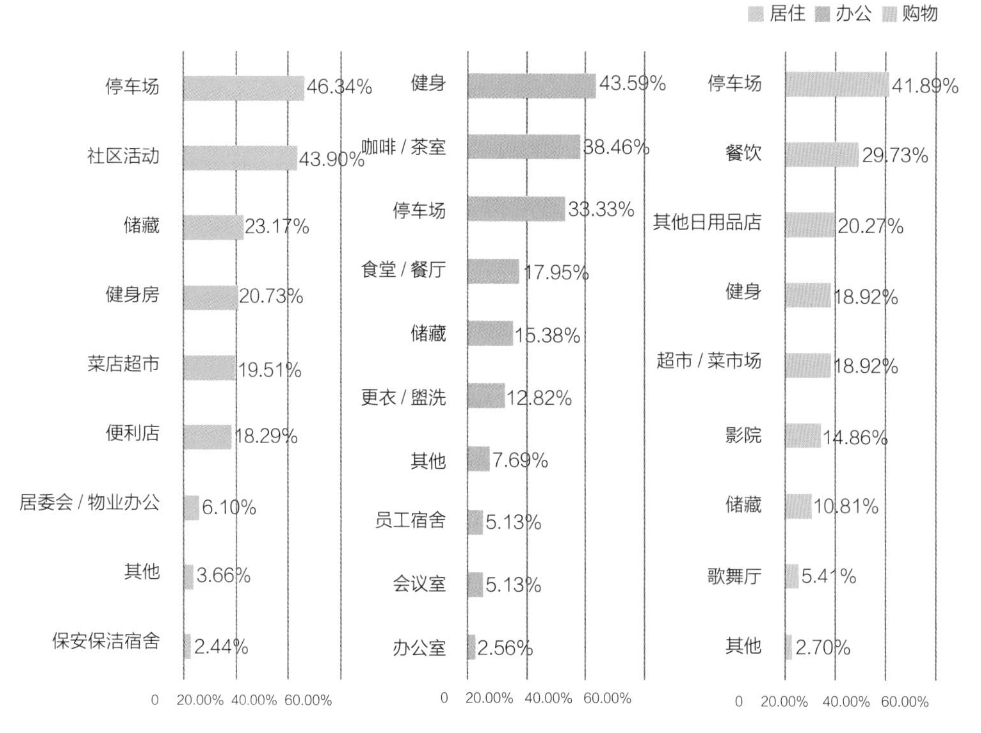

图 8　不同人群的地下空间功能需求

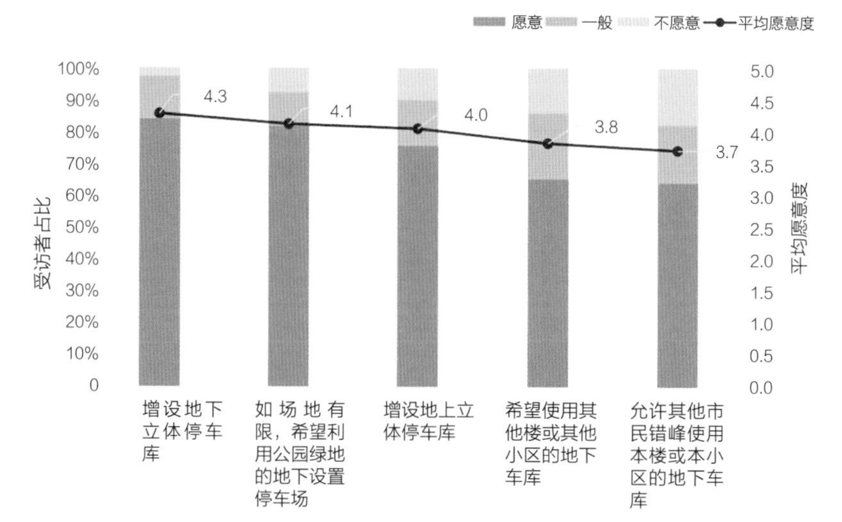

图 9　受访者对解决停车难问题的看法（1 分：很不赞同；5 分：很赞同）

的设置率均超过 60%，而地下健身房、其他日用品店的设置率不足 30%。需要注意的是，超过 90% 的受访者尤其关注地下商业空间与地铁的连通，并表示支持增设地铁站点与周边商场的地下步行连通道，并在地铁站内增设便利店，以提升地下空间的使用体验。

2.3.4　关于利用地下空间缓解停车难问题

缓解停车难问题是所有市民的共同诉求，80% 以上的受访者希望在 10 分钟路程内（约 300m）解决停车问题。受访者普遍支持利用地下空间增设立体停车库，并支持利用公园绿地地下空间建设立体停车库以及存量停车设施的共享。另外，80% 以上的受访者愿意其他市民错峰使用本楼或本小区的地下停车库（图 9）。

2.3.5　地下空间的主要环境问题及改善建议

从安全性、可达性、舒适性、适用性 4 个维度对地下空间的环境品质进行评价。调查结果显示，问题主要集中在安全性、舒适性等方面。在地下空间安全性方面，受访者普遍建议改善地下空间的安全疏散设施、加强地下空间防潮排水；在舒适性方面，受访者一致提出要改善地下空间的自然采光、通风和网络信号。

居住区的地下空间普遍环境欠佳，其中受访者反映的问题主要集中在自然采光不足、网络信号不佳和通风不足等方面；此外，居民对居住区地下空间无障碍设施、防潮排水、安全疏散的满意度也较低。对于办公区，地下空间的自然采光和可达性问题较为突出，功能多样性也有待提高。居民对于商业购物区地下空间的各项环境指标相对较为满意，但自然采光、通风、无障碍设施、网络信号等方面仍有待加强（图 10）。

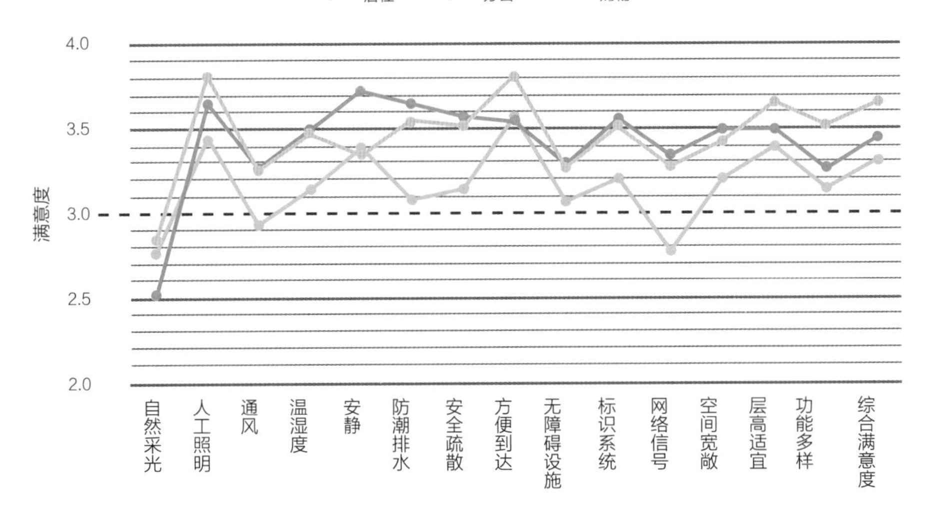

图 10　不同人群的地下空间环境满意度（1 分：很不满意；5 分：很满意）

3　地下空间存量提升政策建议

3.1　加强地下空间存量利用的公众参与

地下空间存量利用不仅是功能上的再利用，也是公众对地下空间认知理念与使用理念的转变过程。只有加强地下空间存量利用的公众参与，充分发挥公众的主观能动性，深入了解公众的使用诉求，才能让地下空间规划精准匹配公众需求。本文通过对首都功能核心区地下空间的调查研究发现，居住、办公、购物人群的地下空间使用需求不尽相同：办公人群对地下咖啡茶室、地下健身房的需求强烈，居住人群则希望增加地下停车、仓储、便民设施等生活辅助功能，而购物人群则更关注地下空间环境改善以及与地铁的连通。

3.2　完善地下空间产权登记与管理制度

推动存量地下空间利用的一个先决条件是明确地下空间的产权归属。调查结果显示，制约居住主导地区地下空间利用的主要原因为产权归属不清、业主与物业缺乏协调。

目前，居住小区普通地下室的权属归开发商还是业主所有，人防地下室的权属归国家、开发商还是业主共有尚存争议。明确地下空间权属，完善地下空间产权登记与管理制度将有助于减少地下空间再利用以及运营维护的阻力。

3.3　优化地下空间用途变更与改造机制

为鼓励存量地下空间安全、可持续地再利用，北京市颁布实施包括《北京市新增产业的禁止和限制目录》《北京市地下空间使用负面清单》《北京市人民防空工程和普通地下室规划用途变更管理规定》《腾退地下空间管理和使用指导意见》等一系列政策规定。目前，地下空间改造仍存在资金缺口较大、企业投资积极性不强等问题，需要进一步完善地下空间用途变更与改造的相关政策支持，优先改造具有区位优势、本底条件较好的地下空间，匹配适宜的功能业态，循序渐进地推进地下存量空间的再利用。

3.4　加强地下空间使用管理与安全保障

保障和提升地下空间的安全性是地下空间利用的一个必要前提。调查结果表明，地下空间安全层面最需改善的问题包括地下空间的消防疏散问题以及地下空间的防潮排水问题；另外多层、高层建筑地下空间的外来人员管理问题也较为突出。因此，地下空间存量利用应以加强地下空间安全保障为前提，尤其关注消防、内涝、治安、工程安全等问题，及时排除安全隐患，加强常态化安全监测，保障地下空间的安全有序利用。

参考文献

[1] Besner, J. Underground space needs an interdisciplinary approach[J]. Tunnellling and Underground Space Technology,2016,55:224-228.

[2] Tan Z, Roberts A C, Christopoulos G I , et al. Working in underground spaces: architectural parameters, perceptions and thermal comfort measurements [J]. Tunnelling and Underground Space Technology, 2018,71: 428-439.

[3] 王海阔，陈志龙．城市地下空间规划的社会调查方法研究 [J]. 地下空间与工程学报，2009(6):1067-1070,1091.

[4] Lee E H, Christopoulos G I, Kwok K W, et al. A psychosocial approach to understanding underground spaces[J]. Frontiers in psychology, 2017,8: 452.

[5] Lee E H, Christopoulos G I, Lu M, et al. Social aspects of working in underground spaces[J]. Tunnelling and Underground Space Technology, 2016,55:135-145.

[6] Huang Y, Yi C. Invisible migrant enclaves in Chinese cities: Underground living in Beijing, China[J]. Urban Studies, 2015,52(15):2948-2973.

[7] 李君甫，戚丹，柴红侠．北京地下空间居民的社会阶层分析 [J]. 人文杂志，2014(3):113-117.

[8] Tan Z, Roberts A C, Christopoulos G I, et al. Working in underground spaces: architectural parameters, perceptions and thermal comfort measurements[J]. Tunnelling and Underground Space Technology, 2018,71:428-439.

作者简介

陈宇琳，清华大学建筑学院，副教授。

洪千惠，清华大学建筑学院，硕士研究生在读。

翟灿灿，清华大学建筑学院，硕士研究生在读。

地下空间经济价值评估与更新潜力探究

桥玲玲　陈　曦　赵怡婷　吴克捷

Economic Value and Renewal Potential of Underground Space

摘　要：随着城市土地和空间资源的日益紧张，地下空间不仅是城市可持续发展的重要资源，其本身也具有较为可观的经济价值，是城市经济活动的重要承载空间。本文以建成度高、城市功能高度聚集、城市建设空间紧缺的首都功能核心区为例，采取线上与线下、定量与定性相结合的方式探讨地下空间经济价值评估方法，分析研判地下空间经济规律以及经济价值较高的区域，剖析通过更新改造提高地下空间经济价值的途径及相关难点，以期从经济价值视角科学研判高度建成地区地下空间资源的开发潜力与价值提升途径。

关键词：高度建成地区；地下空间；经济价值评估；价值提升途径

1　为什么要开展地下空间经济价值评估

1.1　地下空间是城市可持续发展的重要空间资源

目前，北京城市发展已经从增量发展阶段转变为存量发展，从水平增长拓展到涵盖地下空间的垂直增长模式。随着北京城市发展进入新的阶段，在地上空间建成度高、空间资源不足的情况下，地下空间作为支撑城市发展的重要空间资源也越发受到重视。国内外经验表明，合理开发利用城市地下空间资源具有节省土地费用、增加城市空间容量、改善交通与环境、提高城市防灾减灾效能等作用，是实现城市可持续发展的重要支撑。

1.2　地下空间科学规划是实现经济增长的重要助推力

在以国内大循环为主体、国内国际双循环相互促进的新经济发展格局下，消费升级是必由之路，而包括数字消费、虚拟消费、文旅商融合消费、沉浸式体验消费等在内的消费新业态往往都伴随着新的空间形态的产生（图 1）。地下空间作为城市功能的重要载体，必然也需要结合新的城市功能发展需求进行科学布局、打造相应的空间形态、引入适宜的功能业态，从而有效提升地下空间的综合经济效益，促进城市消费升级与经济发展。

1.3　地下空间经济价值评估是科学规划的必要前提

地下空间的有效利用离不开科学的规划与引导。在编制地下空间规划时，需要首

图 1　西单更新场 LG 层沉浸式科技互动体验展

先明确“能不能用”“要不要用”“怎么利用”“如何保障”等问题，而经济价值评估则是衡量一处地下空间“要不要用”的重要因素。有效评估地下空间经济价值，不仅能够充分认识地下空间资源开发的实际效益，防止资源无序开发和浪费，同时也是实现城市空间资源高效配置的必要前提。

2 地下空间经济价值评估实践——以首都功能核心区为例

2.1 研究目标及思路

首都核心功能区（以下简称“核心区”）作为全市城市功能聚集度最高、历史文化资源最丰富、地铁站点最密集的地区。截至 2021 年，核心区地下空间总建设规模已经超过 1800 万 m²，其中约 1/4 尚未得到充分利用，因此地下空间尤其是地下存量资源的有效利用和潜力挖掘是实现核心区可持续发展的重要途径。

核心区地下空间经济价值评估与更新潜力研究（以下简称“研究”）旨在从经济价值视角科学研判高度建成地区地下空间资源的利用效果、开发潜力与优化利用途径。

本次研究采取线上与线下、定量与定性相结合的研究方法，通过典型地下空间调研、大数据收集与量化模型推演、规划因素校核与空间可视化等方法，梳理地下空间现状利用特征，开展地下空间经济价值评估，明确地下空间经济价值与开发潜力较高的区域，剖析地下空间更新改造需求及实施难点，以期有效指导城市地下空间资源的高效配置（图 2）。

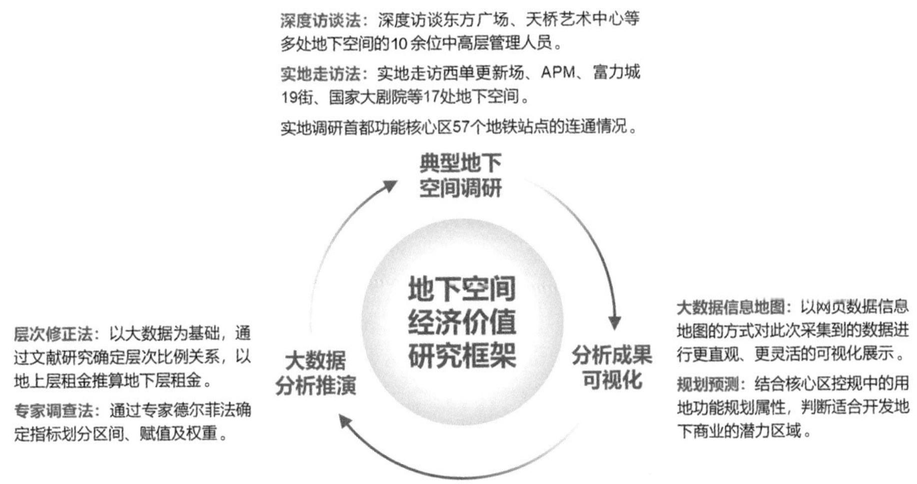

图 2 地下空间经济价值研究框架

2.2 地下空间现状利用调查

为深入了解核心区地下空间的使用现状，课题组全面梳理了 69 个现状地下空间样本信息，实地走访了 17 处地下空间利用场所，调研了 57 座现状地铁站点的连通情况。

2.2.1 商业开发类项目的空间利用需求较高

64% 的商业开发项目地下一层做经营性用途，其他层地下空间主要作停车场、仓储库房使用，地下空间整体利用率较高，如长安街沿线某商场地下 1 层的主要功能业态有商业零售、餐饮、电影院、健身等，出租率达到 98%；地下建设层数方面，传统商业楼宇的地下层数一般为 2 层，以停车、仓储、人防、设备间等为主；现代商业综合体的地下层数大多为 3 ~ 4 层，地下 1 层一般以餐饮（快餐为主）、超市、服装等餐饮零售业态为主，地下空间建筑规模占比较高，如王府井某商场地下建筑面积占比接近 50%。

2.2.2 商务办公类项目地下空间多为物业自用

商务办公楼宇的地下空间一般用作停车场配套、食堂餐厅、后勤、仓储库房等使用，少数用来满足业主物业的办公需求，几乎不对外出租。经调研得知，核心区商业繁华地区无窗户的地下办公室租金为 2.3 ~ 2.8 元 /m^2 · 天，约为地上写字楼租金的 1/4，地下与地上租金水平差距较大。

2.2.3 住宅建筑地下空间以停车配建为主

相对于商业体和商务办公楼宇，住宅地下空间的闲置率相对较高，一般用来作停车场配套、仓储库房等使用。老旧小区地下空间利用以地下 1 层为主，主要用于配套仓储功能；现代居住小区地下层数一般为 2 ~ 3 层，以停车配建功能为主，部分小区会利用地下空间建设社区便民服务设施，包括健身房、老年活动中心、儿童娱乐空间等（图 3）。

图 3　课题组走访天桥艺术中心地下空间、访谈东方广场负责人

3 地下空间经济价值评估

3.1 地下空间经济价值评估方法

本研究地下空间经济价值评估主要针对商业开发类及商务办公类地下空间。地下空间经济价值评估相对于传统的土地经济价值评估，需要考虑竖向高度、深度及楼层分布带来的经济价值影响，目前比较常见的评估方法包括楼层效用比[①]和基准地价系数修正法[②]（表1）。同一区位、同一用途，但竖向层次不同的建筑空间，其经济价值在不同竖向层次之间存在一定的比例关系，利用这一比例关系，即可在已知某竖向层次建筑空间经济价值的情况下进行其他竖向层次的价值推导。

针对不同竖向层次比例关系的确定，本次研究在一定的市场调查和统计分析基础上，

常规的地下空间使用权估价方法 表1

方法名称	概念	特点/局限性
成本法	先分别求取估价对象在估价时点的重新购建价格和折旧，然后将重新购建价格减去折旧来求取估价对象价值的方法（本质是以房地产的重新开发建设成本为导向求取估价对象的价值）	更适用于既无收益又很少发生交易的房地产估价，特别是单建式地下空间，需准确获得土地资料和地下建筑物造价
收益还原法	通过估算被评估资产的未来预期收益并折算成现值，借以确定被评估资产价值的一种资产评估方法	更适用于已建成使用的地下空间使用权价格评估，但地下空间开发成本较难准确估算
假设开发法	在预计开发完成后不动产正常交易价格的基础上，扣除预计的必要开发成本和利润，以价格余额来求取待估不动产价格的方法	更适用于待建的地下空间使用权价格评估，但地下空间开发成本较难准确估算
楼层效用比法	源自史基墨滚动法（德国），该方法的原理是将每层楼房的交易价格分别列出，求取其每平方米的价值点数，以之代表各楼层的经济价值	价值点数应视个别价值估算目的、土地位置、用途、建筑物外观等条件，经土地估价委员会加以修正调整，以符合实际情形
市场比较法	将估价对象不动产与在估价时点附近发生交易的类似不动产进行比较分析，对可比实例不动产成交价格进行修正和调整，以此来评估估价对象不动产价格的方法	可信度高，但适用性不强（目前地下空间交易市场不成熟，难以寻找在区位、用途、产权、结构、环境和交易目的等诸多方面能达到相同或相似的可比示例）
基准地价系数修正法	利用城镇基准地价、基准地价修正系数表等成果，就待估宗地的条件与所在区域的平均土地条件进行比较后，选取相应的修正系数求取待估宗地在估价时点价格的方法	是一种简便、快速评价某一区域多宗土地价格的方法，但具有时效性，且只适用于已颁布相应基准地价成果资料的地区

① 即用每层楼房的交易价格求取其每平方米的价值点数，可以代表各楼层的经济价值。

② 参照2022年《北京市人民政府关于更新出让国有建设用地使用权基准地价的通知》，时效性较强。

结合商业繁华程度、用地功能、轨道直接连通情况等多种因素的影响，总结地下空间与地上各层建筑空间经济价值的比例关系，见表 2。然后根据广泛采集的楼层日均商业租金数据，推算出地下空间商业租金水平，作为评估地下空间经济价值的重要参考指标，图 4 中颜色越深代表其地下空间经济价值越高，开发地下空间的经济动力越足。

首都功能核心区商场层次修正系数表 **表 2**

楼层	繁华商业地带（商用土地 1 ~ 2 级）		次繁华商业地带（商用土地 3 ~ 4 级）	
	无地铁导入	有地铁导入	无地铁导入	有地铁导入
地下 1 层：地上平均	0.7224	0.8303	0.6092	0.7620
地下 1 层：地上 1 层	0.4736	0.6350	0.4034	0.5910
地下 1 层：地上 2 层	0.8399	0.9275	0.7611	0.7880
地下 1 层：地上 3 层	1.3696	1.4991	1.0616	1.4966
地下 1 层：地上 4 层	1.8314	2.1591	1.3910	2.0205

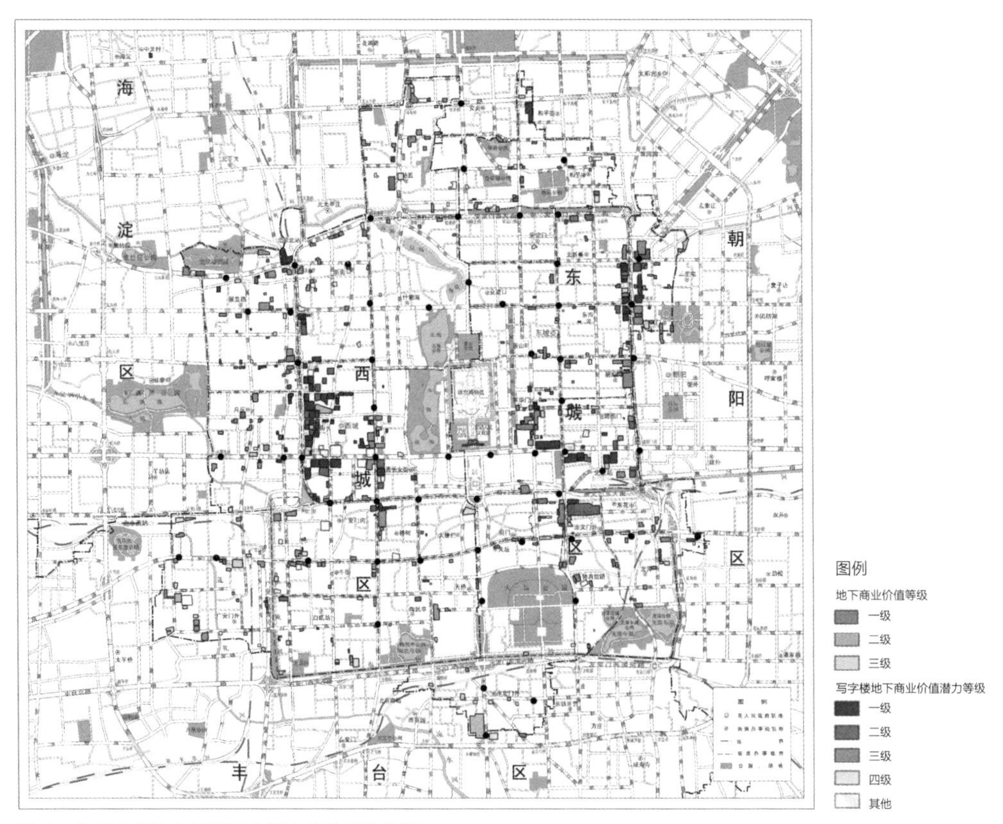

图 4　首都功能核心区地下空间商业价值评估图

3.2 地下空间经济价值总体研判

基于核心区地下空间经济价值评估结果，综合考虑区位条件、交通条件及用地功能等规划因素，研究初步选定核心区范围内 14 处地下空间经济价值较高或开发潜力较大的区域，如图 5 所示。其中交通条件重点结合轨道站点规划布局，选取现状或规划站点周边 300 ~ 500m 范围为交通条件便利的区域；用地功能以产业用地为主，选取商业及商务办公用地相对集中的区域。

3.3 地下空间经济价值较高的典型区域

3.3.1 传统特色商圈——王府井地区

王府井地区自 1903 年东安市场开业以来已有百余年商业史，是首都商业发展的对外展示窗口，也是北京乃至全国商业发展的一面旗帜。王府井地区区位优势明显，

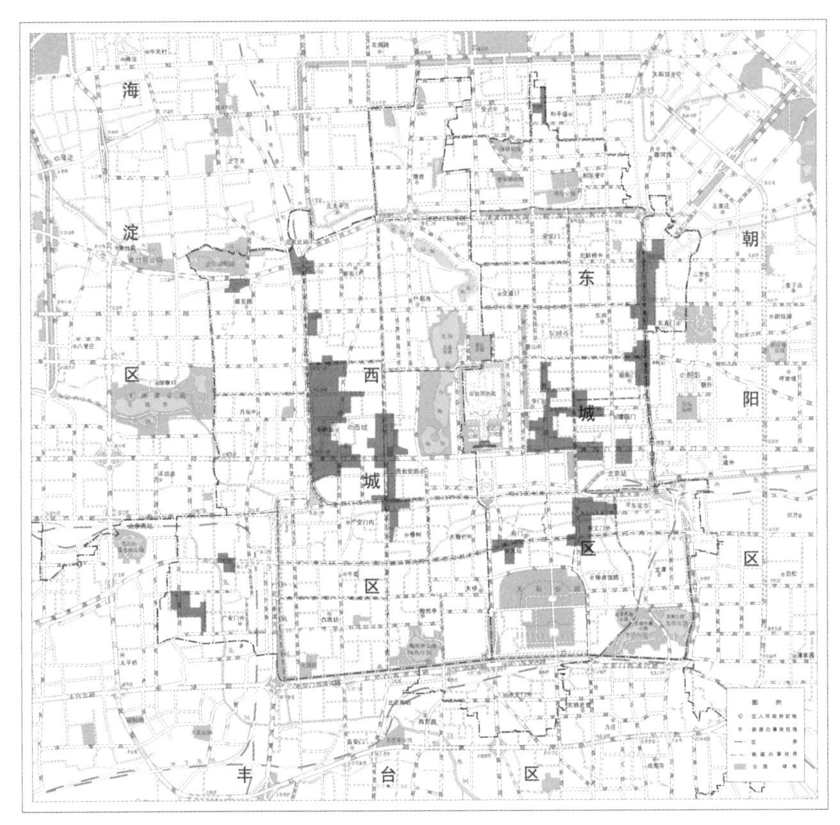

图 5　首都功能核心区地下空间开发潜力概览图

有王府井站、东单站、金鱼胡同站、灯市口站等多个地铁站，交通便利且轨道客流量大，具备开发地下商业的优越条件；与此同时，王府井地区位于长安街沿线，商业和办公聚集程度较高，对地下空间的利用需求较大；另外王府井地区内东方新天地、王府中环等大型商场聚集，存在商圈集聚与乘数效应，地下空间的商业价值属于核心区最高水平（图6）。

图6　东方新天地地下1层和地面层

3.3.2　现代商务办公集群——金融街地区

金融街地区汇聚了北京乃至全国的金融决策监管中心，是央行、证监会和银保监会所在地，对传统金融类租户的聚集效应极强。商圈内写字楼的租户均为承租能力较强的传统金融类租户，包括银行、证券公司、基金、保险等，这也意味着金融街区域内客群的消费水平和购买力是颇高的，资源集聚效应进一步提升了商圈的土地使用费用和空间资源价值，因此金融街区域的地下空间亦具有很高的经济价值。

3.3.3　现代服务业集群——东直门地区

东直门区域甲级写字楼林立，现代服务业就业人群密集且消费力强，存在较高的消费需求。区域内有东直门大型交通枢纽站和东四十条地铁站等轨道交通枢纽站点，全日轨道客流量超过20万人次，与轨道站点直接连通的商业综合体地下1层位置好的商铺日租金可达45元/（m^2·天），地下空间的商业价值较高；与此同时，以北京东环广场、北京中汇广场为代表的写字楼具备较高的商业价值潜力，可以适当开发地下商业，从而提高区域的商业繁荣度，形成商圈集聚效应，进一步提高区域整体的商业价值。

3.3.4　交通枢纽地区——西直门地区

西直门地区具有较高的商业价值，其中交通枢纽客流对其地下空间经济价值的影响较大。西直门站全日轨道客流量超12.5万人次，巨大的人流量能够提高地下商业的活力。区域内与西直门站直接地下连通的西环广场是一个由立体多功能交通枢纽、六层商业空间（凯德MALL）、三座近百米高的写字楼及一座60m高的综合办公楼组成的大型综合性建筑群，其地下商铺租金超过 20 元 /（m^2·天）[①]。与此同时，西直门地区常驻人口密度高、工作人群聚集且消费力强，存在较高水平的消费需求，以中仪大厦为代表的写字楼也具备较高的地下商业价值潜力，适合开发地下商业。

4 地下空间更新改造需求及建议

4.1 充分利用地下空间存量资源

地下空间可达性差、空间布局不合理、管理部门限制、产权主体诉求不统一等因素导致地下空间现状利用存在较多的闲置或低效利用空间，而这些存量地下空间资源往往具有较好的区位条件和潜在经济价值。应当结合城市更新，加强现状地下空间与地面系统的垂直交通联系便捷度，注重地下空间与其他功能空间的互连互通，改善地下空间环境与设备条件，植入多元化的城市服务功能，最大限度地发挥地下空间的综合经济效益。

4.2 鼓励地下连通与轨道一体化建设

地铁直接连通情况对地下空间经济价值影响较大。地铁的直接连通能给地下空间带来明显的客流量增长，增加流动人口随机性消费、人流转为客流的可能，并提高地下商铺的租金水平。应加强存量地下公共空间与轨道站点的连通，通过地铁与各类地下空间的便捷连接，形成四通八达的地下步行网络，从而提高地下空间的可达性与潜在商业价值。

4.3 提高功能业态的合理性与空间弹性

合理选择和确定地下空间功能业态是地下空间高品质利用的前提。应根据地下空间开发或更新需求、形态及可利用情况、用地主导功能、配套服务完善程度、周边城市发展特征等实际情况，进一步细化地下空间功能业态的分级分类，形成更有针对性的地下空间功能布局; 与此同时，应保障地下空间的多功能适应性和改造弹性，

---

① 凯德 MALL 地下商铺日租金数据为课题组根据层次修正法推演所得，非调研数据，具体推演值为 23.92 元 /（m^2·天）。

如应设置更加合理的层高，一般来说裸高（楼板到楼板）5m、净高（吊顶到楼板）4m才能满足顾客对空间的舒适度要求，地下空间分割不宜过小，以减少地下给人的封闭感等。

4.4 促进地下空间环境的“地面化”

地下空间没有外部景观，环境相对封闭、单调，应利用便捷的垂直联系加强地下与地上的连通，通过下沉庭院、中庭等方式顺畅地将人流导入地下，并尽量引入自然采光，从而营造良好的视觉环境，促进地下空间环境地面化和自然化。

4.5 优化用途管理及相关技术规范

针对地下空间存量更新中普遍存在用途变更掣肘，建议简化地下空间用途变更相关流程、减少更新改造的相关制度制约，提高地下空间合理变更用途的操作效率。与此同时，由于地下空间较为封闭的特征，现状消防、人防的相关规范往往对地下空间利用的限制较多，如目前新增的餐饮类业态不能使用燃气和明火，只能用电，导致地下餐饮以快餐、冷餐为主；在地下空间设置休闲娱乐等人员易聚集的功能业态普遍得不到批准等，建议进一步细化地下空间功能利用的正负面清单，在保障安全要求的前提下可酌情优化相关规范条款的规定，以促进地下空间资源的充分有效利用。

5 结语

正如访谈过程中某商场工程改造部相关人员所提出的，地下空间的开发利用和存量更新在未来一定是大趋势，地下空间具有很高的经济价值。以往的商场偏爱建高楼，引导客流去高层需要花费大量精力和成本。但未来可以把地下空间利用起来，在做好每层连通的前提下，地下空间的利用能增加顾客到最远楼层的可达性，增强顾客逐层逛商场的意愿，增大顾客消费的可能，从而提升项目整体的空间利用效率和经济效益（图 7）。

“如地上 8 层的商场可以换成地上 4 层、地下 4 层的商场，从地上一层可以清楚地看到地上 4 层和地下 4 层，每层都做好扶梯连通，顾客逛商场的意愿会比传统的地

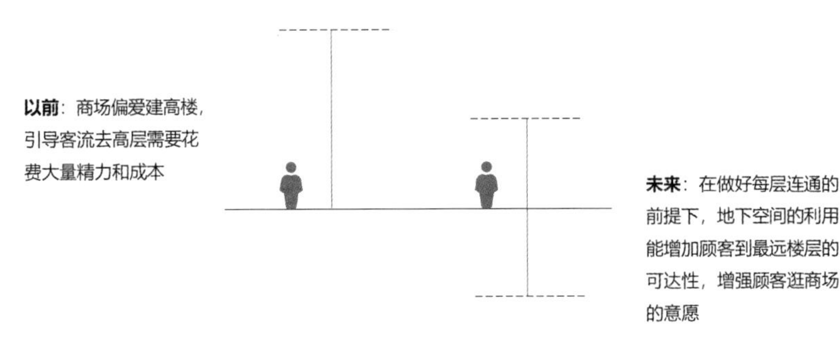

图 7　地下空间优势示意

上 8 层大得多。"

在北京城市发展步入减量与更新发展阶段，地下空间开发利用需求不断增大，研究地下空间的经济价值有助于对地下空间进行更加科学合理的规划，实现城市空间资源高效配置。但要充分发挥地下空间的经济价值，未来还需要各管理部门、经营主体、决策咨询机构共同制定行动方案和实施计划，完善规范、提高效能。全国各地都应当用好数字决策、摸清现状，对地下空间进行不同层级的评估，更好地发挥地下空间的经济效益和社会价值。

参考文献

[1] 石忆邵，周蕾 . 上海市地下商业空间使用权估价及空间分异 [J]. 地理学报，2017，72(10):1787-1799.

[2] 付京艳 . 城市地下空间资源的价值与价格研究 [D]. 北京：清华大学土木工程系，2009.

[3] 连鹏，关文侠，曹艳红，等 . 我国城市地下空间使用权估价研究综述 [J]. 现代经济信息 , 2021（17）:1-2.

[4] 北京市规划和自然资源委员会 首都功能核心区控制性详细规划 (街区层面)(2018 年—2035 年)[EB/OL].（2020-08-30）[2023-11-27].https: // ghzrzyw. beijing. gov.cn/zhengwuxinxi/ghcg/xxgh/sj/202008/t20200829-1993379.html.

[5] 北京市人民政府 . 关于更新出让国有建设用地使用权基准地价的通知：京政发〔2022〕12 号 [EB/OL].（2022-03-18）[2023-11-27].https: // www.beijing.gov.cn/zhengce/zfwj/202203/t20220318-2634201.html.

作者简介

桥玲玲，北京零点有数数据科技股份有限公司，城市发展与人居生活事业部，副总经理。

陈曦，北京零点有数数据科技股份有限公司，城市发展与人居生活事业部，研究总监。

赵怡婷，北京市城市规划设计研究院，高级工程师。

吴克捷，北京市城市规划设计研究院，公共空间与公共艺术设计所所长，教授级高级工程师。

城市更新背景下的地下空间更新利用经济可行性探讨

王江月　张丽娜　姚　彤

Discussion on Economic Feasibility of Underground Space Renewal and Utilization under the Background of Urban Renewal

摘　要： 随着国内部分城市逐步进入城镇化中后期，城市可利用空间越来越紧缺，城市地下空间的有效利用成为城市发展的必然趋势。本文以首都功能核心区地下空间为例，在核心区地下空间存量利用情况调查的基础上，结合城市更新相关政策以及地下空间更新利用的实践案例，聚焦地下空间更新改造功能、改造成本、运营收益，开展经济测算，探讨地下空间更新改造的经济可行性。提出了在项目层级应从地下空间功能构成、建设规模以及地下建设层数、地下空间建设品质及资金支持路径等方面开展适宜性研究，使不同地下空间建设项目形成更加适宜的更新模式，以进一步释放地下空间的经济价值与资源潜力，提高地下空间利用效率、完善城市功能与设施建设、推动城市更新与可持续发展。

关键词： 地下空间；更新改造；经济可行性

1 研究背景与意义

城市地下空间是重要的国土空间资源，随着国内部分城市逐步进入城市更新发展阶段，城市地下空间发展也从整体性、大规模的增量发展转变为重点地区集约利用与建成地区存量更新并重的发展模式。当前，我国大部分城市地下空间利用主要集中在地下 30m 以内的浅层空间，以配建地下室为主，约占地下空间总量的 75% 以上（以首都功能核心区为例），且多位于城市功能集聚、经济活跃度较高的中心城区，是城市功能与设施建设的重要载体。然而，现状地下空间普遍存在单体规模小、功能结构单一、开发利用强度低、空间环境品质和无障碍设置不足等问题，导致空间利用效率与综合经济价值偏低，难以适应所在城市区域发展诉求。因此，通过城市地下空间更新利用盘活地下空间资源潜力，提升地下空间综合效益是城市更新发展的重要议题。

根据唐焱、杨伟洪、冯艳君、曹轶等国内学者的研究，目前针对地下空间经济价值的相关研究大多聚焦于城市地下空间使用权出让价格问题，针对地下空间更新改造与优化利用的经济可行性研究普遍不足。本文结合北京城市更新实践案例，系统分析老旧小区、老旧厂房、办公 / 商业建筑及平房院落地下空间更新改造与优化利用的全周期经济规律，并从经济可行性视角探讨适宜的地下空间功能构成、建设规模以及地下建设层数，以期为提高地下空间利用效率、完善城市功能与设施建设、实现城市可持续发展提供借鉴。

2 城市更新相关政策梳理

近年来，我国多个城市陆续出台了涉及多种类型、多个领域的城市更新政策文件，不同文件都或多或少涉及城市地下空间相关内容，鼓励通过地上地下空间的统筹利用与更新实现城市空间的高效利用。如《北京市人民政府关于实施城市更新行动的指导意见》在针对老旧厂房、老旧楼宇、危旧房、老旧小区、平房（院落）等各类城市空间的更新政策中都提出了对地下空间的利用要求；《上海市城市更新条例》提出要对地上地下空间进行综合统筹和一体化提升改造，提高城市空间资源利用效率，并针对浦东新区，提出应当优化地上、地表和地下分层空间设计，明确强制性和引导性规划管控要求，探索建设用地垂直空间分层设立使用权，从而有效释放地下空间经济效率和资源潜力；深圳市于 2021 年 8 月颁布实施《深圳市地下空间规划管理办法》，提出地下空间建设用地使用权的深度和范围按照满足必要的建筑功能和结构需要确定，从而为城市空间的立体分层利用提供制度支撑。具体政策内容如表 1 所示。

城市更新及地下空间利用相关政策 **表 1**

城市	名称	内容
北京	《北京市人民政府关于实施城市更新行动的指导意见》（京政发〔2021〕10 号）	鼓励对具备条件的地下空间进行复合利用
	《关于开展老旧厂房更新改造工作的意见》（京规自发〔2021〕139 号）	可利用地下空间建设停车场、补充周边社区便民商业设施或公共服务设施
	《关于开展老旧楼宇更新改造工作的意见》（京规自发〔2021〕140 号）	地下空间可进行多种用途的复合利用
	《关于开展危旧楼房改建试点工作的意见》（京建发〔2020〕178 号）	可适当利用地下空间、腾退空间和闲置空间补建区域经营性和非经营性配套设施
	《关于老旧小区更新改造工作的意见》（京规自发〔2021〕120 号）	可利用小区内空地、拆违腾退用地等建设地面或地下停车设施
	《关于首都功能核心区平房（院落）保护性修缮和恢复性修建工作的意见》（京规自发〔2021〕114 号）	具备条件的房屋或院落经批准可适当利用地下空间
深圳	《深圳市地下空间开发利用管理办法》（2021 年）	地下空间建设用地使用权的深度和范围按照满足必要的建筑功能和结构需要确定
		需要穿越市政道路、公共绿地、公共广场等公共用地的地下连通空间或者连接两宗已设定产权地块的地下连通空间，全天候向公众开放的，可以按照公共通道用途出让，允许配建一定比例的经营性建筑，公共通道用途部分免收地价
	《深圳市地下空间资源利用规划（2020—2035 年）（草案）》	2035 年将在 45 个重点片区建设“地下城”，同步实施以城市公共中心、轨道交通车站为核心的地上地下空间一体化利用，实现绿地、市政、商业等设施的功能复合，以及地下停车、轨道交通、立体步行网络等互联互通
上海	《上海市城市更新条例》（2021 年）	对地上地下空间进行综合统筹和一体化提升改造，提高城市空间资源利用效率
		浦东新区人民政府编制更新行动计划时，应当优化地上、地表和地下分层空间设计，明确强制性和引导性规划管控要求，探索建设用地垂直空间分层设立使用权
	《上海市地下建设用地使用权出让规定》（沪府办规〔2018〕32 号）	通过地下空间地价的“三降低”，即降低地下分层地价折扣比例，降低停车库地价参照比例，降低地下配套设施适用价格标准，切实降低地下空间用地成本

综上所述，从各地出台的城市更新相关政策可以看出，地下空间的高效利用是城市更新过程的重要一环，通过对地下空间产权制度、出让政策、规划管理以及相关优惠政策等配套政策的完善，能够有效释放建成地区地下空间资源潜力，为城市空间更加高效集约利用提供制度保障。

3 地下空间更新利用经济可行性分析

为进一步探究地下空间更新改造与利用的经济规律，本文针对老旧小区、老旧厂房、办公 / 商业建筑及平房院落四类城市更新典型类型，逐一开展了情景模拟及更新成本 - 收益量化评估，以期探索各类地下空间更新改造与优化利用的经济可行性及实现途径。

3.1 老旧小区：某成片老旧小区改造项目

该项目为 1950 年代—1980 年代建成的老旧小区，现状建筑以多层楼房为主，兼有少量平房建筑，现状未建设地下空间，且存在建筑结构老化、居住环境差、缺少公共服务设施、缺少停车设施等问题。项目拟结合地面改造同步建设地下空间，地下总建设面积为 1.45 万 m^2，实施成本包括建设成本、相关费用等。该项目比较了两种地下空间功能使用模式，模式一以停车功能为主，通过车位租赁实现资金回收，经静态资金回收 + 现金流量分析，地下车库可于项目实施第 57 年实现正收益（图 1）；模式二为地下停车兼顾约 10% 的商业配套面积，以满足社区便民服务需求，并通过商业出租和车位租赁进行资金回收。经静态资金回收 + 现金流量分析，地下空间项目可于实施第 27 年实现正收益，相比单一停车功能大大缩短了资金回收周期（图 2）。

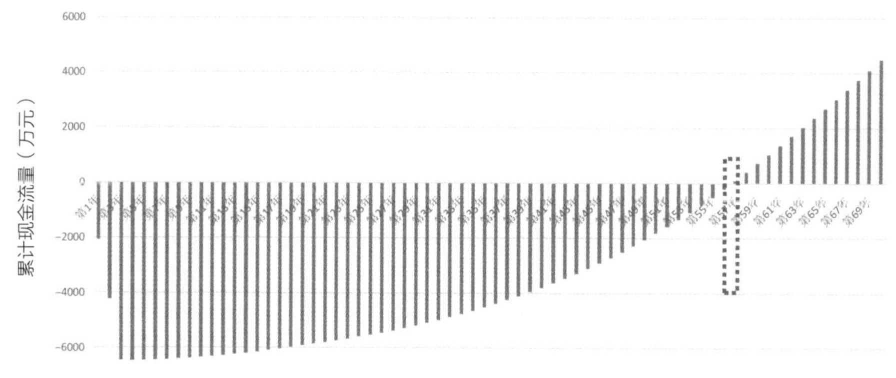

图 1　老旧小区更新改造地下空间功能使用模式一模拟现金流量分析

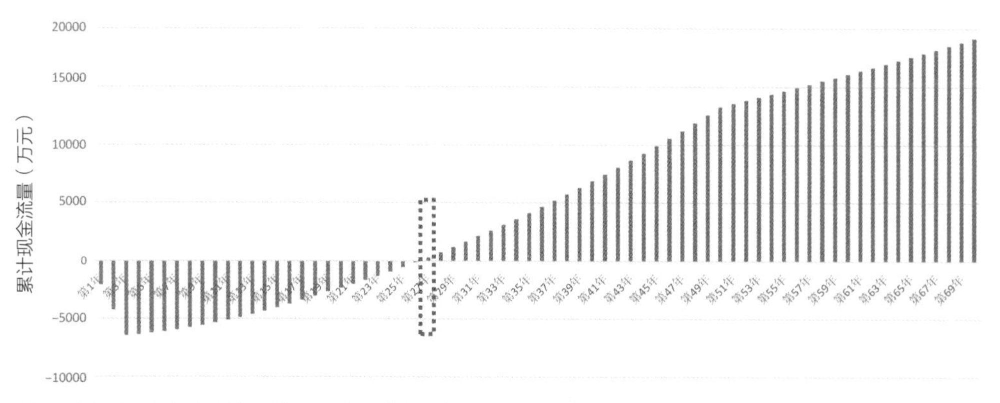

图 2　老旧小区更新改造地下空间功能使用模式二模拟现金流量分析

3.2　老旧厂房：某市属老旧厂房更新改造项目

项目用地规模约 6.9hm^2，地下建筑规模约 1 万 m^2，项目现状建筑功能为厂房，改造后建筑功能以文创办公为主。项目地下空间功能以公共停车为主，主要用于解决周边地区停车空间缺乏问题。地下空间实施成本包括地下建设费、管理费用、财务费用、相关税费、不可预见费及政府出让收益，拟通过地下车位租赁实现资金回收，租金价格及年增长率参考同地段平均水平。通过现金流量分析，地下车库可于项目实施第 17 年实现正收益（图 3）。

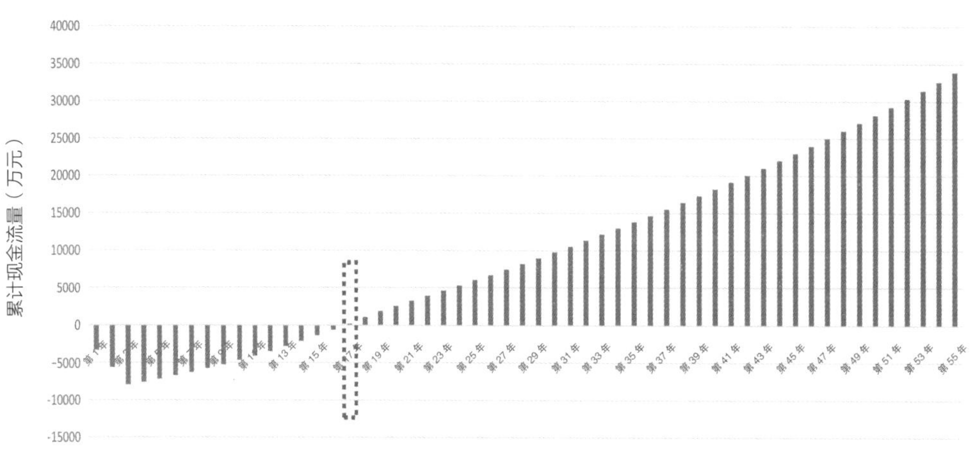

图 3　某市属老旧厂房更新改造地下空间模拟现金流量分析

3.3 办公 / 商业等公共建筑：某大型公共建筑更新改造项目

项目为商业建筑，地上三层、地下六层，地下一层以商业功能为主，其余以停车功能为主。项目拟通过升级改造后可直接投入使用，地下空间使用功能仍为停车、商业，实施成本主要包括地下建筑装修改造成本、相关费用等，并通过车位租赁、商铺租赁进行资金回收。通过现金流量分析，该项目的地下空间部分将在实施第 4 年实现正收益（图 4）。

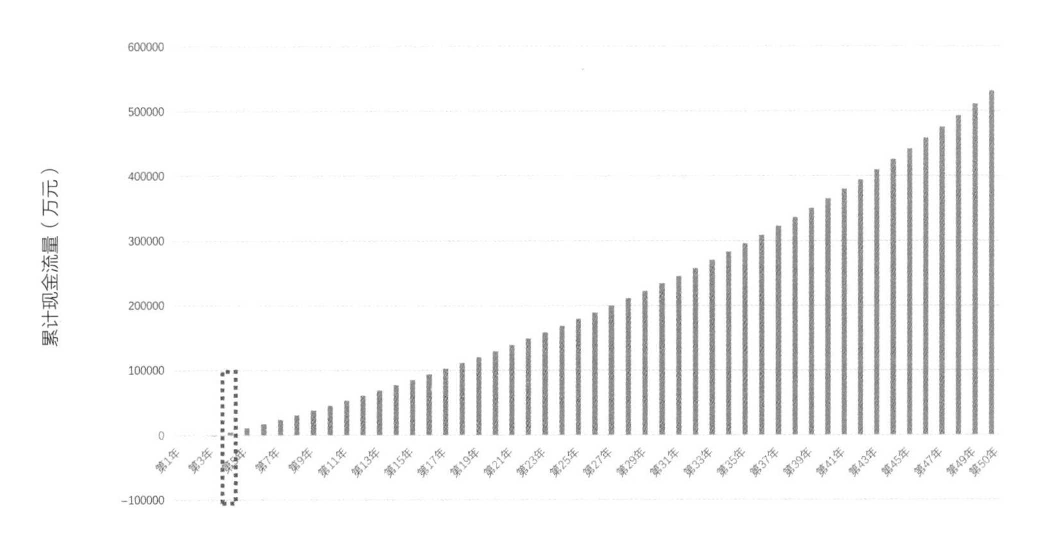

图 4　某大型公共建筑更新改造项目模拟运营收入分析

3.4 平房区：核心区内某平房区更新项目

项目用地约 1.5hm^2，原地上建筑以平房住宅为主，无地下空间，更新后拟建设地下空间建筑规模约 0.6 万 m^2。该项目实施成本包括地下空间的建设成本、相关费用及政府出让收益等，项目收益方式以物业租赁为主。在进行项目现金流量计算时，比较了两种地下空间功能使用模式，模式一以停车功能为主，参考同地区地下停车收费标准，将于项目实施第 37 年实现正收益（图 5）；模式二采取以停车功能为主兼顾 10% 商业配套功能的形式，经测算将于项目实施后第 10 年实现正收益（图 6）。

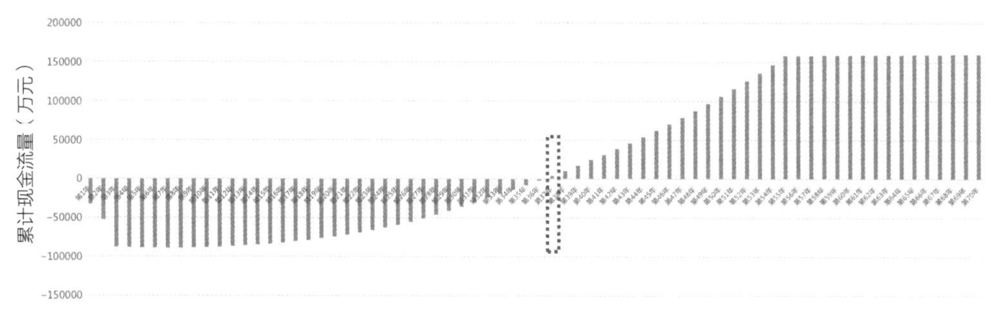

图 5　某平房区更新改造项目地下空间功能使用模式一模拟现金流量分析

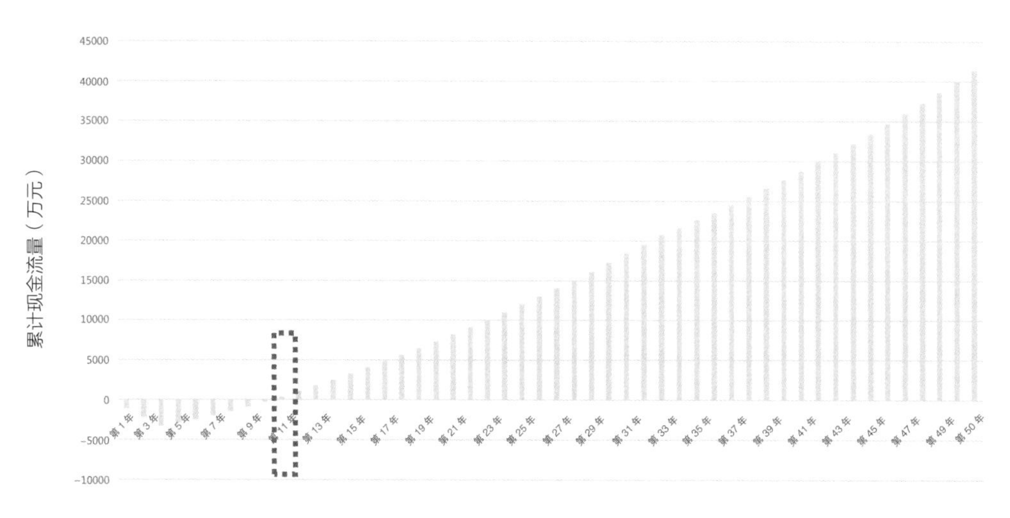

图 6　某平房区更新改造项目地下空间功能使用模式二模拟现金流量分析

4　地下空间更新策略建议

通过对以上案例的成本 - 收益量化分析研究，在地下空间更新路径、利用功能、资金回收模式等方面，可得出以下初步建议。

4.1　合理确定地下空间使用功能，建设多功能复合型地下空间

城市更新过程中的地下空间更新利用需合理确定使用功能，并促进地下空间的功能复合利用。如地下空间为单一的停车功能时，居住区地下车库的资金回收年限最长约 60 年，而地下空间兼顾约 10% 的商业、办公等经营性功能进行复合利用时，资金回收年限相对较短，部分可缩短至 10 年内。因此，在规划设计时，要合理确定地下空间的使用功能，鼓励现有单一停车功能的地下空间向复合功能发展，适度融合便民服务、文化休闲等经营性功能，以提高地下空间服务水平与综合利用效益。

4.2 依据地上建筑功能确定地下空间强度，实现地下空间分层利用

城市更新过程中的地下空间更新利用要合理确定地下空间建设强度与深度，避免盲目追求规模效益而造成空间和资金的浪费。地下空间建设层数直接影响到地下空间的建设成本，地下层数越多，建设成本越高。一般情况下，居住类建筑的地下空间以两层为主，地下一层可兼顾储藏室、体育活动空间及停车空间等，地下二层以停车空间为主；商业、办公类建筑的地下空间建设层数一般不超过地下四层，且地下一层及局部地下二层空间以商业及配套设施为主，地下三层及以下以停车功能为主，并鼓励地下经营性空间与轨道站点连通，既能有效满足地下空间功能使用需求，又能实现各层空间的潜在经济效益。

4.3 提高地下空间品质，缩短资金回收年限

区位条件优越、环境品质较高、空间使用较为灵活的地下空间，其市场需求度和租金水平往往相对较高，资金回收年限则相对较短。因此城市更新过程中的地下空间更新利用，在满足功能使用需求和技术规范要求的前提下，要注重提升地下空间的交通可达性、环境品质和空间适宜度，以提高地下空间的市场需求和预期价值，有效缩短资金回收年限。

4.4 多方资金支持地下空间的更新利用

城市更新过程中的地下空间资金回收一般通过物业运营方式实现，地下空间运营功能包括商业配套、地下停车等，可结合其实际用途及公共使用程度，提供针对性的财政补贴或出让金优惠政策，以鼓励社会投资参与地下空间更新利用。其中，财政补贴政策可用于老旧小区综合整治、拆除重建、老旧厂房更新改造等更新类型所涉及的地下空间改造与利用；另外，也可通过建立银行城市更新专项贷款、城市更新基金等方式扩充地下空间更新利用资金来源，降低地下空间投资建设主体的前期资金压力。

5 结语

随着我国城市进入城市更新发展阶段，城市空间的立体集约利用以及存量挖潜是实现城市可持续发展的重要途径，而开展经济分析与量化评估是助力城市空间集约利用的重要支撑。目前，针对地下空间的相关经济研究与量化分析尚处于起步阶段，本文通过开展地下空间更新利用典型案例的成本－收益量化分析，从经济可行性视角探索地下空间的适宜利用模式，并提出地下空间更新利用的优化策略与实施路径，包括适度提高地下空间的经营性功能配比、结合用地功能及地上开发强度合理确定地下建设层数与深度、改善地下空间环境品质与可达性、加强地下空间更新利用的资金支持力度等，以进一步释放地下空间的经济价值与资源潜力，提升地下空间环境品质，推动城市更新与可持续发展。

参考文献

[1] 唐焱，杨伟洪．城市地下空间估价研究综述［J］．地下空间与工程学报，2011，7(1):1-8.

[2] 冯艳君，曹轶．基于情景分析法的地下空间规模预测 [J]. 地下空间与工程学报，2015,11(5):1094-1103.

[3] 汤宇卿，等．城市地下空间规划 [M]. 北京：中国建筑工业出版社，2019.

[4] 徐新巧．城市更新地区地下空间资源开发利用规划与实践——以深圳市华强北片区为例 [J]. 城市规划学刊，2010(7):30-35.

[5] 黄砂，王思齐．上海城市更新地区地下空间综合利用研究初探 [C]// 中国城市规划学会．新常态：传承与变革—2015 中国城市规划年会论文集．北京：中国建筑工业出版社，2015:44-58.

[6] 夏荣．城市更新视角下地下空间开发利用研究 [J] 中国住宅设施，2020(11):49-51.

[7] 汤宇卿，王梦雯，吴新珍，等．面向有机更新的城市旧区地下空间规划策略与布局模式[J].规划师,2022,38(2):134-139.

作者简介

王江月，北京市首都规划设计工程咨询开发有限公司，副总经理。

张丽娜，北京市首都规划设计工程咨询开发有限公司，城市更新一所副所长。

姚彤，北京市首都规划设计工程咨询开发有限公司，城市更新一所职员。

The Dimensional City

Engineering Technology and Construction Methods

6 工程技术与施工方法

工欲善其事，必先利其器。对于立体城市发展而言，“器”，即是工程施工技术，它包含“软件技术”和“硬件技术”两大方面。前者主要包括工程建造知识、经验等，后者主要是工程材料和器械。随着我国地下工程建造理论、工艺、方法、管理、装备等的不断系统化、科学化，地下空间建设也更加综合复杂。本章系统梳理了地下空间施工技术的发展脉络，分析了开挖施工和非开挖施工技术特点，并以综合管廊建设、区域性地下基础设施综合体建设为例，探索了新工程技术在地下管线集约布局、地上地下综合开发、地下功能设施系统耦合等方面的具体应用，以期为立体城市发展提供技术支持。

功能复合型带状地下空间实施策略研究
——以北京城市副中心设施服务环为例

魏　萌　陈蓬勃　苏云龙　张　政　姜　屿

Study on Implementation Strategies of Multifunctional Linear Underground Space:

A Case Study in Beijing's Sub-center

摘　要:《北京城市副中心控制性详细规划(街区层面)(2016年—2035年)》明确提出要"因地制宜建设一条功能复合、布局均衡、地上地下空间一体的设施服务环，全长约36.5km""高效集成地下基础设施""统筹建设轨道交通、综合管廊等环形干线系统，贴建、共建隐性市政设施、多级雨水控制与利用设施、应急避难设施和地下储能调峰设施等各类市政设施"。本文以北京城市副中心设施服务环为例，以工程可实施为核心，详细梳理了沿线及周边区域的用地、管线、地下空间等现状及规划情况，充分分析了设施服务环各大系统的功能和空间需求特征，对城市地下物流、垃圾自动收集转运等前沿技术进行了深入挖掘，提出了包容性的多功能地下空间实施策略。

关键词: 设施服务环；地上地下空间一体；功能复合

引言

《北京城市副中心控制性详细规划（街区层面）（2016年—2035年）》明确提出：建设具有国际前沿科技水平、展现中国制造自主创新能力、体现人民生活幸福乐享的设施服务环，形成城市永续发展的核心基础骨架。统筹建设轨道交通、综合管廊、物流、自动垃圾收运等主干环状系统，结合系统廊道空间贴建、共建隐性市政设施、多级雨水收集利用设施、应急避难设施和地下储能调峰设施等各类基础设施，全长约36.5km。

现阶段设施服务环的相关规划处于宏观层面，对工程建设的指导性有待完善。随着城市副中心规划建设的积极推进，项目审批、工程建设有序进行，但设施服务环的规划建设相对滞后，且功能复杂、空间融合、体量庞大，亟须对设施服务环进行中观层面研究，划定空间管控范围，提出实施策略，进一步为工程实施提供技术支撑。

1　各大系统空间需求分析及实施策略研究

1.1　轨道交通

轨道交通102线是构成通州副中心内部“环线+放射”多层次、高密度轨道交通网络中“环线”的重要组成部分，是内部骨架线路，与多条城轨线路实现多点换乘，可提高区域综合交通承载力，确保中心城非首都功能快速、有效地向城市副中心顺利疏解；强化副中心南北向交通联系，实现新老城区南北向轨道直连服务；作为互联互通重要廊道，实现M101、M103、M104及其自身的互连互通。

为明确轨道交通的管控要求，梳理相关标准、规范、管理规定、安全条例等，分析轨道交通的平面、竖向位置，提出轨道交通宜充分考虑轨道交通与公交、自行车、步行等交通方式的交互换乘，轨道交通站点宜与周边用地统筹融合，做到衔接便捷、空间人性。阳光厅的设置应充分论证人防、防撞、视线遮挡等安全问题（图1）。

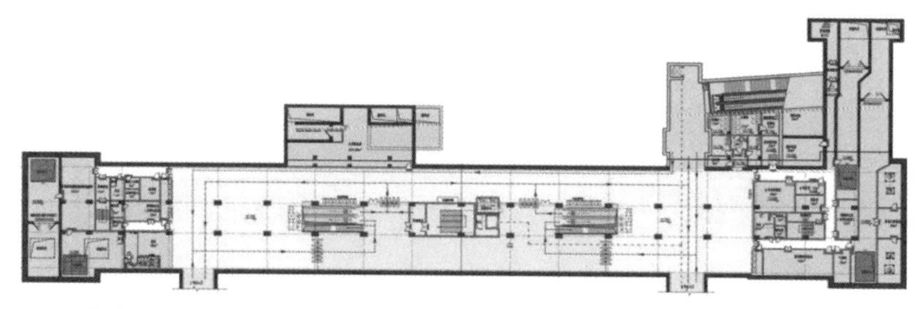

图 1　地铁站平面示意图

1.2　地下城市物流

依托城市副中心智慧自动化物流系统，利用轨道交通环线，采用客货共线的运营模式，建设地下物流环形干线系统，衔接地下物流网络，实现副中心高效绿色货物运输。此外还可有效缓解交通拥堵，改善环境，与轨道交通共建，节能节地，提高运输的时效性和安全性。

研究利用调研数据，结合《北京市统计年鉴》等数据，细分运输货物种类，测算适合地下运输方式的货物体量、运输工具可容纳体积，采用模糊 C- 均值聚类算法 (FCMA)，优化组团配送中心选址并确定物流末端中心，保障依托于轨道交通的地下物流系统不影响轨道交通的正常运营，预测配送中心、物流车站等物流设施占地，对接国内典型物流企业（中国邮政、顺丰、京东等），统筹分类、包装、装卸、运输等的标准，实现自动化、标准化、集约化，提高效率。

1.3　综合管廊

综合管廊是建设在城市地下、容纳两种及以上市政管线的地下构筑物及附属设施。地铁和综合管廊均为地下工程，二者协同建设是各大城市近年来探索的方向。宜充分发挥综合管廊在市政干线系统联络、服务建筑项目市政接引、集中穿越重要节点等方面的优势，引导和优化区域管线系统布局。与其他地下工程共构建设的综合管廊应同期实施或做好预埋。

1.4　垃圾自动收集转运

垃圾收集转运系统是集垃圾收集、转运、处理的全流程系统。气力垃圾收集技术经过 70 多年的发展，在全世界已经建成并运行 2600 余套系统。在城市副中心，结合地下轨道交通线路，依托部分轨道交通车站设置垃圾转运平台，采用分时段错峰模式，建设新型垃圾转运系统。

本研究深度分析自动垃圾收集转运国内外成熟案例，挖掘其服务面积、建设背景、运营情况等，发现城市级大空间尺度自动垃圾收集转运暂无工程实例，目前运行的案例服务面积均较小（一般小于 $10km^2$）。本研究提出宜采用局部试点的方式推进，宜分为干线、支线等系统，干线系统宜与城市垃圾转运系统统筹考虑，支线系统宜与区域物流配送系统统筹考虑，末端宜与气力垃圾输送系统相衔接。同时，过渡期应考虑与现有垃圾转运处理设施的衔接；实施后应考虑应急措施，确保垃圾收集转运体系稳定运行。

1.5 多级雨水控制与利用

多级雨水控制与利用系统是由源头控制、中途转输和末端排放多系统组成，建立可持续的雨水控制与利用系统，是建设节约型社会、节水型城市的要求。多级雨水控制与利用系统可独立实施，宜与防洪排涝规划、绿地系统规划、河湖水系规划等相协调，与海绵城市建设相适应。浅层雨水收集设施应结合开发建设时序，尽可能一次性建成；立体深隧可采用盾构等技术单独施工、分期实施。

1.6 隐性市政设施

隐性市政设施是指通过市政设施建设的高标准化、地下化、复合化，使得传统意义上的市政邻避设施，例如污水处理厂、垃圾转运站、垃圾处理厂、变电站等，变为生态的正资产。目前，市政设施地下化的建设方式已经日趋成熟，地下开挖技术、地下建造技术发展迅速，可支撑地下设施的建设。本研究提出市政设施随项目推进独立实施，规划水设施、电力设施、密闭式垃圾收集站等宜地下设置，规划燃气设施可地下设置。

1.7 应急避难设施

城市应急保障支撑体系包括灾害防御设施、应急保障基础设施与应急服务设施，研究提出采用“散点布局”的方式，将部分轨道站点纳入应急避难场所，作为补充，进一步完善防灾体系，建立立体化的应急避难系统。对于未设置阳光厅的车站宜结合站台层做应急避难场所，设置阳光厅的车站宜结合周边绿地广场增加应急避难场所。

1.8 储能调峰设施

地下储能调峰设施是将储能系统与地下空间的开发利用相结合，实现区域供冷、供暖、供电的统一规划、集成设计、标准化建设、专业化管理，解决峰谷电及余热利用等问题，推动多种能源系统高效耦合应用。地下储能调峰设施可独立实施，以区域能源站为依托，采用散点布局的模式，规划于设施服务环周边组团中心或大型公建等对能源需求量大的节点设置能源供应中心。规划能源供应中心尽可能靠近环线，使其能源供给辐射至周边区块。

2 管控区划定

市政管线、综合管廊、轨道交通等带状市政交通基础设施基本均位于城市道路下，且城乡基础设施和公共安全设施可以结合规划道路、河道、绿化等公共用地进行安排。

除对设施服务环进行空间控制外，还需考虑两侧建设用地与设施服务环的沟通联系，以保证设施服务环更好地为城市服务。

基于以上分析，本研究以市政管线、综合管廊、轨道交通等带状市政交通基础设施为骨架，以规划道路、河道、绿化等适宜公共用地为增补，考虑建设用地与设施服务环的联系，综合确定设施服务环两级管控，一级管控强调控制，二级管控强调统合。

2.1 一级管控区

（1）设施服务环所在城市道路及道路沿线两侧绿化带（图2）。

（2）轨道交通站点所在相交道路及道路沿线两侧绿化带。如图3所示，设施服务环中的轨道系统在图示交叉路口处设有换乘车站，其站点涉及相交道路及沿线道路两侧规划绿地划定为一级管控区。

（3）在设施服务环与河道、铁路、快速路及以上级别城市道路相交处，沿设施服

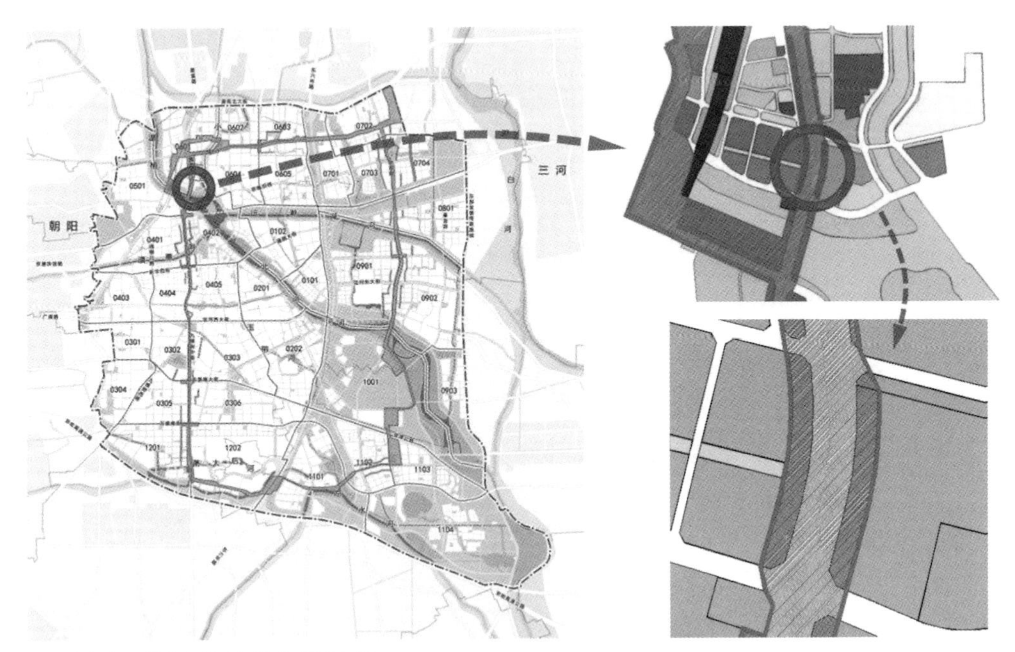

图 2　道路及道路沿线两侧绿化带示意图

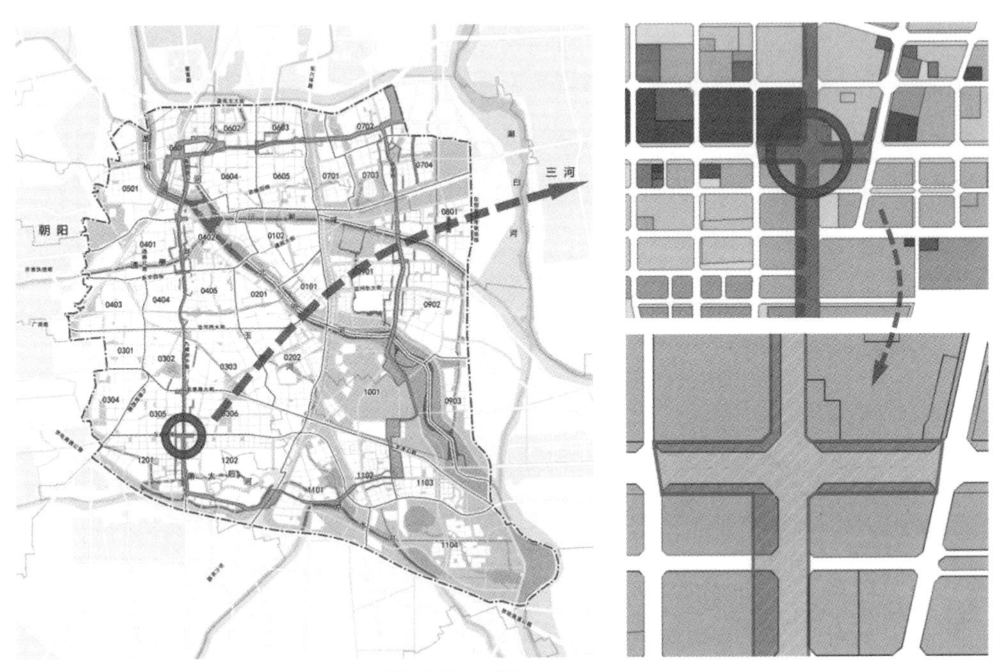

图 3　轨道站点所在相交道路及道路沿线两侧绿化带示意图

务环两侧各外扩 30m。如图 4 所示，当市政管线等基础设施通过重要节点处时，为避让桥梁、涵洞等构筑物，市政管线需向两侧外绕，故遇此类节点处，沿设施服务环两侧各外扩 30m。

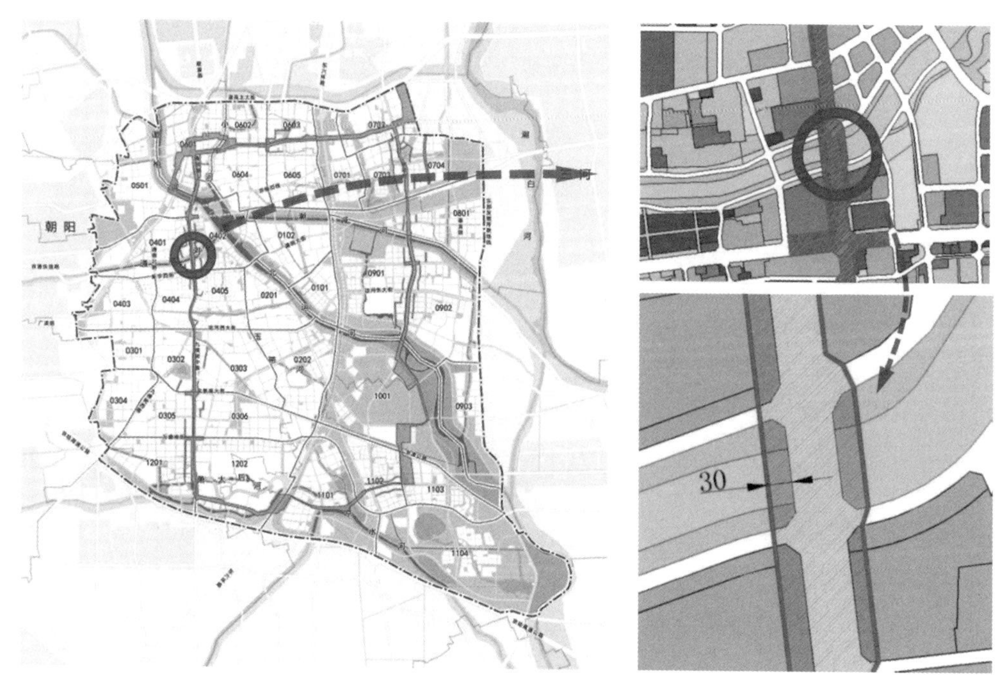

图 4　河道、铁路、快速路及以上等级道路相交处示意图

（4）设施服务环两侧能作为腾挪的空间。如图 5 所示，若设施服务环所在道路为现状道路，考虑后期按规划实施过程需要对现状管线进行改移腾挪，此现状道路的西侧相邻规划道路尚未按规划实施，可作为设施服务环工程实施前现状管线腾挪的空间，因此，将西侧规划道路纳入一级管控区。

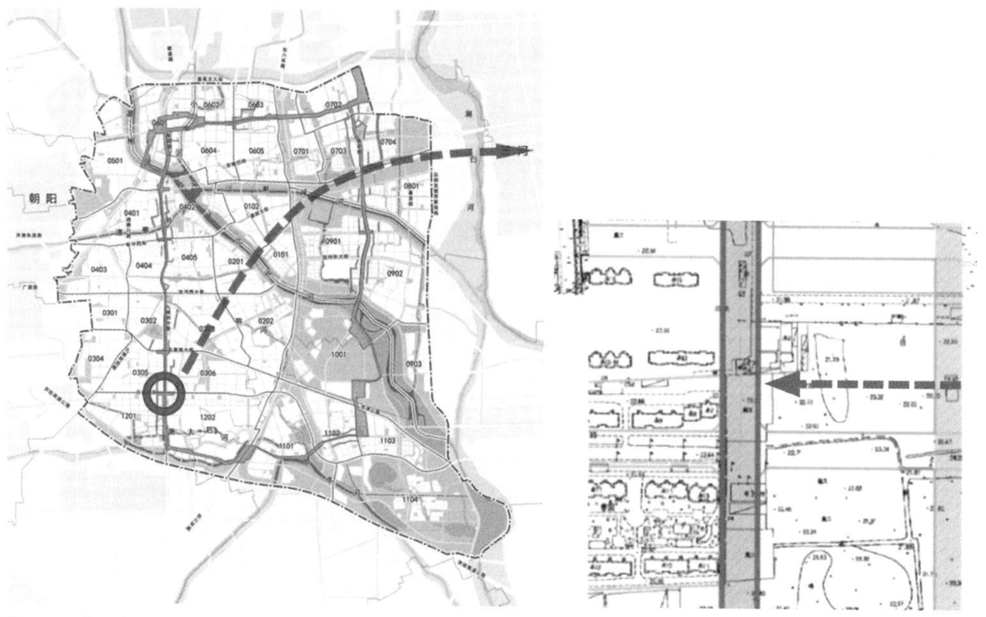

图 5　设施服务环两侧能作为腾挪的空间示意图

设施服务环一级管控区如图6所示，要求一级管控范围内的地上及地下工程统筹考虑，无法同期实施的工程须做好预留或预埋，强调地上地下空间的一体化建设。

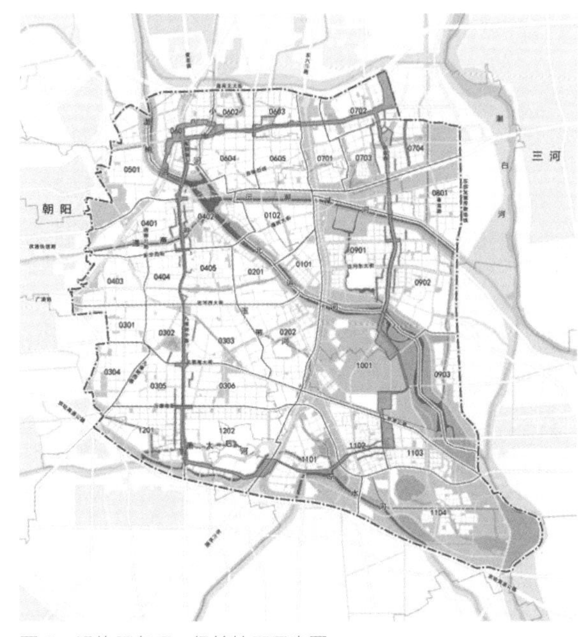

图6　设施服务环一级管控区示意图

2.2　二级管控区

为更全面地梳理分析，扩大研究范围如图7所示，对用地性质、现状情况、项目审批等因素进行特性交叉对比分析。

2.2.1　按“是否可控”划分

经过梳理分析，将研究校核范围内的用地分为现状用地、在建项目用地以及未建项目用地三大类。其中，现状用地又细分为有改造潜力用地和无改造潜力用地，在建项目用地细分为有审批手续用地和无审批手续用地（处于公示期），未建项目用地细分为已批复用地和尚未批复用地，其分布如图8所示。

图7　设施服务环二级管控区研究范围示意图

现状用地中的无改造潜力用地是指在一段时间内无法改造或没有改造计划，将维持现状的用地，研究认为此类用地在设施服务环实施中无法进行空间控制即“不可控”。在建项目用地（含有审批手续和无审批手续但处于公示期）均为近年来规划、设计、施工，流程完备、手续齐全、合法合规，但待设施服务环实施时也已“不可控”的用地。

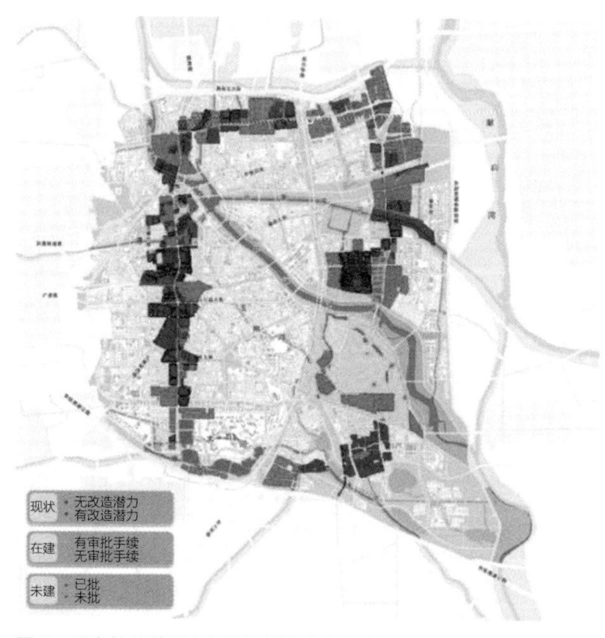

图 8　研究校核范围内各地块特性分布示意图

现状（无改造潜力）用地及在建项目用地（包含有审批手续和无审批手续但处于公示期），共 1019 块，约占研究校核范围内总用地数量（2740 块）的 37.2%，累计面积约为 12.65km^2，约占研究校核范围内总用地面积（25.49km^2）的 49.6%。

2.2.2　特性交叉分析

按用地性质划分，将研究校核范围内的用地分为公共服务（A）、商业（B）、村庄建设用地（C）、特殊用地（D）、水域及绿地（EG）、多功能（F）、工业（M）、居住（R）、交通及市政（STU），共 9 类用地。将按“是否可控”划分的 6 类地块与按用地性质划分的 9 类地块进行特性交叉分析，得到 54 张特性交叉分析图以及相关属性表数据资料。

以现状无改造潜力用地与不同性质用地作交叉分析为例，通过地理信息系统提取研究范围内全部现状无改造潜力的地块，同时提取研究范围内全部公共服务类用地，二者作交叉分析，可以得到研究校核范围内现状无改造潜力的公共服务类用地的数量、位置和面积等信息，如图 9 所示。

从图 9 可以看出，研究校核范围内，具有“现状无改造潜力”和“公共服务类”两种属性的地块共计 103 块，总面积约 1.1km^2。

通过地理信息系统，将现状无改造潜力用地资料，与全部 9 类性质 [公共服务（A）/ 商业（B）/ 村庄建设用地（C）/ 特殊用地（D）/ 水域及绿地（EG）/ 多功能（F）/ 工业（M）/ 居住（R）/ 交通及市政（STU）] 的地块作交叉分析，可以得到共计 9 张现状无改造潜力用地与其他各类性质用地交叉分析图（图 10）。

通过特性交叉和分类，逐一对地块进行分析，筛选出符合二级管控区划定原则的用地，形成设施服务环二级管控区，见图 11。二级管控区的管控要求是二级管控范围内的地上地下空间与设施服务环各系统紧密联系，并为设施服务环各系统建设预留必要的互联互通空间。

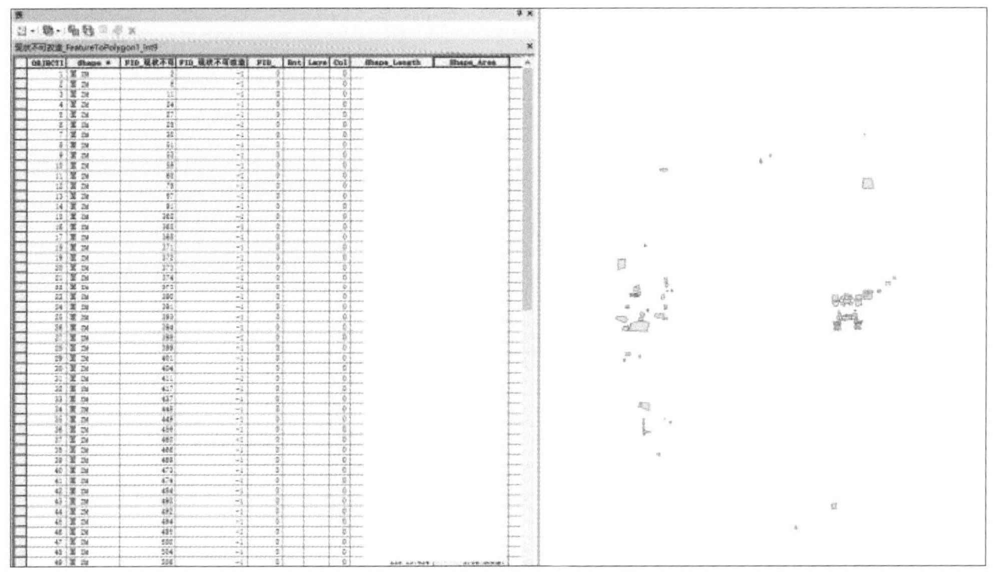
图 9　现状无改造潜力用地与公共服务类用地交叉分析图

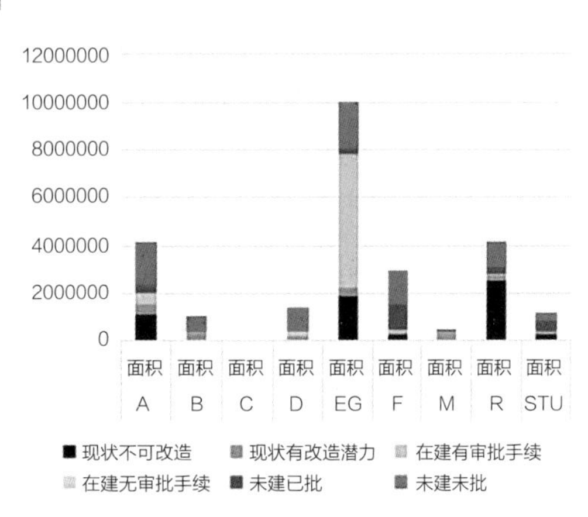

图 10　特性交叉分析统计图

3　结论及建议

3.1　摸清现状底牌，夯实空间基础

既有地下空间分析研究仅针对“面状”建设用地地下空间，本研究首次对轨道交通、综合管廊等“带状”基础设施所在的城市道路地下空间进行系统分析，依托现场踏勘、地形图、影像图、管线普查、市政工程综合规划数据库、规划审批地理信息数据等多元技术手段，摸清现状及规划实施情况，梳理地下空间在平面及竖向的利用情况，分析对未来工程实施可能存在的制约。

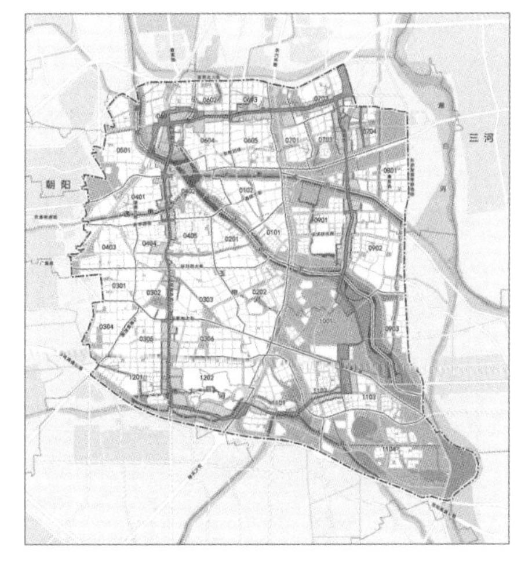

图 11　设施服务环二级管控区示意图

3.2 挖掘各系统特征，论证空间融合可行性

国内外未有不同基础设施空间融合的成熟案例，本研究在对 8 大系统的功能特点、空间需求、安全控制要求等进行深入挖掘的基础上，梳理分析相关标准、规范，首次论证各系统空间融合（如地下城市物流、综合管廊与轨道交通）的安全性、可行性，分析各系统的必要性、适应性、兼容性，进行定性分析、定量测算。同时，城市基础设施不局限于已提出的 8 大系统，本研究进一步落实高点站位的要求，提出“各功能非设施服务环独有，且设施服务环不排斥某个单一功能”，以轨道交通为引领，强调空间共融、设施共享。

3.3 强调融合，分类施策，保证管控落实

在聚焦地下空间的同时，本研究关注沿线城市道路、环形绿带、环形慢行系统、建筑前区、建设用地等，地上充分落实城市形态、建筑风貌、色彩、第五立面等城市设计内容，地下强调空间的包容、融合、整合，实现地上地下良性互动、路内路外有机衔接、整体空间共享补充，提出功能复合型、带状城市公共空间的实施策略。同时，注重开发与建设时序的统一统筹，摒弃“先来后到”的传统思想，提倡预留预埋，强调一体化规划建设，保证管控措施随项目落实。

作者简介

魏萌，北京市城市规划设计研究院，高级工程师。

陈蓬勃，北京市城市规划设计研究院，基础设施技术综合所副所长，教授级高级工程师。

苏云龙，北京市城市规划设计研究院，基础设施技术综合所所长，教授级高级工程师。

张政，北京市城市规划设计研究院，工程师。

姜屿，北京市城市规划设计研究院，工程师。

工欲善其事，必先利其器
——城市地下空间施工技术概览

廖华强　王春明　赵怡婷

Overview of Urban Underground Space Construction Technology

摘　要：地下工程施工技术是地下空间开发利用的重要基础。随着时代的发展，地下工程施工技术不断演进，特别是非开挖技术的出现为大型、长距离、大深度地下空间的施工建造提供了可能。本文聚焦地下工程施工技术的演变、发展及最新趋势，梳理主要施工技术类型及其对地下空间发展的影响，归结开挖和非开挖两大技术体系的特征及其适用范围，并就非开挖技术中较为主流的顶管法、盾构法的技术发展情况和最新实践案例展开分析，就高密度建成环境的地下施工条件、工程建造方法进行探讨，为城市地下空间的系统化、集约化利用以及城市空间向下三维立体拓展提供有益参考。

关键词：地下空间；工程施工；非开挖技术；高密度建成环境

进入 21 世纪后，随着城市地面以上空间的逐步饱和，城市地下空间的开发利用需求不断增强。相比发达国家，我国的现代城市地下空间开发利用历程虽然不长，但在短时间内取得了突出成就，特别是地下轨道交通建造速度在世界范围内首屈一指，其原因离不开地下空间施工技术的发展。

1 地下空间施工技术的前世今生

工欲善其事，必先利其器。对于地下空间开发利用而言，“器”，即是地下工程施工技术，它包含“软件技术”和“硬件技术”两大方面。前者主要包括工程建造知识、经验等，后者主要是工程材料和器械。在不同时期，二者有着不同的角色定位和历史呈现。

在古代，地下空间的开发利用更多的是依靠建设者们的“软件技术”，即基于工匠经验和有限的器械打造属于那个历史时期特有的地下工程，其中的历代皇陵代表了一个时代地下工程施工技术的巅峰。但以当代视角来看，历史皇陵的施工技术仍十分落后，导致了无尽的人力投入和漫长的建造过程。以秦始皇陵为例，这座空前宏大的地上、地下综合工程，先后动用超过 80 余万劳动力，建设时间更是长达 40 年，且尚剩余 1 年工程未能如期完工（图 1）。

图 1　秦始皇陵建设场景模拟图

图 2　世界第一条盾构隧道——英国泰晤士河隧道

图 3　南京市江北地下空间剖透视图（在建项目）

随着工业革命的兴起，以蒸汽等为动力的机械长足发展，带动了地下工程施工“硬件技术”的飞跃，以盾构为代表的机械施工和非开挖技术开始崭露头角，隧道建设突飞猛进。英国泰晤士河隧道是世界首条采用盾构法施工的隧道，于 1825 年开始建造，1843 年竣工，长度仅 381 米，修建了整整 18 年，期间经历了多次透水事故并造成多人伤亡。虽然该隧道建设过程饱经坎坷，并付出了巨大的建造成本和安全代价，但它的横空出世，推开了地下工程非开挖技术的大门，实现了在软弱地层的首次隧道建造，其建造原理、成功经验乃至建造过程所蒙受的灾难等，都深深影响了地下工程建造技术的发展，其一度被称颂为“世界八大奇迹”（图 2）。

时至今日，地下工程施工技术早已今非昔比，各类先进电气化设备、智能化设备的加入使得地下工程施工技术突飞猛进，原来的“不可能”工程正在成为可能。若以当今技术再建英国泰晤士河隧道，半年足矣。与此同时，我国地下工程施工技术在超大型地下空间建设方面也发挥着重要作用。目前正在建造的南京市江北地下空间工程，其建筑面积达 450 万平方米，建成后将取代加拿大蒙特利尔地下城，成为世界最大的城市地下空间工程（图 3）。

2　现代城市地下空间施工技术概览

国内的地下工程施工技术，经过多年的沉心研究与探索实践，已经在建造理论、工艺、方法、管理、装备等方面趋于系统化，总体可归结为开挖和非开挖两种主要技术体系。

开挖方式即直接从地面向地下开挖，形成容纳地下结构的基坑空间后，构筑地下空间结构。开挖法主要包括明挖法（图 4）、盖挖法、半盖挖法、沉井法等，是地下

图 4　采用明挖法建造的地铁车站——广州地铁 11 号线彩虹桥站

工程施工的常用技术形式。常见的高层建筑地下停车场、下沉式广场、地铁车站等多是采用开挖方式建造而成。开挖方式虽存在地面施工场地较大、容易造成城市空间阻隔等问题，但因其施工难度和成本相对较低，仍被广泛运用在城市地下空间建造中。但是，随着城市建成地区用地资源的逐渐饱和，开挖方式的空间实施条件逐渐趋于紧张，迫切需要有其他的替代方案。

非开挖方式主要是指采用岩土工程设备和技术手段，除占用少量地面空间用于岩土和材料运输外，主要在地下进行施工作业的施工方式。相比开挖方式，非开挖方式具有不阻碍交通、不影响地面、不拆迁建筑等优点，在地面建筑密集、空间阻隔问题突出的地区具有其他施工方式不可替代的优势，因此在城市地下空间开发中的运用越来越广泛。最具代表性的城市地下空间非开挖施工方式有矿山法、顶管法、盾构法、管幕法等（图 5），其中顶管法和盾构法具有施工技术先进、机械化程度高、施工建设进度快、对地面影响小等特点，是城市地下空间开发的主流施工方法。

在非开挖装备方面，国内的现代非开挖技术自 20 世纪七八十年代发展至今，已经实现了从装备研究制造到工程施工建设的技术自研、装备自产、工程自建（图 6、图 7）。以盾构施工的成套设备为例，目前国产盾构设备已占据国内盾构市场份额 90% 以上并成功出口海外，常规盾构设备价格也从国外垄断时期的每台数亿元降低至如今的千万元级别，经济性大大提高，顶管设备的发展状况与之相似。

非开挖施工技术方面，盾构和顶管隧道下穿城市主干道、高层建（构）筑物、运

矿山法隧道

顶管隧道

盾构法隧道

管幕法隧道

图 5　城市地下空间非开挖方式

图 6　国内最大直径的泥水 & 土压双模盾构机——紫瑞号

图 7　世界首台矩形复合顶管机——天妃一号

营地铁、高速铁路、高架桥梁、河流湖泊等重要建（构）筑物或保护区域的相关施工技术已经非常成熟。如四川成蒲铁路紫瑞隧道工程采用国内最大直径（12.84m）的泥水 & 土压双模式盾构机，先后安全下穿城市主干道、河流、高架桥，并以 38cm 最小净距成功下穿运营地铁车站，同时创下了同类地层、盾构直径下单月推进 304.5m 的最快施工纪录（图 8）。

近年来，随着城市中心地区的更新发展，为了提高空间利用效率，在既有城市建

图 8　成蒲铁路项目盾构机穿越运营地铁车站

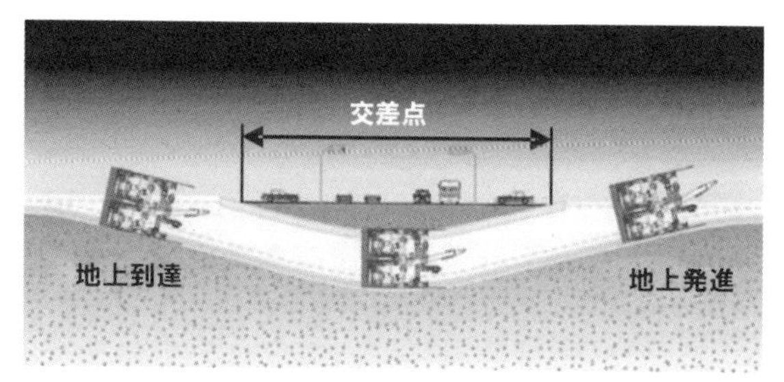

图 9　地下工程新技术——日本 URUP 工法示意图

构筑物下施工以及连通既有地下建（构）筑物的需求日益增加，为了在极为有限的空间中实现地下空间的工程施工并将施工周期降到最低，日本涌现出了一系列适用高密度城市建成环境的地下工程建设技术，如：URUP 工法是一种盾构机从地表直接始发掘进，最后在设定目标地点直接掘出到地表的新型施工方法，相比常规先造盾构井、后进行盾构隧道施工的工法，URUP 工法的施工时间大大缩减，尤其适用于城市繁忙地段的地下工程施工（图 9）；R-SWING 工法则主要适用于城市浅覆土的隧道开挖，主要通过位于矩形掘进机顶部的切削机构左右摆动开挖并支护上部土体，下部的主机跟进实现向前推进，并通过多个矩形掘进机的拼接固定实现较大的开挖面。该工法被用于连接东京中城日比谷和东京地铁日比谷站的地下联络通道的建造工程，建造了宽 7.25m、高 4.275m、长 42m 的矩形隧道（图 10）。

图 10　地下工程新技术——日本 R-SWING 工法掘进机

3　未来城市地下空间发展展望

随着装备制造技术和施工建造技术的进步，地下空间的建造成本将不断降低，地下空间的资源潜力将不断被释放，并向着埋深更大、空间更立体、功能更完备、环境更舒适的方向发展。未来，在城市地上空间紧约束的影响下，将有越来越多不同功能的地下空间走近普通市民的日常生活，扩展人居空间、便利生活服务、改善城市环境。未来的城市规划建设也将结合工程施工技术的发展，向着三维立体层面开拓，通过地下、地表、地上空间的分层利用以及不同功能设施的统筹安排，实现城市空间的立体、集约、可持续利用。当然，如何书写和绘制这一发展愿景，还需要城市管理者、规划者、建设者们的共同合作和不断探索，同时也要时刻保持对大自然的敬畏，兼顾生态环境保护、城市景观保护、历史文物保护以及灾害风险防护，因地制宜选择适宜的施工技术和施工强度，实现人与自然的和谐共处。

作者简介

廖华强，中铁二局集团有限公司城通分公司。

王春明，中铁二局集团有限公司城通分公司，总工程师。

赵怡婷，北京市城市规划设计研究院，高级工程师。

补短板与增韧性

——北京市综合管廊体系重构思考

杨京生　吕志成

Shortcomings and Toughness Enhancement:

Reflections on the Reconstruction of Beijing's Urban Utility Tunnel System

摘　要：本文基于北京市市政管网系统发展面临的问题，结合城市市政基础设施的补短板与增韧性要求，重构了北京市综合管廊分类标准体系，重点对小型综合管廊建设的技术经济进行了分析。同时，针对城市综合管廊建设中出现的新问题、新需求，提出了北京市综合管廊发展建议。

关键词：重构；标准体系；小型综合管廊；发展建议

1 北京市市政管网系统发展面临的问题

截至 2021 年底，北京市地下管线总长度建设规模已超过 22 万 km，井盖类设施数量约 335 万套，位居全国首位，地下管网的密度远高于国内其他城市的平均水平，传统直埋仍是地下管网的主要敷设方式。全市地下管线中，2000 年前建成的管线约 5.63 万 km，建设年代不详的管线 2.08 万 km，合计占全市市政管线 35%，其中超过设计使用年限的管线长度为 6560km，致使存在着道路井盖较多、部分老城架空线网密集、路面偶有反复开挖、管线事故时有发生等问题。如何实现城市市政工程管线的集约化、综合化、廊道化敷设，提升北京城市环境质量水平、确保城市安全运行，成为北京市“十四五”期间基础设施发展的重要课题。

2 北京市综合管廊体系拓展和重构

“十三五”期间，北京市按照市委、市政府的总体部署，围绕贯彻落实新版总体规划，陆续建成了一批有代表性的综合管廊项目，干 / 支线型市政综合管廊建成约 200km，为北京市新建功能区的基础设施高质量发展打下了坚实基础。然而，与国外综合管廊建设先进城市相比，北京市城市综合管廊总体上处于起步期，尚需结合城市高质量发展要求，加强对新理念、新技术、新材料的运用，实现科学、有效地利用城市地下空间资源。

目前北京市在总结前一阶段综合管廊建设的经验和理念的基础上，围绕综合管廊有效需求和效益的关系、成本控制要求、出地面构筑物景观协调等，结合实际情况重新统筹和规范了城市综合管廊工程规划设计标准体系，并将综合管廊类型分为干线综合管廊、干支结合综合管廊、支线综合管廊、小型综合管廊四大类。

（1）干线综合管廊：用于容纳城市主干工程管线，不直接向用户提供服务的综合管廊。干线综合管廊可结合轨道交通、城市道路、市政主干管道统筹建设，补强市政供给系统能力，完善管网拓扑构建，增强抗灾害、突发情况下市政系统韧性。

（2）干支结合综合管廊：用于同时容纳城市主干和配给工程管线，可兼顾向用户提供服务的综合管廊。干支结合综合管廊可在城市新建区统筹建设，并在有效控制建设成本的前提下，达到市政管网全生命周期综合效益最优。

（3）支线综合管廊：用于容纳城市配给工程管线，直接向用户提供服务的综合管廊。支线综合管廊一般应考虑人员正常通行，附属设施较为完备。

（4）小型综合管廊：用于容纳中低压电力电缆、通信线缆、给水配水管道、再生水配水管道等。小型综合管廊主要服务末端用户，其内部空间可不考虑人员正常通行的要求，不设置常规电气、机械通风等附属设施。

根据近几年北京市综合管廊建设的实际情况与效益分析，新建区系统统筹建设干支综合管廊，优化市政系统布局，在有效控制建设成本的前提下，达到市政管网全生命周期综合效益最优；建成区结合轨道交通、城市道路、市政主干管道建设契机，建设干线综合管廊，补强市政供给系统能力，完善管网拓扑构建，增强灾害、突发情况下市政系统韧性；首都功能核心区等高密度建成区域，以小型管廊建设为主，织补末端供给毛细网络，提升市政服务水平，使老城区焕发活力。

3 北京市小型综合管廊建设相关依据和案例

为满足北京市综合管廊建设的需要，进一步提升综合管廊建设质量和控制成本，针对城市综合管廊建设中出现的新问题、新需求，北京市于 2020 年 12 月颁布了《城市综合管廊工程技术要点》，首次提出小型综合管廊的概念，将缆线管廊纳入小型综合管廊的范畴，为北京市市政基础设施的高质量发展打下坚实基础。

小型综合管廊相对其他类型综合管廊具有较大灵活性和经济性，建成后维护和管理相对简单，特别适用于地下空间资源紧张的城市建成区，通过织补末端供给毛细网络，提升市政服务水平。目前小型综合管廊在地块开发中已有较多应用。

香山革命纪念馆周边缆线管廊是北京市首个小型综合管廊项目（纳入电力电缆和通信线缆，并预留了非传统的路灯、公安交管、充电桩等管线纳入的条件，图 1）。项目全长约 0.8km，于 2019 年 5 月开工建设，并于 2019 年 8 月建成投入使用。该管廊采用了预制拼装施工工法，建设过程中实现了不影响旅游高峰时节游客通行的苛刻要求，成功保障了香山革命纪念馆红色教育基地于 2019 年 9 月 13 日正式向公众开放。

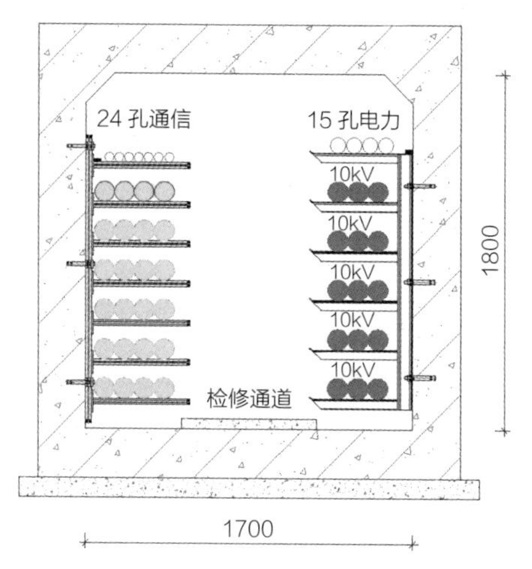

图 1　香山革命纪念馆周边小型综合管廊建设

4　小型综合管廊建设的技术经济性分析

小型综合管廊建设是一项系统工程，涉及较多市政专业管线，需要在工程统筹的基础上做好技术经济性的分析。鉴于小型综合管廊多适用于较窄的道路下敷设较多市政管线情况，本文采用新建城市支路作为敷设载体进行直埋敷设和小型综合管廊敷设的技术经济性分析。

案例情景为新建红线宽 18m 的城市支路下敷设 12 孔电力、12 孔通信、*DN*200 给水管、*DN*200 再生水管、*De*250 中压燃气管、*d*800 雨水管、*d*400 污水管的市政管线，同时考虑交通信号、路灯照明等线缆敷设路由。在采用小型综合管廊敷设情况下，纳入管廊内的管线有电力、电信、给水、再生水等。

4.1　方案一：传统直埋敷设方式

该种方式管线在道路下敷设位置较为紧张，机动车道下设置较多检查井盖且未来不可避免会出现“马路拉链”现象（图 2、表 1）。

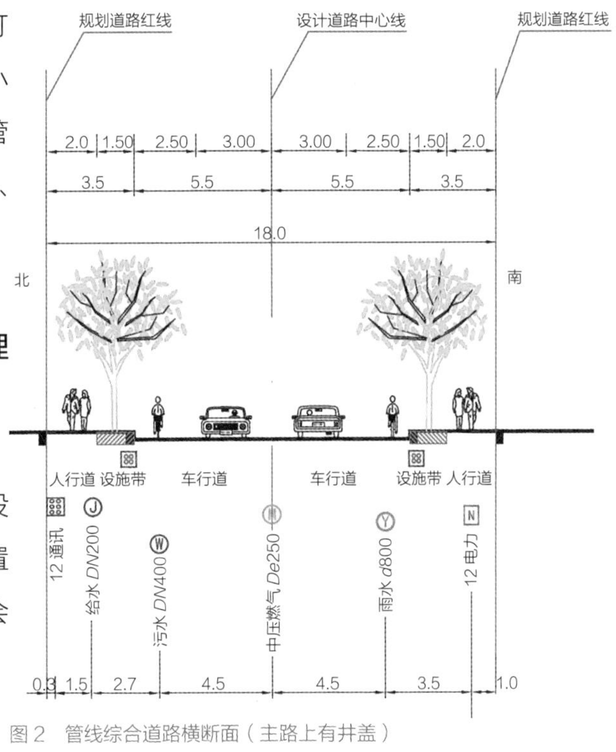

图 2　管线综合道路横断面（主路上有井盖）

直埋管线工程造价（设计年限 30 年）　　表 1

直埋管线种类	规模	覆土（m）	工程造价（万元 /km）
电力	12 孔	1.5	650
通信	12 孔	1.5	160
给水	*DN*200	1.5	140
再生水	*DN*200	1.5	140
合计			1090

注：工程造价中，电力、通信为管孔外包混凝土的造价，不含线缆造价。

4.2 方案二：小型综合管廊敷设方式

该种方式对道路下部分管线进行集约化入廊敷设，除避免机动车道上设置较多检查井盖外，未来在入廊管线增容、维护、更新等方面能够有效减少对道路及周边环境的影响（图 3、图 4、表 2）。

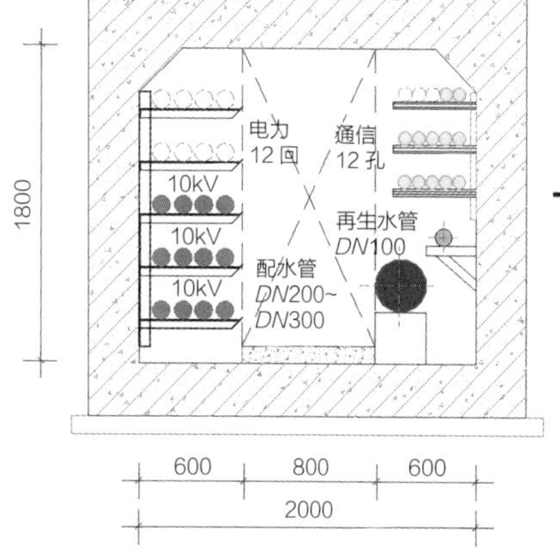

图 3　小型综合管廊常用标准断面

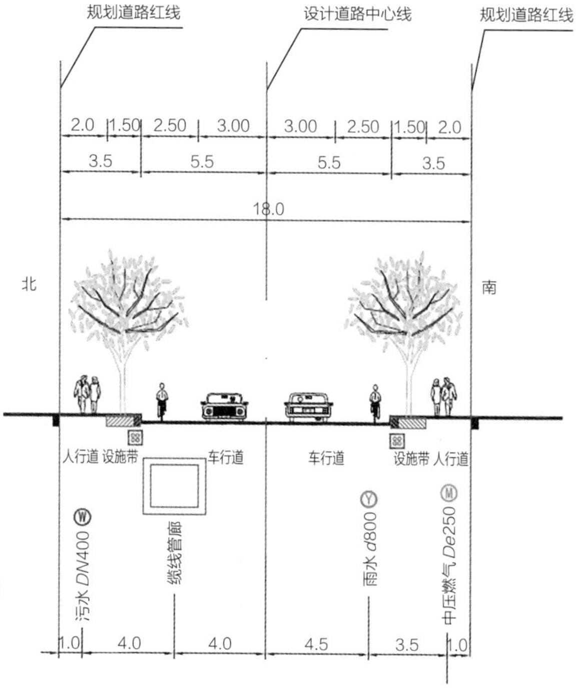

图 4　管线综合道路横断面（主路上无井盖）

小型综合管廊敷设工程造价（设计年限 100 年）　　表 2

单项工程	覆土（m）	管线种类	规模	单项工程造价（万元 /km）	工程造价（万元 /km）
小型管廊	1.5	—	2.0×1.8	—	1300
入廊管线	—	电力	12 孔	180	530
		通信	12 孔	80	
		给水	*DN*200	150	
		再生水	*DN*200	120	
合计					1830

注：入廊管线工程造价为管道支墩、支架及水管道，不含电力电缆、通信线缆造价。

综合以上两个方案比较，小型综合管廊比直埋管线工程一次投资高 65% 左右，但如果考虑全生命周期（按 100 年），直埋管道进行 3 次更换，则小型综合管廊建设及运维的技术经济优势明显。

5 北京市综合管廊发展建议

5.1 因地制宜推进小型综合管廊建设

综合分析北京市各类型道路市政管线情况，小型综合管廊纳入管线可分以下几种情况：电力 + 电信；电力 + 电信 + 给水（再生水）；电信 + 给水（再生水）+ 热力；电信 + 热力；电力 + 给水（再生水）等，在工程造价增加较小的基础上，能够满足北京市市政基础设施高质量和经济集约建设需求。

北京建成区内部地下现状情况一般较为复杂，实施干线综合管廊、干支结合综合管廊、支线综合管廊难度大，成本高，周期长，短时难以从根本上解决建成区的市政基础设施问题。“十四五”期间，建议先因地制宜进行综合管廊系统的布局和规划，重点结合城市更新、架空线入地、历史文化街区保护提质、市政道路 / 街坊路 / 胡同升级改造、轨道交通站点周边管线导改等项目建设小型综合管廊，满足近期管线使用和更新迫切需求（图 5、图 6）。

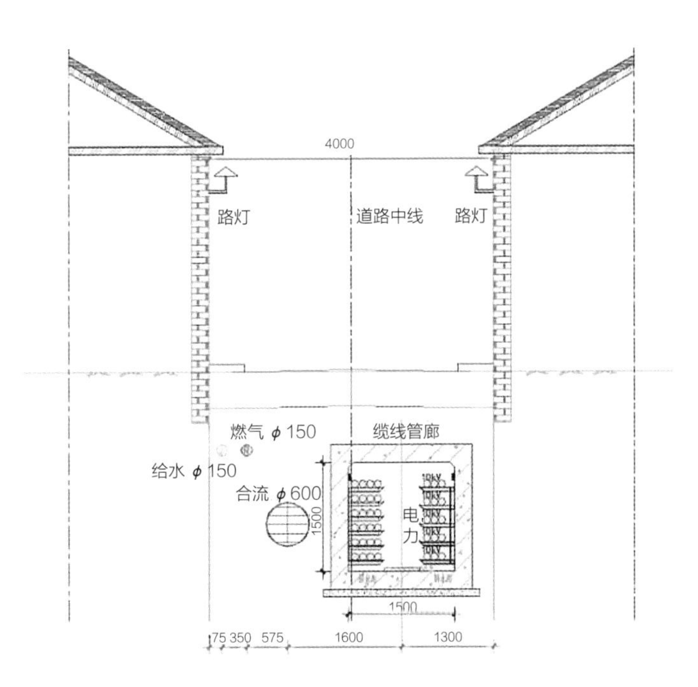

图 5 胡同（4m 宽）小型（线缆）管廊建设示意一（单位：mm）

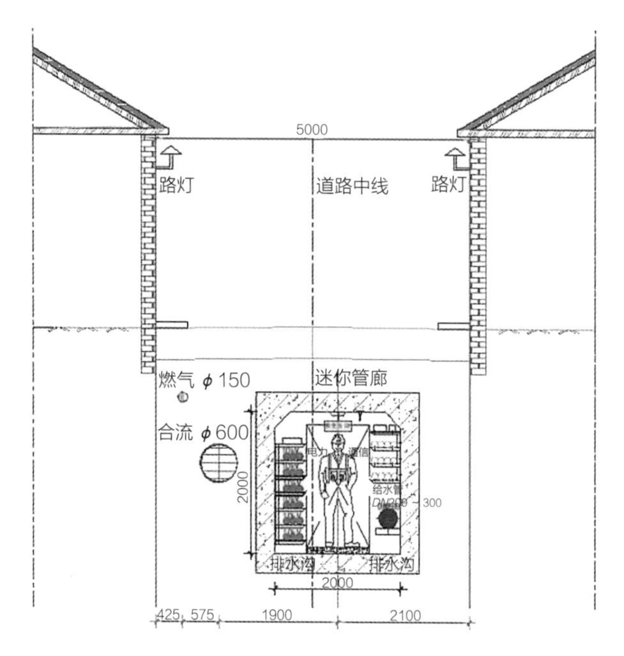

图6 胡同（5m宽）小型管廊建设示意二（单位：mm）

新建道路工程建设条件相对优越，特别在次干路、支路建设中应以提升道路工程建设品质和市政管线服务长效性为目标推进小型综合管廊建设。次干路、支路一般道路红线较窄，应在规划层面成系统地优化市政管线在路网下的排布，在满足服务需求的基础上实现市政管线敷设与道路绿化、路灯、交通信号、交通标识等相协调，避免机动车道出现较多井盖。

5.2 重要基础设施周边重点推进节点型综合管廊建设

节点型综合管廊可理解为多种市政管线为便于集中穿越重大基础设施而建设的综合管廊，一般主要在穿越轨道交通站点 / 区间、高速公路、铁路、河道、地下交通隧道、重要市政管线、交通枢纽等城市重要基础设施处修建的综合管廊。根据市政需求和敷设空间要求，可采用干线、干支结合、支线和小型综合管廊。

穿越现状和同步建设的重要基础设施时，应优先统筹各市政管线集中纳入综合管廊，统一进行专项论证，综合管廊一次建成，各市政管线可分期借用管廊穿越重要基础设施。施工工法可采用非开挖技术，如顶推、暗挖、盾构等。

穿越尚在规划的重要基础设施时，应在规划层面优先在重要基础设施位置处规划节点型综合管廊，综合管廊建设前充分预留后期重要基础设施实施条件。

5.3 建立适合北京市的综合管廊投资决策和审批机制

建议由政府部门主导，在充分调查市政管线建设和维护成本的基础上，进行综合管廊全生命周期建设和运维成本测算，制定符合实际情况的投资决策和审批机制，并颁布综合管廊相关入廊费用收取标准，同时制定相关运维管理标准，特别是小型综合管廊和节点型综合管廊的相关政策和法规的制定，以促进综合管廊的可持续发展。

6 结语

要实现城市市政基础设施的补短板与增韧性要求，应在城市科学发展的基础上因地制宜推进不同类型综合管廊的建设，特别要充分发挥小型综合管廊经济节约、实施便捷、兼顾韧性与空间的优势，积极探索北京市特别是首都功能核心区等重点地区的市政管网提质建设新模式，对全面推进北京市“安全韧性城市”建设，提高北京城市综合承载能力，促进北京城市更新发展具有重要价值。

作者简介

杨京生，北京市市政工程设计研究总院有限公司，公司专业副总工 / 教授级高工。

吕志成，北京市市政工程设计研究总院有限公司，院专业副总工 / 正高级高工。

The Dimensional City

Institutional System and Legislative Guarantee

7

体制机制与立法保障

立体城市发展涉及地下、地表、地上三个空间维度。相比于城市地表和地上等可视空间，地下空间利用的相关政策机制相对薄弱，制约了城市空间的立体分层发展。本章以地下空间权属管理为切入点，梳理了国外地下空间权的发展历程与总体概况，探讨地下空间权属范围的界定方法；聚焦地下空间的综合性立法，对地下空间分层确权、使用权出让、三维地籍、信息测绘等方面的关键性制度瓶颈与解决途径进行深入探讨；并结合轨道沿线地区的地下空间开发利用实际需求，从投资、确权、规划和管理等多个层面提出相关对策，以期破解地下空间开发利用面临的实际问题，为立体城市发展提供制度保障。

破解北京地铁沿线地下空间综合开发利用的体制机制问题

吴克捷

Resolving Methods of the Institutional Problems of the Comprehensive Developments of Underground Space along the Subway

摘　要：快速城市化进程的带动下，城市地铁建设进入了前所未有的发展时期。地铁在解决交通、环境等城市问题的同时，也为地下空间的综合开发利用带来了新的机遇。但令人遗憾的是，北京地铁的飞速建设并未带动周边地下空间的良性发展，地铁车站与周边用地接驳效果差强人意，在城市的空间体系中，地铁孤立地存在着，造成这一结果的原因具有复杂性，但其根本是政策和体制机制问题。本文结合北京的实际情况，深入研究城市建设管理的多个方面，分析制约地铁沿线地下空间发展的原因，并从中提炼出关键性问题。针对这些关键问题，从投资、确权、规划和管理等多个层面提出相关对策，以期促进相关政策出台，优化现有机制，破解北京地铁沿线地下空间综合开发利用体制机制的现实问题。

关键词：地铁；地下空间；综合利用；体制机制

跨入21世纪，在中国快速城市化进程的带动下，城市地铁建设进入了前所未有的发展时期。地铁在解决交通、环境等城市问题的同时，也为地下空间的综合开发利用带来了新的机遇。作为中国的首都——北京，每天有数以百万计的乘客在地下空间内活动，地铁已经成为人们生活的一部分。截至2022年底，北京的地铁里程已经超越807公里，而且随着新的规划，这个数字还将不断攀升。在如此大规模的地铁建设背景之下，北京城市地下空间的发展理应与之匹配，但事实却恰恰相反，地铁的飞速建设并未带动周边地下空间的良性发展，地铁车站与周边用地接驳效果差强人意，在城市的空间体系中，地铁孤立地存在着，地铁带给步行者更多的是一种无奈的交通选择（图1～图3）。造成这一结果的原因是多方面的，但仔细想来，并非工程技术层面的原因，而应归结于政策和体制机制问题。面对地铁突飞猛进的发展，我们的城市政策制定相对滞后，表面上看，是地铁与周边地下空间的接驳出现了问题，其实质是现有的地铁发展与城市建设机制之间出现了缺口和空白。

地铁是整个城市地下空间综合利用的重要"推动者"，也是城市地下空间系统产生和发展的源点，因此，其周边地下空间综合利用的体制机制问题最具代表性也最为复杂。其复杂性主要体现在两个方面：首先，地铁与周边地下空间开发利用在投资渠道上存在较为明显的差异，地铁作为一项非盈利性质的公共设施，其投资主要是以政府的专项资金为主，而周边经营性的地下空间则

图1　孤独的地铁站

图2　北京地铁国贸站换乘人流

图3　北京地铁西直门站

主要依靠社会投资；其次，地下工程实施难度较大，具有鲜明的不可逆和同步性特点，地铁若与周边用地实现有效接驳，必须在地铁建设中统筹考虑与周边地下空间的关系且最好同步实施。在不同投资渠道下，实现地铁与周边地下空间的综合利用和同步实施是十分困难的，需要政策和机制的保障，否则很难实现。在地铁与周边地下空间综合利用的整个空间体系中，地铁与周边地块的衔接部分是关键点，也是体制机制问题的集中点，解决这一问题，则其他城市地下空间体制机制问题均可迎刃而解。围绕衔接部分的体制问题相对复杂，涉及城市建设管理的方方面面。因此，在破解问题之初，我们有必要找出问题瓶颈，针对关键问题提出政策建议，优化现有的体制机制，做到有的放矢。

1 制约地铁沿线地下空间综合开发利用的关键性问题

1.1 地铁周边地下空间综合利用重要性的认识问题

地铁不仅仅是一项交通设施，更应满足现代城市人的不同需要，为人们提供一个舒适、便捷的空间环境。因此，地铁周边地下空间除了交通空间之外，还应包含一些必要的生活服务性空间，尽可能接驳更多地块，在满足安全要求的同时，增加地下空间的舒适性和开敞性。这一点北京做得并不好，由于地铁属于政府投资的公益性设施，在审查地铁方案时，通常会严格控制地铁建设的规模以控制建设成本，客观上限制了地铁与周边用地的接驳，忽视了地铁周边地下空间综合利用对于城市发展的长远意义。

地铁空间功能的多样化，可以通过地铁与周边用地的接驳空间来弥补，但这部分空间规模较小，形状不规则，开发建设难度大，且多在城市道路之下。其本身所具有的经济价值非常有限，更多体现的是社会效益和带动周边用地活力的间接经济价值。对于这部分空间的开发利用需要政府给予鼓励和支持。但按照现有的政策，由于这部分空间容纳了超市、商铺等经营性设施，在投资渠道上，无法纳入地铁的投资，政府不负责建设；另一方面，由于投资回报率低，政府也没有设立相应的补助政策，企业建设的积极性不高，接驳空间的建设自然发展缓慢，地下空间的综合利用举步维艰。

1.2　地铁与周边地下空间综合利用推动和实施的主体问题

从目前北京的实际情况看，地铁周边地下空间开发利用的主体存在 4 种方式：地铁公司、市级政府、区县政府和沿线开发企业。表面看，开发方式存在多种可能性，便于适应不同的需求，但实际上，这种主体多样的局面，并不利于地铁沿线地下空间的综合开发，尤其是针对地铁周边的接驳空间。正如前文所述，接驳空间的建设需要鼓励政策，但主体的多样性，削弱了制定特殊政策的针对性，限制了鼓励政策的出台，严重影响了地铁公司和开发企业的积极性。另外，无论是市政府还是区县政府均缺乏对于合理经营运作的耐心和动力，在耗费大量的人力和时间成本后，政府作为地下空间开发利用主体的效果并不理想。由此也就造成了地铁周边地下空间综合利用关注的主体很多、真正实施的却很少的局面。

1.3　地铁周边地下空间综合利用的规划控制相对薄弱

地铁已经成为解决城市交通拥堵问题的最重要手段，因此，对于地铁的规划、审查、建设速度都有很高的要求，在严格设定的竣工时间表的压力下，地铁的规划设计流程中，对于周边地下空间综合利用的研究流于表面，没有引起足够的重视。在现有的城市控制性详细规划中缺少对于地铁沿线土地综合一体化开发的具体要求，地铁与周边地下空间的接驳和联系缺乏必要的控制和引导。

面对城市立体化开发建设的新局面，目前使用的二维规划设计条件，不能满足地下空间综合利用的新要求，尤其是在面对既有产权用地或者道路用地之下建设地下空间的情况，现有的规划要求无法满足土地分层确权的需要。

1.4　城市地下空间综合利用缺乏专门机构统筹协调各方意见

地铁的快速发展带动了城市地下空间的综合开发利用，但同时也使城市建设的管理者在较短时间内必须处理一系列新问题。从投资、规划、空间权属获得到建设管理、城市安全以及运营管理，地铁与周边地下空间的建设涉及众多政府机构，在政策和法律相对滞后的情况下，面对棘手的现实问题，部门之间难免相互推诿，使问题迟迟得不到解决。即使在地铁公司内部，由于采用投资、建设、运营三分开的经营策略，在地下空间开发建设的过程中，三个部门都站在各自的角度考虑问题，结果相互掣肘，一定程度上影响了地铁周边综合开发利用的进程，造成了无法弥补的遗憾。

通过对于北京地下空间综合开发利用问题的分析，我们不难发现，地铁及其周边地下空间的综合开发利用不仅是一项工程技术课题，更是一项社会经济课题，涉及城市建设的不同层面，只有针对关键问题制定相关政策，破解体制机制问题，才能真正使地铁的发展与周边地下空间的开发利用实现良性的互动。

2 针对关键性问题的对策与建议

2.1 转变地下空间综合开发观念，拓宽投资渠道

转变地铁及周边地下空间综合开发的理念，将创造舒适、便捷的地下步行系统作为地下空间开发利用的先决条件，尤其是在规划设计阶段，尽可能地使地铁与周边用地实现接驳。从根本上改变片面强调节约建设成本、忽视地铁周边一体化建设的短视做法。如果当前地铁建设资金紧张，应预留未来接驳周边用地的可能性，在全面考虑未来发展的基础上，合理制定近期建设方案。

客观看待地铁与周边用地之间衔接部分的社会及经济价值，建议将与地铁联系紧密的经营性空间，纳入地铁总体投资，与地铁同步实施，产权及使用权归属地铁公司（大部分衔接空间在公共道路之下），经营性部分的收益可以反补地铁建设投资。对于有条件与周边项目同步实施的，地铁公司可与地块开发企业签订协议，引入社会资金，与地铁同步建设，产权归属地铁公司，接驳空间的使用权及经营收益依照协议由地铁公司与开发企业共享。

2.2 确定地铁公司作为地铁周边地下空间综合开发利用的主体地位

地铁周边地下空间的综合利用既有经济效益也有社会效益，其相关利益主体主要包括 4 个方面：公众、政府、地铁公司和沿线开发企业，而不同主体的诉求也并不相同。通过分析我们会发现：政府背景的地铁公司在整个利益相关体系中，居于核心位置，在平衡经济效益与社会效益和保证实施中具有不可替代的作用，地铁公司在保证自身企业盈利的同时，对政府和公众利益同样负有责任；在保证地铁周边地下空间开发利

用合理性的同时，地铁公司可以与沿线开发企业进行商业合作，实现共赢。因此，地铁公司应该作为地铁周边地下空间综合开发利用的主体（图4）。

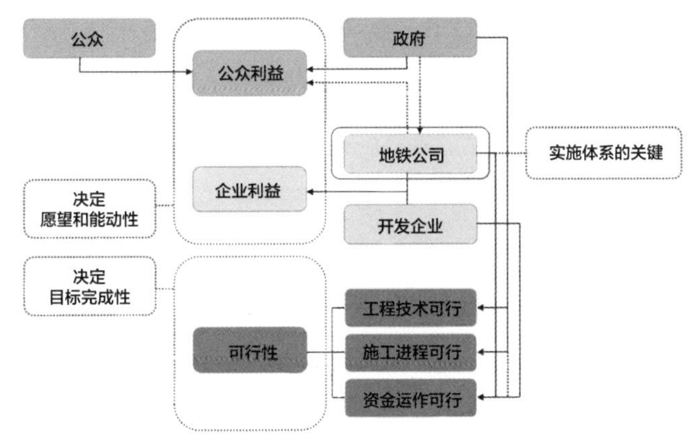

图4　地铁周边地下空间综合利用相关主体利益分析图

在明确地铁公司的主体地位之后，为调动地铁公司的积极性，政府应给予适当的政策倾斜和鼓励。对于地铁车站之外需要加建的衔接部分，由于多在城市道路之下，可将其地下空间的开发权、经营权、管理权授予地铁公司，以便于地铁与衔接部分同时实施。对于以社会效益为主的接驳空间，地铁公司在评估建设成本之后，可向政府提出资金补助申请。另外，地铁公司除了参与地铁线路规划之外，也应该承担起地铁周边地下空间开发利用相关研究的组织工作（图5）。

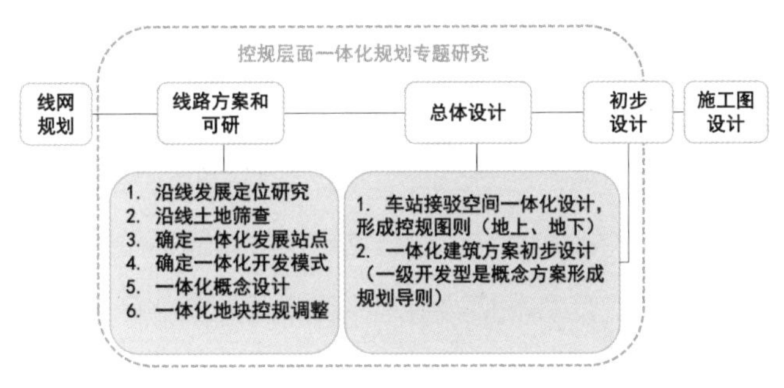

图5　地铁规划设计审批流程优化分析示意图

2.3　强化地铁沿线地下空间的规划控制与引导

应将地铁沿线地下空间开发利用的相关研究作为地铁线路规划设计的必要条件。其规划要求应纳入城市控制性详细规划，进而融入周边土地上市出让条件。建议在线网规划到车站初步设计阶段开展地铁沿线土地综合开发利用研究，对于有条件与周边用地建设同步实施的地铁车站，应开展车站周边一体化设计，并将设计成果融入地铁设计和周边地块建筑设计之中。在强调车站周边综合开发利用研究的同时，应尽快完善规划三维坐标系统，为土地实现分层确权和分层出让创造条件。

2.4 建立城市地下空间综合开发利用协调机制

在市级层面建立城市地下空间综合开发利用协调委员会，由市级领导担任委员会主任，地铁公司以及地下空间建设所涉及的政府机构作为成员，定期协商城市地下空间开发所遇到的问题，共同审议地铁及城市地下空间开发利用规划。改变过去部门之间缺乏统筹的局面，提高解决问题的效率，真正抓住地铁建设的时机，适时适量发展地下空间。改变现有财税体制，拓宽地铁建设融资渠道，建立地铁沿线地下空间开发与地铁建设联动机制，设立地铁沿线地下空间开发增值收益专项资金库，利用地铁沿线土地开发收益补贴地铁建设和运营资金。

“发现问题，谋求对策，解决问题”是人类社会进步和发展的重要动力。中国地铁的快速发展，使城市地下空间综合开发利用问题愈加凸显，地铁沿线地下空间开发利用的体制机制问题是整个城市地下空间开发利用体制机制问题的缩影，本文希望以此为突破口，进一步完善城市地下空间综合开发利用的体制机制建设。面对城市发展的客观需要，作为城市的规划者，在绘制城市美好发展蓝图的同时，更应关注体制机制建设问题，因为合理的公共政策的制定决定了发展的路径，而这往往比美好的目标来得更加重要。

作者简介

吴克捷，北京市城市规划设计研究院公共空间与公共艺术设计所所长，教授级高级工程师。

立体分层发展时代的国外地下空间权概览与启示

林泷嵚　赵怡婷

Overview of the Underground Space Ownership Management in Foreign Countries in the Era of Vertical Space Development

摘　要：面对城市立体发展的趋势以及地下空间开发利用需求的快速增长，我国虽在国家层面已经对“建设用地使用权”的设立作出了初步的民法制度安排，但在空间使用范畴上仍有一定的局限性。本文通过分析英美法系国家和大陆法系国家对土地上、下一定范围空间权利的界定模式和相关经验，就地下空间权属的范围界定、相邻关系与优先次序、登记方法等方面提出建议，为城市立体发展提供制度保障。

关键词：地下空间权属；范围界定；立体发展

地下空间是重要的国土空间资源，在城市建设用地“减量发展”的总体思路下，科学合理地开发利用城市地下空间是提高土地利用效率、扩大城市空间容量、改善城市生态、提高城市综合承载能力、促进城市可持续发展的重要途径之一。

近年来，随着中国城镇化的快速推进，高空走廊、高架公路、高架铁路、高架桥以及地铁、地下商场、地下停车场、地下仓库、人防工程等大量出现，实现了从城市平面扩展到立体发展的巨大转变（图 1）。面对城市的立体发展趋势以及地下空间开发利用需求的快速增长，地下空间的权属问题亟待解决。

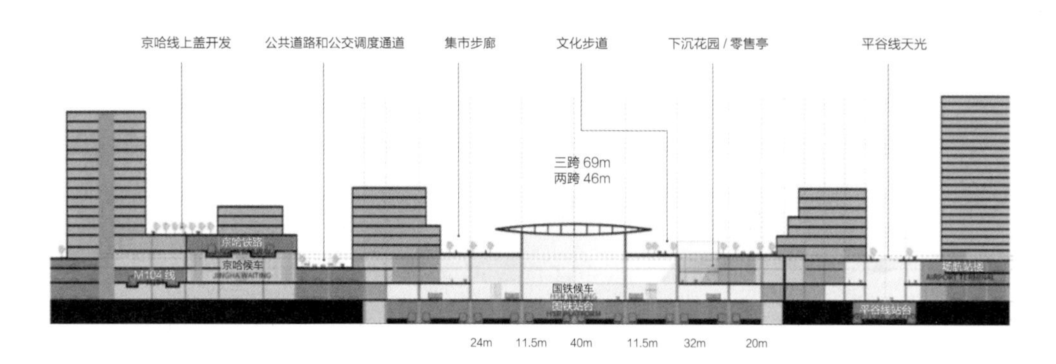

图 1　综合交通枢纽分层利用示意图

针对地下空间权属问题，我国在国家层面已经作出了初步的民法制度安排，其中《中华人民共和国民法典》第 345 条规定“建设用地使用权可以在土地的地表、地上或者地下分别设立”，即明确了可以独立于地表设立单独的建设用地使用权，从而将地上空间与地下空间的使用纳入法律保护范围。

从世界范围看，自 19 世纪末 20 世纪初，空间作为权利的一种客体逐渐为各国的立法、学说或判例所确认。空间权，是指于空中或地下某一特定范围空间而享有的独立于地表的权利。其中英美法系国家一般对附属土地的空间的深度或高度做出限制，即对土地所有人所拥有的空间权属范围进行限度，超出该范围的空间归国家所有，即“空间权”模式；大陆法系国家则在肯定土地所有权范围包括地下、地表、空中的同时，赋予他人对该土地上、下一定范围空间的使用权，其与传统依附于地表的空间使用权利（地上权）并无本质区别，仅仅是空间范围的不同，因此可以称为“空间地上权”模式；而这种调整土地空中或地下的立体所有或利用关系的法律，一般称为“空间法”。

1　国外地下空间权立法概览

1.1　“空间权”模式

“空间权”模式认为空间可作为独立于土地存在的有独立经济价值的物，且拥有独立的所有权和用益物权[①]，并通过对空间权的单独立法明确空间的所有、让渡、租赁、担保、继承等相关权益。

1.1.1　英国

1587 年英国确定了土地的绝对所有权，即土地所有权人在拥有土地地表的同时也拥有土地的上、下空间。1610 年的巴特案、1815 年和 1870 年的科比特诉希尔案判例都指出：同土地的地表一样，土地的所有权人也可以所有土地的上空空间。然而，随着工业革命的到来，城市越来越拥挤，各类工厂、住宅、商店、娱乐设施混杂在一起，城市空间呈现无序发展的态势（图 2）。

图 2　18 世纪工业革命下的英国

在此背景下，为有效规范城市空间发展，英国于 1947 年颁布了具有划时代意义的《城乡计划法》，明确宣布私有土地将来的发展权（变更土地使用权）属于国家所有，即私人对于土地的权利仅限于现存的土地利用状况，国家拥有对土地未来开发和利用的权利。以此为基础，英国明确了土地开发权国有化和规划许可制度，为英国现代城市规划体系奠定了坚实的制度基础。这种制度实质上是对土地所有权的行使进行了限制，土地所有权的范围既可按照其垂直的立体空间分层区分所有权，也可按照现存和将来的空间分割处分，并由不同的主体享有，从而体现了空间权利相对于地表的独立性。

1.1.2　美国

“上达天宇，下及地心”是美国土地所有权绝对化的鲜明表达。美国具有土地资源多、自然资源丰富等优势，在新中国成立之初即确定了最自由的土地制度，对土地

① 用益物权，指非所有人对他人所有之物享有的占有、使用和收益的权利，包括土地承包经营权、建设用地使用权、宅基地使用权、居住权、地役权。

所有者没有任何权利上的限制和外加的义务。19 世纪末 20 世纪初，美国进入经济腾飞阶段，这时的土地所有权绝对化制度已不能适应经济发展和城市化的需要。

美国最早确立空间可以用于租赁及让渡的判例可追溯至 19 世纪 50 年代。1857 年，美国依阿华州法院判决认定，空中权可得分离所有；1898 年，美国伊利诺伊州法院判决认定，可以将空间作为所有对象；1927 年，伊利诺伊州制定了针对铁道上空的让渡与租赁的空间权立法；1958 年，美国议会承认州际高速道路的上部空间与下部空间可以作为停车空间而加以利用，至此，空间权概念开始得到美国社会的普遍接受；1962 年，美国联邦住宅局制定的国家住宅法明文确定空间权可以成为抵押权的标的；1973 年，俄克拉何马州制定《俄克拉何马州空间法》(*Oklahoma Air Space Act*)，规定“空间系一种不动产，它与一般不动产一样，可以成为所有、让渡、租赁、担保、继承的标的，并且在税收及征收方面也与一般不动产一样，依照同一原则处理”。《俄克拉何马州空间法》也被认为是“对此前判例与学说关于空间权法律问题基本立场之总结”（图 3）。

1.2 地上权模式

以法国和德国为代表的大陆法系国家并没有将空间权作为一个独立的物权类型，而是视其为普通地上权的一种特殊形式，认为其性质上与普通地上权没有本质差异，是一种利用权或用益物权，只是在空间范围上有所区分。

1.2.1 法国

法国作为大陆法系的代表国家，于 1804 年颁布了资本主义社会的第一部民法典《法

Okla. Stat. tit. 60 § 807

Section 807 - Division of Airspace

Airspace may be divided or apportioned horizontally and vertically, and in any geometric shape or design, in the exercise of any of the powers, rights or duties by public bodies or private persons under this act.

Okla. Stat. tit. 60, § 807

Laws 1973, SB 194, c. 199, § 7, eff. October 1, 1973.

空间划分：公共机构或私人在行使本法项下的任何权力、权利或义务时，可按任何几何形状或设计，水平和垂直划分或分配空间

图 3 《俄克拉何马州空间法》60 章，807 节

国民法典》，该法典规定“土地所有权包含该地上和地下的所有权”，同时明确了物的所有权可以扩张至天然或人工附加之物。随着社会的发展，土地的绝对所有权阻碍了城市建设和社会的发展，法国通过《矿业法》（1910年）和《航空法》（1924年）等特别法的形式赋予了土地所有权人之外的他人“无害通过权”或其他形式的“无害利用权”，从而确立了空间地上权的存在。

1.2.2 德国

德国是现代大陆法系的主要国家之一。关于空间权，德国《民法典》直接将其归入“地上权”(erbbaurecht，或称“地上建筑权”)一章，改变了原有土地与建筑物的归属不可分的原则。由于原民法典“地上权”一章规定的内容过于简单，不能完全适应时代发展的需要，德国又于1919年1月5日颁布《地上权条例》（*Erbbaurechtsverordnung*），以取代德国的《民法典》中的“地上权”一章。《地上权条例》一共用了39个条文对地上权制度进行了完善，并对地上权的概念和内容、土地登记簿册、抵押、火灾保险及地上权的消灭等进行了规定。《地上权条例》于1994年9月21日经《物权法修正案》（Sachenrecht sänderungsgesetzes）进行了完善，并于2007年11月23日更名为《地上权法》（或称《地上建筑权法》）。根据《地上权法》，所谓地上权，系指以在他人土地表面、上空及下空拥有工作物为目的而使用他人土地及空间的权利，其形式既包括依附于地表的普通地上权，同时也包括独立于地表的空间地上权。

1.2.3 日本

与法国和德国相比，日本采用了区分地上权模式，既规定普通地上权，又单立条文另行规定地上空间权。第二次世界大战后的1950年代末1960年代初，现代城市中的土地问题开始在日本各大城市逐步显现，城市的土地利用方式开始由原来的平面利用向立体利用转变，于是，空间权的立法问题提上了议程。昭和三十一年(1956年)，日本私法学会在研讨“借地借家法的改正问题”时，提出了以下问题：以地下、空中为客体而设定的借地权与以地表为客体所设定的普通借地权应予以分别，但承认其作为限制性借地权之特别借地权类型是否妥适？会议虽以探求的方式提出问题，但立法界在此后的立法实践中，实际上对此作出了肯定回答。昭和四十一年(1966年)，日本立法界对日本《民法典》进行了局部修正，修订采取“附加”的方式，将空间权的条款附加在“地上权”一章中的最后一个条款（即第269条）之后，成为最后一个条款的一部分（即第269-2条），规定：“地下或空间，以所拥有建筑物为标的，可以对其上下范围的地上权进行规定。于此情形，为行使地上权，可以根据设定行为对土地的使用加以限制”。

比较而言，日本的该条规定清晰而明确，它不像德国那样将空间地上权包容于普通地上权之中一体规定，而是在普通地上权之外（普通地上权规定于日本《民法典》第 265 条），单独就地下与空间地上权予以专门规定，即除传统的普通地上权之外，还有空间地上权（又称区分地上权）这一特别地上权（图 4）。为配合空间地上权的实行，日本《不动产登记法》第 111 条还就空间地上权的登记作了专门规定，即申请空间地上权登记时，除与普通地上一样需登记设立目的、存续期间、地租及其支付时间外，尚须登记“作为地上权标的地下或空间的上下范围”。

第 269 条之二　针对地下或空间的地上权
1. 地下或空间，以所拥有建筑物为标的，可以对其上下范围的地上权进行规定。于此情形，为行使地上权，可以根据设定行为对该土地的使用加以限制。
2. 上一项的地上权，针对第三方对该土地享有使用权或收益权的情况，在拥有该权利或拥有以该权利为标的的所有人员许可下，方可设定前款地权。于此情形，拥有该土地使用权或收益权的人不能妨碍该地上权的行使。

图 4　日本《民法典》第 296-2 条

1.3　国外地下空间权综述

综上所述，英美法系国家的立法一般否定土地所有权的绝对化，而是通过系统完备的成文法明确土地所有权在空间范围的有限性，从而为设立相对独立的地上（地下）空间所有权提供保障；相反，大陆法系国家则一般规定土地所有人对地表从上到下的立体空间享有所有权，并通过对空间使用权在地下、地表、地上的区分，以保障和规范地下、地上空间的分层利用。

尽管两大法系对于空间权的立法因为历史、经济、政治等因素存在一些差别，但它们共同面临着当今世界城市化进程加快、土地资源日益紧张、城市开发建设立体化发展的趋势，对空间权的规范变得日益趋同。比如日本于 2001 年新颁布的立法案《大深度地下公共使用特别措施法》中，补充了空间权制度，规定私人的土地所有权范围为地表以及相应一定深度范围内的有限空间，国家是其余空间的权利享有者。这一法案为日本合理开发大深度地下空间、调整相关机构职能、发展公共事业提供了有力保障。

2 我国地下空间权概况及发展建议

2.1 我国地下空间权概况

我国针对地下空间权的相关立法主要采取了类似于大陆法系"地上权"的立法模式。根据《中华人民共和国民法典》，我国的"建设用地使用权"可以在地表、地上、地下分别设立，即通过在地表、地上、地下分别设立具有明确空间边界的建设用地使用权，实现对地上、地下空间使用权的保护。因此，我国的地下空间权利并非一种独立的用益物权，而是归属于建设用地使用权范畴，属于分层建设用地使用权。需要指出的是，空间权在我国仅涉及地下空间建设用地使用权的相关规定，在空间范畴上尚具有一定的局限性，但是出于立法现状与开发利用实情的考虑，《中华人民共和国民法典》的颁布已经基本实现了保护地下空间权利的立法目的。

2.2 我国地下空间权相关建议

虽然我国从法律制度上明确了地下空间使用权利的相对独立性，但仅原则性地规定可以分层设立建设用地使用权，对于地下空间建设用地使用权与地表建设用地使用权的边界在哪里？地下空间权属的相邻关系如何界定？地下空间权属如何登记等基本问题，尚需要地下空间的专门性立法加以明晰。

2.2.1 明确地下空间权属的竖向范围界定

作为建设用地使用权客体的"地表"本身也是一个立体概念，涉及与土地直接相连的建筑物、构筑物及其附属设施所占有的土地及必要空间。另外，地上和地下空间的开发利用势必要利用一部分土地地表进行建设。因此，要确定建设用地使用权分层设立的客体范围，首先要明确该地块既存地表建设用地使用权的空间范围。从国家层面来看，现有法律法规尚缺乏对建设用地使用权的竖向空间范围的界定；地方层面，虽然各省市通过立法对地下空间建设用地使用权范围进行了说明，但尚未形成统一意见。以上海市为例，上海市人民政府于 2014 年颁布的《上海市地下空间规划建设条例》明确"地下空间权属范围应当以地下建筑物、构筑物外围所及的范围确定"；与之相比，《广州市地下空间开发利用管理办法》则规定地下空间建设用地使用权登记以宗地为单位，通过水平投影坐标、竖向高程和水平投影最大面积确定权属范围（图 5）。

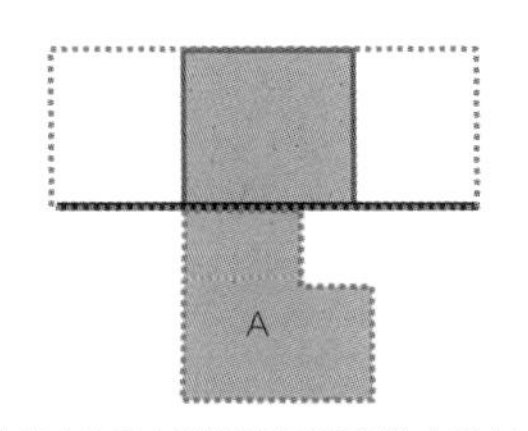

《上海市地下空间规划建设条例》（2014 年）

竣工后，该地下建构筑物的外围实际所及的地下空间范围为其地下建设用地使用权范围

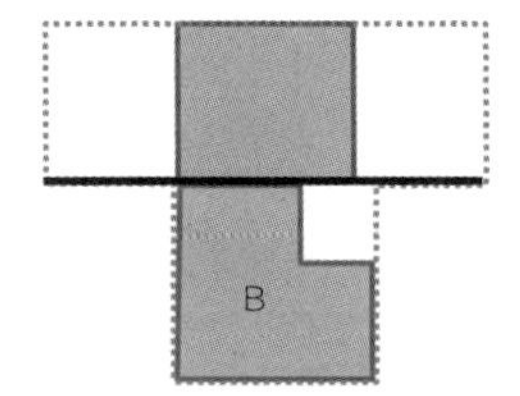

《广州市地下空间开发利用管理办法》（2019 年）

以宗地为单位，并通过水平投影坐标、竖向高程和水平投影最大面积确定其权属范围

图 5　上海市和广州市对建设用地使用权范围的规定

2.2.2　明确地下空间权属的相邻关系与优先次序

分层设立建设用地使用权，意味着同一宗土地的地上、地表和地下建设用地使用权可能分属不同的权利人，这就带来了相邻建设用地使用权之间的协调问题。有关这方面的权益协调，我国《民法典》规定：新设立的建设用地使用权，不得损害已设立的用益物权，即：优先保护既存建设用地权利人的权益。但因其规定较为简单，且鉴于土地立体化利用中分层设立建设用地使用权的不确定性和复杂性，可以参照"设立地役权"的做法，设立"空间役权"，即：建设用地使用权分层设立时，相邻建设用地使用权权利人之间应事先约定相关内容，从而避免冲突发生。

2.2.3　完善地下空间权属范围登记方法

在土地立体化利用过程中，地上、地下建设用地使用权权属的登记仍采取依据二维平面关系划分宗地四至界限。这种二维地籍管理模式对三维土地利用形式不能完全登记，一些地上地下建筑物、构筑物无法在地籍图中体现，从而影响地上、地下建设用地使用权的空间范围界定。在此情况下，应该改革创新空间建设用地使用权登记制度，引入三维地籍管理技术，更加直观、全面地反映地上、地下建设用地使用权的权属状况。

参考文献

[1] 罗琪 . 德国地上权制度研究 [D]. 广州：中山大学 ,2021.

[2] 常孝永 . 地下空间权研究 [D]. 上海：复旦大学 ,2010.

[3] 陈振 , 欧名豪 , 等 . 土地立体化利用过程中建设用地使用权分层设立研究 [J]. 城市发展研究 ,2017,24（1）:89–93.

[4] 刘明皓 , 杨蒙 , 等 . 城市地下空间产权建设综述 [J]. 地下空间与工程学报 ,2016,12（4）:859–869.

[5] 马栩生 . 论城市地下空间权及其物权法构建 [J]. 法商研究 ,2010（3）: 85–92.

作者简介

林泷钦，北京市城市规划设计研究院，助理工程师。

赵怡婷，北京市城市规划设计研究院，高级工程师。

以地下空间立法为引领，助力北京城市立体可持续发展

赵怡婷　吴克捷　林泷嵚

Legislation of Underground Space to Promote the Three-dimensional Sustainable Development of Beijing City

摘　要：根据《中华人民共和国民法典》，建设用地使用权可以在土地的地表、地上或者地下分别设立，这为我国城市的立体发展提供了法律保障。以国家层面的法律规定为基础，上海、深圳、广州、南京等城市进一步出台地下空间地方性法规或部门规章，对地下空间权属范围的界定、权属的多途径获得方式以及相应权属登记制度等进行了明确规定，进一步释放城市地下空间资源潜力，保障城市空间的立体可持续利用。本文梳理了北京市地下空间立法情况及面临的主要体制机制问题，提出北京市地下空间综合性立法构想和框架，并就地下空间安全保障、综合管理、分层确权、地下连通、信息管理等关键方面展开论述，提出具体立法建议，以期推动北京市的地下空间立法工作，为北京市建立"可持续发展的立体式宜居城市"提供制度保障。

关键词：北京市；地下空间立法；关键性问题；立法建议

当前，我国大城市进入立体发展时代，对于地下空间防灾安全、权属范围界定、部门管理协调、地下空间连通、空间信息完善等关键问题提出了更高要求。在此背景下，推进地下空间综合性立法，解决制约地下空间发展的瓶颈性问题，具有重要意义。

1 我国大城市进入立体发展时代，各地纷纷推进地下空间立法

近年来，随着我国城市建设的快速推进，空中步行连廊、地下过街通道、地下街以及地铁、地下商场、地下停车场、地下仓库、人防工程等大量出现，改变了传统的土地利用形态，实现了从土地的平面利用到立体利用的巨大转变。针对城市立体发展的新趋势，国家层面已经作出了初步的法律制度安排，《中华人民共和国民法典》第345条明确了建设用地使用权可以在土地的地表、地上或者地下分别设立，为城市地上、地下空间建设用地使用权的单独设立提供了法律依据。

然而，我国目前尚没有一部专门针对城市地下空间开发利用而制定的法律。2001年住房和城乡建设部修订的《城市地下空间开发利用管理规定》是国家层面唯一针对地下空间制定的部门规章。该规定针对地下空间的规划和建设管理进行了较为系统的规定，但尚未涉及地下空间权属范围、权属获得及产权登记等问题，难以对城市空间的立体发展形成有效制度保障。

在国家层面地下空间立法相对不足的情况下，以上海、广州、深圳、南京等为代表的超大、特大城市都在积极探索地下空间开发利用的地方立法。其中《深圳市地下空间开发利用暂行办法》（2008年）是国内最早颁布的针对地下空间的综合性政府规章，对地下空间的部门管理、规划编制、权属范围及获得、权属登记等方面进行了大胆的探索与尝试。《上海市地下空间规划建设条例》（2014年）是国内首部针对地下空间的综合性地方法规，对地下空间部门管理、规划管理、用地管理、建设管理、使用管理以及用地权属管理等方面均进行了较为全面的规定，是地方层面立法等级最高、内容最全面的地下空间地方性法规（表1）。

我国部分城市地下空间立法情况 表1

效力层级	城市	名称	文号	颁布时间（年）
地方性法规	上海	《上海市地下空间规划建设条例》	上海市人民代表大会常务委员会公告第6号	2014
	天津	《天津市地下空间规划管理条例》	天津市人民代表大会常务委员会公告第6号	2009年，2018年修订
	长春	《长春市城市地下空间开发利用管理条例》	长春市人民代表大会常务委员会公告第41号	2016
地方政府规章	广州	《广州市地下空间开发利用管理办法》	广州市人民政府令第61号	2019年修订
	南京	《南京市城市地下空间开发利用管理办法》	南京市人民政府令第323号	2018
	杭州	《杭州市地下空间开发利用管理办法》	杭州市人民政府令第299号	2017
	武汉	《武汉市地下空间开发利用管理暂行规定》	武汉市人民政府令第237号	2022年修订
	济南	《济南市城市地下空间开发利用管理办法》	济南市人民政府令第250号	2013
	深圳	《深圳市地下空间开发利用管理办法》	深圳市人民政府令第337号	2021
	沈阳	《沈阳市城市地下空间开发建设管理办法》	沈阳市人民政府令第32号	2021
规范性文件	成都	《成都市城市地下空间开发利用管理办法（试行）》	成府函〔2017〕211号	2017
	杭州	《杭州市地下空间开发利用管理实施办法》	杭政办函〔2020〕17号	2020
	郑州	《郑州市地下空间开发利用管理暂行规定》	郑政文〔2018〕4号	2021年修订
	厦门	《厦门市地下空间开发利用办法》	厦府办规〔2020〕8号	2020
	长沙	《长沙市地下空间开发利用管理暂行办法》	长政发〔2014〕18号	2014

与其他城市相比，北京市作为我国地下空间开发利用起步最早、建设规模最大的城市之一，其地下空间相关法规政策的制定却相对滞后。目前，北京市关于地下空间的法规主要以人防、地下管线等专项法规为主，对于地下空间的规划、建设、权属管理以及部门综合管理等关键性问题缺少规定，这在一定程度上制约了北京市城市空间的立体、可持续发展。因此，及时开展北京市地下空间的综合性立法，有效规范地下空间的建设行为，保障地下空间的科学、可持续利用，具有较强的紧迫性。

2 北京市地下空间开发利用的关键性问题与立法建议

与全国其他城市相比，北京的地下空间建设更具复杂性和特殊性，在生态保护、城市安全、历史文化保护等方面都具有更高的要求。因此，北京城市地下空间立法应基于北京城市特点，紧扣北京地下空间利用过程中的关键性问题，提出具有针对性和实操性的立法建议。

2.1 加强地下空间安全保障

为有效保护北京地下生态地质环境，特别是减小地下空间开发利用对地下水环境的影响，北京市地下空间开发利用应以生态地质综合评估为基础，统筹考虑地下承压水环境保护、地下水位变化、地面沉降、活动断裂、岩溶塌陷、地下有害气体等诸多地质影响因素，合理限定地下空间的适宜开发利用范围和深度，协调地下空间开发利用与生态地质环境保护的关系。

北京市地下空间的开发利用应突出和加强北京市的防灾安全韧性，为防空、防灾提供充足的后备空间，兼顾“平战结合”与“平灾结合”，构建地下空间主动防灾体系，促进城市综合防灾能力的提升。北京市地下空间开发利用应充分发挥地下空间的防灾特性与资源潜力，有效整合各类地下空间资源，主要包括地下人防空间、地下储备空间、地下应急避难场所、地下轨道与地下道路等，形成系统化、现代化的地下空间防灾体系。与此同时，应进一步推进新技术在地下空间的应用，加强地下空间在防火、防烟、防涝、抗震、防空等方面的安全建设。

针对北京市历史文化资源丰富、历史文化保护要求高的特点，地下空间开发利用前应按照相关要求开展针对地下文物埋藏区的文物勘探工作，并在不破坏文物本身及历史风貌的条件下，酌情进行文物就地保护与展示，并结合地下空间补充和完善城市公共服务与基础设施建设，缓解历史风貌保护与空间发展需求的矛盾。

2.2 建立部门综合管理机制

2.2.1 现状主要问题

目前，北京市地下空间管理仍呈现条块分割的局面，涉及发改、规划和自然资源、住建、人防、交通、城管、公安等 20 余个部门，各管理部门及专业单位针对各自职责范围有较为完善和成熟的管理机制，但相互之间缺少必要的统筹和协调，不利于地下空间资源的综合高效利用。随着地下空间功能的逐渐多元化、复合化，这种条块分割、多头管理的模式难以适应综合性较强的地下空间开发利用需求，并容易错失地下空间综合开发利用的最佳时机。

针对地下空间多头管理、缺乏统筹管理部门的问题，上海、杭州、南京等地在立法实践中除了规定各个部门的职能之外，相继建立了地下空间联席会议制度，从立法层面明确了该机构的法律地位和管理职能。其中，2016 年 4 月南京市出台了《南京市城市地下空间开发利用管理暂行办法》，明确设立城市地下空间开发利用综合协调机构——南京市城市地下空间开发利用领导小组，由分管副市长任组长、市政府及各区 30 个部门为成员单位。领导小组着重研究和解决城市地下空间开发利用中的重大事项，并全面启动地下空间的规划编制工作，推动了全市地下空间高质量发展（表 2）。

我国部分城市地下空间综合管理部门梳理 表 2

地方	地下空间综合管理部门
上海、天津	规划国土资源行政管理部门
南京	市人民政府设立市地下空间开发利用综合协调机构
广州	市城乡规划、城乡建设、国土房管主管部门分别负责
杭州、沈阳、成都	建设行政主管部门
武汉、厦门、长沙、长春	市级协调 + 各部门分管

鉴于北京市正处于地下空间的快速发展时期，建议尽快建立或明确地下空间开发利用的部门综合管理机制，并设立市级地下空间综合协调机构，着重研究和解决城市地下空间开发利用中的重大事项，协调和督促有关部门依法履行监督管理职责，推动全市性地下空间规划的编制、数据信息的统一管理、轨道交通沿线一体化规划管理等重点事项；地下空间各相关行政管理部门各司其职、分工协作，形成“一家为主，多家协管”的管理合力。

2.2.2 明确地下空间权属范围

城市是一个三维空间，地下空间的确权和分层利用是促进城市空间“向地下延伸”的重要保障。目前，北京市尚没有一部地方性法规或部门规章明确地下建设用地使用权范围的三维空间范围及其与地表建设用地使用权的关系。由于缺乏对地下建设用地

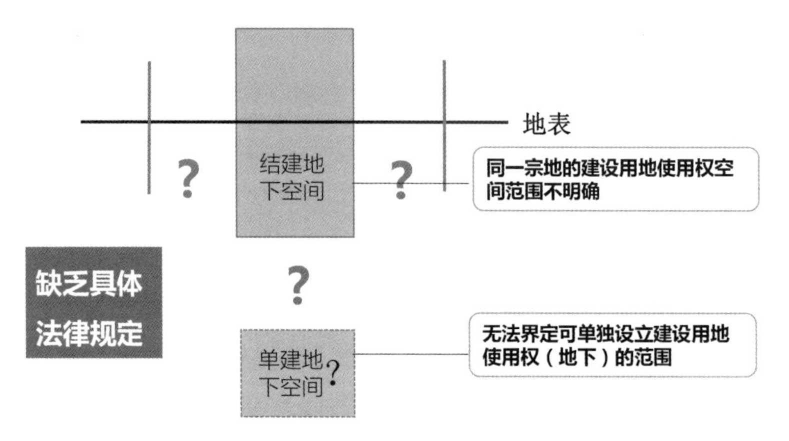

图 1　北京市缺乏对于地下空间权属竖向范围的法律规定

使用权的竖向范围界定，且现有不动产登记也仅限于二维层面，规划部门针对“同一宗地”的不同竖向范围分别颁发规划条件缺乏足够的法律依据，导致一些地下公益性设施建设（如地下轨道区间、地下步行通道等）只能“绕开”开发地块建设，不利于地下空间资源的集约高效利用（图 1）。这种依托地表的“一次性”利用限制了深层地下空间的利用和高效基础设施系统的建设。

针对城市立体发展的新趋势，上海、广州、深圳、南京等城市纷纷通过地下空间综合性立法明确地下空间建设用地使用权的空间范围，其中包括以上海、深圳为代表的“以竣工后，该地下建构筑物的外围实际所及范围为地下空间建设用地使用权范围”；以广州为代表的“通过竖向高程和水平投影最大面积确定地下空间建设用地使用权范围”；以及其他部分城市“按照宗地平面界限及竖向高程确定地下空间建设用地使用权范围”（图 2）。地下空间建设用地使用空间范围的界定为地下空间的竖向分层利用提供了法律依据。

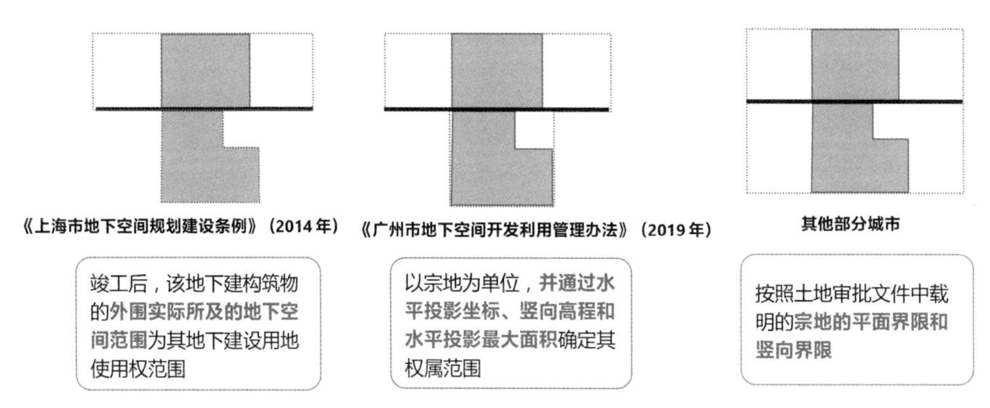

图 2　我国部分城市地下空间建设用地权属范围示意图

鉴于地下空间的实际使用范围主要为地下建（构）筑物的外围实际所及范围，因此建议在技术可行的情况下，优先采取“以竣工后，该地下建构筑物的外围实际所及范围”为地下空间建设用地使用权范围，以有效促进城市建成地区地下空间的集约高效利用，保障城市轨道交通设施、市政基础设施、防灾安全设施的建设空间。

2.2.3 促进地下空间互联互通

地下空间的互连互通能显著提高地下空间的使用效率并形成一定的规模效应。目前，国外发达国家从可持续发展角度出发，对地下连通道等公共空间的建设制定了相应优惠政策。如新加坡政府在市中心规划了 20 个地下连通区域，并制定了详细的地下空间连通方案，相关社会主体在建设地下连通道时可申请政府补助资金，这一举措较好地提高了社会主体投资建设地下连通道的积极性，促进城市集中建成地区土地利用效益与公共空间环境品质的提高（图 3）。

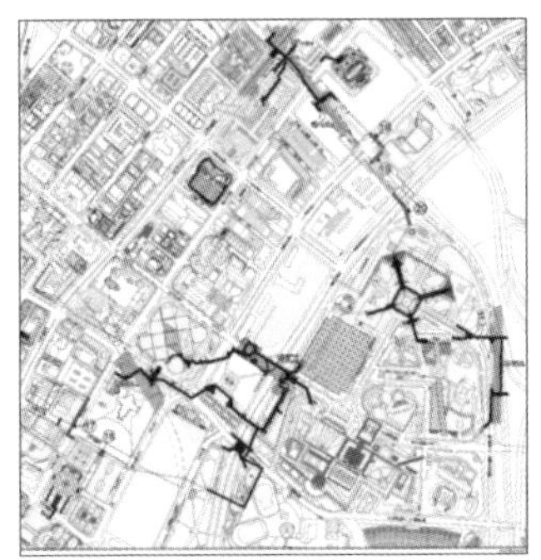
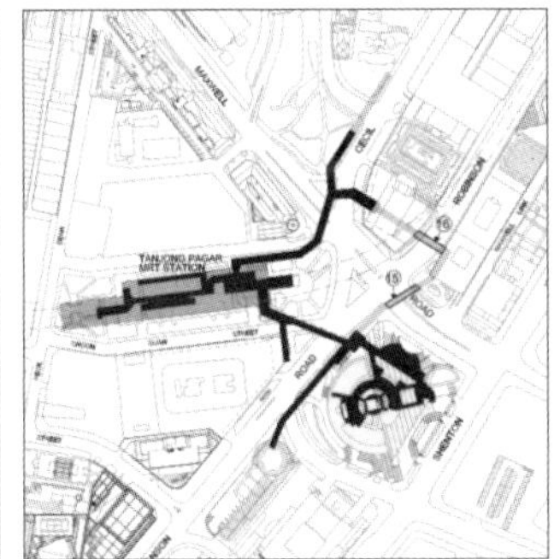
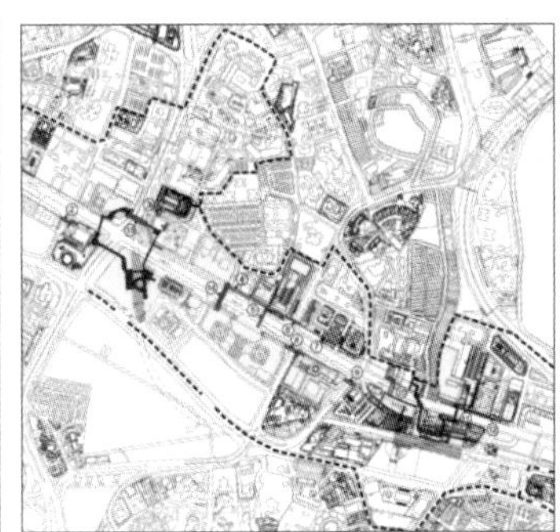

图 3 新加坡地下连通规划图
图片来源：新加坡重建局（URA）网站

为进一步推动地下空间的相互连通，方便群众出行，建议应从规划层面明确地下空间连通的具体要求，形成对轨道站点与周边地块及地块之间连通的有效控制和引导。与此同时，应制定针对地下公共连通部分的资金补助、容积率奖励等相关鼓励政策，提高社会投资建设地下连通道的积极性（表 3）。

新加坡地下通道补助政策 表 3

时间	从属国家土地	从属私人土地	地下人行步道建筑面积计算	地下商业区建筑面积
2012 年（修订）	全额拨款（最高每平方米 28700 新币）	50% 拨款（最高每平方米 14400 新币）	不计算（包括国家和私人的土地）	最高可获得总建筑面积的 10% 的额外奖励面积。若地下的商业区地块从属于私人地产，则不算到地下总建筑面积里，但超出的面积部分不能超过总建筑面积的 10%

2.2.4 加强地下空间信息管理

详尽的地下空间信息调查数据是保障地下空间资源科学有序利用的重要前提。地下空间信息调查对象主要包括地下室（含人防）、地下工程、地下生态地质信息等。目前北京市尚未对现状地下空间进行全面系统的信息测绘，导致现状地下空间存在三维空间范围不清、相关属性信息不全等问题；与此同时，地下各类市政管线、地下轨道交通、生态地质数据信息也缺乏有效的整合，导致地下空间现状基础信息建设滞后于地下空间实际开发利用，制约了地下空间规划的科学性和地下空间管理的实际效力。

芬兰赫尔辛基的城市地下空间自 1955 年以来开展了一系列数据整合工作，包括岩土工程数据、产权登记数据、建设许可数据，并促进数据的共享和可视化。目前，赫尔辛基已经建立起 “世界上最好的土壤和岩石地图”，完整地记录了地下空间定量数据（体积、地面层和深度）和定性信息（功能、价格和地表用途），为地下空间规划编制与管理提供有力支撑。

鉴于北京市地下空间信息化建设严重滞后，建议尽快健全地下空间信息的采集、管理与共享机制，从地下生态地质调查、地下空间测绘、市政管线普查等基础信息采集与整合工作入手，明确地下空间的信息管理部门，搭建可更新、可查询、可共享的地下空间三维信息数据库；与此同时，应进一步完善地下建设工程的相关信息登记与备案要求，详细注明地下建设工程的空间范围、使用功能、地下层数、建筑规模等信息，统一地下空间信息登记标准，为地下空间规划建设的科学决策提供基础支撑。

3 结语

城市地下空间立法是一项重要、长期且需要不断完善的过程，涉及领域众多，相关问题复杂。地下空间的立法工作一方面要与当前北京市地下空间的发展阶段相协调，在应对和解决关键性问题的前提下，尽可能地提高立法等级、丰富立法内容；与此同时，可在地下空间综合性立法的基础上，通过专项立法定制和完善特定领域或特定功能设施的配套法规政策，逐步完善地下空间的法规政策体系。2020 年，《北京市地下空间规划管理条例》被列入北京市人大常委会立法工作计划，并于同年完成调研论证工作，提出了地下空间的综合性立法框架体系（图 4），下一步将适时进入立项论证阶段。希望以该《条例》为引领，突破地下空间体制机制壁垒，释放地下空间资源潜力，为北京市建立“可持续发展的立体式宜居城市”提供制度保障。

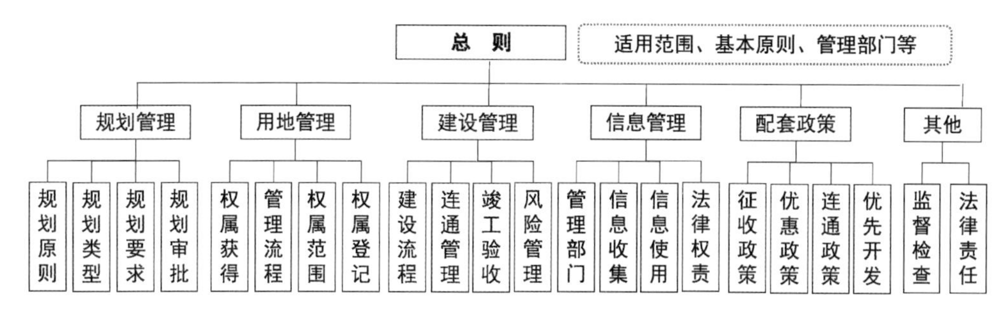

图 4　地下空间综合性立法内容框架

作者简介

赵怡婷，北京市城市规划设计研究院，高级工程师。

吴克捷，北京市城市规划设计研究院公共空间与公共艺术设计所所长，教授级高级工程师。

林泷嵌，北京市城市规划设计研究院，助理工程师。

审图号：京 S（2024）036 号
图书在版编目（CIP）数据

立体城市规划方法与实践 = The Dimensional City Planning Methods and Practice / 吴克捷等著 . -- 北京：中国建筑工业出版社，2024.3
ISBN 978-7-112-29554-8

Ⅰ. ①立… Ⅱ. ①吴… Ⅲ. ①城市规划 Ⅳ. ① TU984

中国国家版本馆 CIP 数据核字（2023）第 253812 号

责任编辑：兰丽婷　杜　洁
责任校对：赵　力

立体城市规划方法与实践
The Dimensional City
Planning Methods and Practice
吴克捷　赵怡婷　等著
*
中国建筑工业出版社出版、发行（北京海淀三里河路 9 号）
各地新华书店、建筑书店经销
北京海视强森文化传媒有限公司制版
天津裕同印刷有限公司印刷
*
开本：787 毫米 × 1092 毫米　1/16　印张：21³/4　字数：397 千字
2024 年 9 月第一版　2024 年 9 月第一次印刷
定价：**198.00** 元
ISBN 978-7-112-29554-8
（42299）